东北花生
栽培理论与技术

Theory and Technology of
Peanut Cultivation in Northeast China

高华援　于海秋　编著

中国农业科学技术出版社

图书在版编目（CIP）数据

东北花生栽培理论与技术 / 高华援，于海秋编著. --北京：
中国农业科学技术出版社，2022.9
ISBN 978-7-5116-5897-5

Ⅰ.①东… Ⅱ.①高… ②于… Ⅲ.①花生－栽培技术
Ⅳ.①S565.2

中国版本图书馆CIP数据核字（2022）第 161009 号

责任编辑　李　华
责任校对　马广洋
责任印制　姜义伟　王思文

出　版　者　中国农业科学技术出版社
　　　　　　北京市中关村南大街 12 号　　邮编：100081
电　　　话　（010）82109708（编辑室）　　（010）82109702（发行部）
　　　　　　（010）82109709（读者服务部）
网　　　址　https：// castp.caas.cn
经　销　者　各地新华书店
印　刷　者　北京建宏印刷有限公司
开　　　本　185mm×260mm　1/16
印　　　张　23.25
字　　　数　509 千字
版　　　次　2022 年 9 月第 1 版　　2022 年 9 月第 1 次印刷
定　　　价　108.00 元

《东北花生栽培理论与技术》

编著委员会

主 编 著：高华援　于海秋

副主编著：陈小姝　蒋春姬　赵新华　刘海龙　刘喜波　赵　跃

编著人员：（按姓氏笔画排序）

于树涛　于海秋　王　洋　王　婧　王绍伦　王晓光

史普想　宁　洽　吕永超　刘海龙　刘喜波　孙晓苹

李春雨　李美君　吴正峰　张　萍　张　晶　张　鹤

张志民　张连喜　张语桐　陈小姝　赵　跃　赵姝丽

赵新华　钟　超　高士博　高华援　郭　佩　黄　威

康树立　蒋春姬　程莉莉　詹海燕

内容摘要

《东北花生栽培理论与技术》共分八章，系统概述了东北花生生产概述、土壤耕作理论与技术、品种优化理论与技术、科学施肥理论与技术、群体结构理论与技术、病虫草害防控理论与技术、安全收获理论与技术、花生栽培试验研究方法。每章均有与之相关内容的科普知识。

本书按照东北花生生产操作程序编著，每章既可独立成篇，又可全书贯穿一线。本书内容丰富，既体现了理论与技术创新，有助于花生生产者和技术人员更好地了解东北花生产业发展的历史、现状和前景，又突出了技术的实用性和可操作性，便于正确指导东北花生生产实践。本书突出理论联系实际，能够学以致用，解决生产实际问题。可供广大花生科技工作者、农业院校师生、农业技术推广人员、花生生产组织者和花生种植者等阅读和参考。

序一

　　花生是我国广泛种植的油料作物和经济作物，具有悠久的栽培历史。东北地区是我国早熟花生主产区，因其处于高纬度的地理特点和秋季收获期干燥、冷凉的气候环境，生产的花生黄曲霉毒素污染风险低、品质优良，形成了鲜明的地域特色和较强的国内外市场竞争优势。

　　进入21世纪以来，东北地区花生科学研究、科学普及和生产均取得了快速发展，在花生栽培学科领域取得的成就尤为喜人，丰富和发展了中国花生栽培学的理论与技术。因此，及时、全面、系统地总结东北地区花生栽培学科研究成果和栽培技术推广普及经验，是件很有意义的工作，也是编著出版《东北花生栽培理论与技术》的初衷，它既有利于推动东北地区作物栽培学科的建设和发展，也能较好地满足该地区花生生产发展的需要。

　　吉林省农业科学院、沈阳农业大学等单位的花生科研团队是国家花生产业技术体系的骨干力量。他们聚焦东北地区花生产业发展的技术需求，密切合作，刻苦攻关，在花生栽培理论与技术研究方面取得了一系列创新成果。此次他们携手中国农业科学技术出版社编著出版的《东北花生栽培理论与技术》一书，全面系统地介绍了东北花生生产概况、土壤耕作理论及主要改良技术、品种优化理论及较常用的农作物品种稳定性评价方法、科学施肥理论及主要施用技术、群体结构理论及合理密植技术、病虫草害防控理论及主要防控技术、安全收获理论及技术和花生栽培试验研究方法及相应科普知识。这是一部集科学性、技术性、实用性为一体的花生栽培专业书籍，不仅可以作为农业科技工作者开展花生研究的参考书，还可作为农技推广专家、新型农业经营主体指导种植花生的技术指南，对我国花生种植向高纬度地区发展，拓展花生种植范围，扩大花生种植面积，提高食用植物油自给率，具有重要现实意义。

　　该书的编著出版，是国家花生产业技术体系相关科研团队在东北花生产区20多年科研推广实践的结晶，也是对东北地区花生栽培最新理论研究与技术成果的集成与展示，必将对提升我国花生栽培学科研究水平、培养和提高东北地区农业科技人才技术水平、推动东北地区花生产业健康发展产生积极的推动作用。

中国工程院院士、河南省农业科学院院长

张新友

2022年4月

序二

我国花生栽培历史悠久,是世界上生产花生最多的国家之一。花生是我国重要的油料和经济作物,其单产、总产、出口及产值位居我国油料作物首位。"十三五"时期末,我国花生生产水平达到历史新高。2020年全国花生种植面积7 096.2万亩、总产量1 799.27万t,分别比2015年增长7.87%和12.73%。近些年来,我国花生生产稳定发展,产业布局进一步优化。东北地区花生生产呈现快速发展势头,种植面积跃居全国第四位。"十三五"期间,年均种植面积836.3万亩,年均总产174.3万t,在我国花生产业发展中发挥着举足轻重的作用。

东北地区花生生产快速发展和产量的稳步提高,得益于国家及各级政府对花生科技创新及产业发展的重视。吉林省农业科学院、沈阳农业大学等东北地区花生研究团队系统总结近20年来的花生栽培研究成果,编著出版《东北花生栽培理论与技术》,形成了基于中国花生栽培学的具有东北特色的花生栽培理论与技术,特别是花生生产技术科学普及内容,既是对花生栽培理论内容的扩展,也是对花生栽培技术的丰富,让人眼前一亮,彰显作者群体独特的创新视角。

该书前七章是主要技术创新部分,全面系统地介绍了东北花生生产情况,主要自然生态条件、种植区划和品质区划,整地与土壤耕作、花生带状轮作种植,品种优化理论与评价方法,科学施肥理论与主要应用技术,群体结构理论与增大密度技术,病虫草害防控理论及主要病虫草害防控技术,安全收获、干燥贮藏相关环节主要技术;第八章介绍了东北地区所涉及的花生主要栽培试验研究方法。该书对我国其他花生产区也有重要借鉴作用。

有理由相信,该书的出版对进一步提升东北地区花生可持续发展与竞争能力、提高花生产能、保障油料市场供给安全将发挥重要作用,为我国东北地区花生生产实现增产、增收、增效提供技术支撑与储备。

国际欧亚科学院院士、山东省农业科学院院长

2022年4月

前　言

　　花生（*Arachis hypogaea* L.）是全球范围内重要的油料和经济作物，特别是在广大发展中国家是植物油和蛋白质的重要来源。2020年我国花生总产量和产油量分别达到了1 799万t和302万t，均创历史新高。在市场需求增长和比较效益优势的拉动下，我国花生种植区域不断向高海拔、高纬度地区扩展，其中东北地区已成为新兴的花生主产区，2020年东北地区花生种植面积和总产量达到848万亩和186万t，分别占全国的12.0%和10.3%，比2001年增长了6.4个百分点和5.8个百分点。东北地区花生生产的快速发展，对全面增强花生产业链韧性、提高油料生产能力、确保油料供应稳定、满足人民日益增长的美好生活需要都具有重要意义。

　　作物栽培学是农学的一个分支，是农业科学中最基本和最重要的组成部分。栽培技术对作物产量的提高贡献率达60%以上。花生栽培学是作物栽培学的有机组成部分，与花生生产紧密关联。花生栽培技术研究一直是花生科研的一个热点。在20世纪60年代初由原中国农业科学院花生研究所编写出版了《花生栽培》、由山东省花生研究所编写出版并再版了《中国花生栽培学》，全面系统总结了当代的花生科研成果和生产经验，带动了全国花生栽培理论与技术水平稳步提高，推动了花生产量持续增长，2015年在青岛平度市古岘镇（黄淮海产区），山东省农业科学院集成的花生大垄双行单粒精播节本增效技术，实现了花生实产11 739kg/hm²的产量纪录。

　　基于此背景，东北地区多家科研机构和大学从事花生领域科学研究的专家、学者秉承习近平总书记强调的"科技创新、科学普及是实现创新发展的两翼，要把科学普及放在与科技创新同等重要的位置"的"两翼理论"，依托国家现代农业花生产业技术体系建设专项、国家重点研发计划、国家花生良种重大科研联合攻关专项、吉林省科技发展计划、辽宁省科技发展计划等，突出优化基于新型农业经营主体的花生生产体系、经营体系与服务体系，围绕"优良品种应用、高质高效栽培技术、病虫草害防控技术"集中总结提高花生产能的生产核心技术和关键适用技术，共同编著了《东北花生栽培理论与技术》一书。全书共分八章，无论从撰写思路还是章节布局上都体现了重大创新。从撰写思路上，按照东北花生生产者农事操作顺序编著，每章既可独立成篇，全书又可贯穿一体，技术路径清晰，科普解答通俗；在章节布局上，理论创新成果、实践经验技术、科学知识普及顺次展开，一目了然，便于读者阅读。第一章东北花生生产概述，主要介绍了东北花生在全国花生生产中的功能地位、发展历程、种植制度和栽培方式；第二章土壤耕作理论与技术，主要介绍了土壤改良技术、合理轮作模式、土壤耕作技术对花生产量和品质的影响；第三章品种优化理论与技术，主要介绍了品种选择技术、评价技术、优化技术和播种技术；第四章科学施肥理论与技术，主要介绍了施肥原则、施肥方法、施肥技术和减量增效技术；第五章群体结构理论与技术，主要介绍了栽培方式、田间配置、扩大群体的辩证关系及群体优化施氮技术；第六章病虫草害防控理论与技术，详细叙述了病虫草害的调查方法、主要为害种类、具体防控技术；第七章安全收获理论与技术，主要介绍了花生成熟特征、适宜收获时期、分段收获方法、田间干燥原则和安全贮藏措施。第八章花生栽培试验研究方法，系统讲解了田间试验研究方法、生长发育研究方法、光合能力研究方法、植株营养测定方法和逆境生理研究方法。附录部分是近10年东北花生产区制定发布的相关技术标准。

本书历经两年多时间编著，在编著和出版过程中，得到了有关单位业内专家学者的悉心指导和大力支持，并参阅和引用了省内外最新科研成果和技术资料，在此表示衷心感谢。编著委员会成员及研究生在本书的校对、出版等过程中做了大量工作，在此一并致谢！

由于编著者水平所限，书中难免存在一些缺点、纰漏和不足，恳请读者和同仁批评指正。

高华援　于海秋

2022年4月

目　录

第一章　东北花生生产概述 ………………………………………… 1

第一节　花生生产概况 …………………………………………… 1

第二节　东北花生产区划分 ……………………………………… 5

第三节　东北花生发展历程 ……………………………………… 7

第四节　东北花生种植模式 ……………………………………… 9

第五节　花生基础知识科普 …………………………………… 13

第二章　土壤耕作理论与技术 …………………………………… 23

第一节　选地与土壤改良技术 ………………………………… 23

第二节　合理轮作技术 ………………………………………… 28

第三节　整地与土壤耕作技术 ………………………………… 38

第四节　土壤耕作知识科普 …………………………………… 43

第三章　品种优化理论与技术 …………………………………… 50

第一节　优良品种价值 ………………………………………… 50

第二节　品种选用原则 ………………………………………… 52

第三节　品种优化技术 ………………………………………… 53

第四节　适时播种技术 ………………………………………… 56

第五节　品种优化知识科普 …………………………………… 61

第四章　科学施肥理论与技术 …………………………………… 68

第一节　花生需肥规律与花生田土壤质地特点 ……………… 68

第二节　花生田施肥原则 ……………………………………… 70

第三节　花生施肥方法 ………………………………………… 79

第四节　花生测土配方施肥技术 ……………………………… 83

第五节　科学施肥知识科普 ……………………………………… 85

第五章　群体结构理论与技术 ……………………………………… 94
　第一节　合理群体结构 ……………………………………………… 94
　第二节　群体优化种植技术 ………………………………………… 98
　第三节　群体优化施氮技术 ……………………………………… 103
　第四节　群体优化知识科普 ……………………………………… 105

第六章　病虫草害防控理论与技术 ………………………………… 117
　第一节　病虫草害种类调查 ……………………………………… 117
　第二节　病害防控技术 …………………………………………… 129
　第三节　虫害防控技术 …………………………………………… 132
　第四节　草害防控技术 …………………………………………… 135
　第五节　病虫草害防治知识科普 ………………………………… 137

第七章　安全收获理论与技术 ……………………………………… 156
　第一节　成熟标志 ………………………………………………… 156
　第二节　适期收获 ………………………………………………… 157
　第三节　荚果干燥 ………………………………………………… 160
　第四节　安全贮藏 ………………………………………………… 162
　第五节　安全收获贮藏知识科普 ………………………………… 170

第八章　花生栽培试验研究方法 …………………………………… 178
　第一节　花生田间试验研究方法 ………………………………… 178
　第二节　花生生长发育研究方法 ………………………………… 188
　第三节　花生光合能力研究方法 ………………………………… 208
　第四节　花生营养测定方法 ……………………………………… 217
　第五节　花生逆境生理研究方法 ………………………………… 231

参考文献 ……………………………………………………………… 250

附 录 近10年东北花生产区制定发布的相关技术标准 ················ 275

　　花生间作玉米机械化栽培技术规程 ············ 276

　　花生耐低温鉴定及评价技术规程第1部分 发芽至苗期 ········ 282

　　花生主要病虫害绿色防控技术规程 ············ 288

　　花生高产栽培技术规程 ············ 297

　　花生节本增效栽培技术规程 ············ 305

　　出口日本花生生产技术规程 ············ 312

　　地膜覆盖花生生产技术规程 ············ 321

　　高油酸花生生产技术规程 ············ 331

　　花生南繁技术操作规程 ············ 337

　　花生连作障碍消减技术规程 ············ 344

　　花生单垄小双行交错布种栽培技术规程 ············ 349

第一章　东北花生生产概述

第一节　花生生产概况

花生（*Arachis hypogaea* L.）是一种粮油兼用的经济作物，其营养和药用价值较高，也是优良的饲料和食品加工原料，在推动国民经济发展和维护国家粮油安全中占据重要地位。作为全球五大油料（油菜、花生、向日葵、芝麻、胡麻）作物之一，花生的种植面积约占油料作物（不含大豆）总种植面积的1/3，仅次于油菜，其单产、总产、出口及产值一直位居五大油料作物之首。花生原产于南美洲的热带和亚热带地区，世界上栽培花生的国家有100多个。我国花生栽培历史悠久，是世界上生产花生最多的国家之一，在全国各地均有种植，是我国主要的油料作物和经济作物，也是东北地区重要的杂粮作物。东北花生种植面积居全国第四位，"十三五"期间，年均种植面积55.75万hm²，平均单产3 142.73kg/hm²，年均总产量174.30万t，在我国花生产业发展中具有举足轻重的地位。

一、世界花生生产概况

据美国农业部（USDA）统计，世界花生种植面积自2000年以来呈持续增长趋势，2000—2001年为2 264万hm²，至2020—2021年达到2 973万hm²（图1-1）。世界花生主要分布于非洲、亚洲和美洲，2020—2021年，非洲种植面积为1 400万hm²，占全球总面积的47.09%；亚洲种植面积为1 305万hm²，占全球总面积的43.89%；美洲种植面积为128万hm²，占全球总面积的4.31%；而欧洲和大洋洲种植较少，基本没有形成规模化生产。根据种植面积排序，前10位的国家为印度、中国、尼日利亚、苏丹、塞内加尔、缅甸、尼日尔、几内亚、乍得和美国。印度花生种植面积600万hm²，占世界总面积的20.18%；中国种植面积475万hm²，占世界总面积的15.98%；尼日利亚种植面积325万hm²，占世界总面积的10.93%（USDA，2021）。

世界花生产量总体呈现增长态势，2000—2021年，平均年总产量为3 791.33万t，最高年份的2020—2021年产量达到4 966.00万t（图1-1），创历史新高。从区域看，亚洲是世界上最大的花生产区，2000—2021年总产量年均占比65.07%，年均增加

27.25万t，至2020—2021年达2 776万t；其次为非洲、美洲，2000—2021年总产量的年均占比分别为22.60%、12.23%。而非洲表现出强劲的增长势头，由2000—2001年的413万t增长至2020—2021年的1 504万t，年均增加47.43万t。中国花生的总产量自20世纪90年代中期超过印度以来，一直保持着世界第一的位置，2000—2021年花生产量呈平稳上升趋势，年均增加17.75万t，至2020—2021年度达1 799万t，占世界总产量的36.23%；印度是世界第二大花生生产国，2020—2021年度总产量达670万t，占世界总产量的13.49%；美国279万t居第四位；几内亚和乍得并列第十位，均为90万t（USDA，2021）。

世界花生单产水平呈现稳步增长趋势，2000—2021年世界花生单产水平从1 370kg/hm²增至1 670kg/hm²，增长了21.90%（图1-1）。2021年以美洲单产最高，达3 260kg/hm²。其次为亚洲，单产水平为1 894kg/hm²。非洲的花生单产最低，为1 004kg/hm²。从世界各国的花生单产来看，美国、中国、巴西、埃及和阿根廷的花生生产处于世界领先水平。2000—2021年，美国、巴西和阿根廷的单产水平至2020—2021年分别达4 270kg/hm²、3 780kg/hm²和3 160kg/hm²；中国花生单产水平一直呈平稳上升趋势，尤其在2003—2013年增长速度较快，年均增加101kg/hm²，2020—2021年度达3 790kg/hm²，仅次于美国；印度虽为世界第二大花生生产国，但其单产水平较低，2020—2021年度仅为1 120kg/hm²（USDA，2000—2021）。

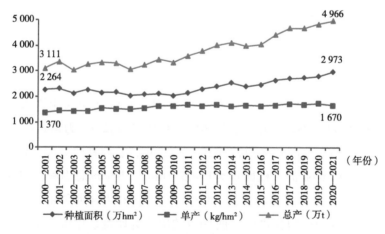

图1-1　2000—2021年全球花生生产现状

（数据来源：USDA，2000—2021）

二、中国花生生产概况

中国花生种植南北跨度超过32个纬度（最北端黑河51°03′N，最南端三亚18°09′N），海拔分布相差2 000m（从吐鲁番盆地到云南玉溪）（万书波，2003）。随着对优质植物油需求的日益增加，我国花生种植区域不断由热带、亚热带地区向高海拔、高纬度地区扩张，表现出丰富的生态多样性和生产技术的高度复杂性。花生种植面积、总产和单产表现出差异的变化。

2000—2020年的20年中，中国花生种植面积在稳定中略有波动，从2000年的485.6万hm²减至2020年的473.1万hm²，最高值为2003年的505.7万hm²（图1-2）；种植面积当年比上一年增加的年份有12年，2008年增加最多达23.4万hm²；当年比上一年减少的年份有8年，其中有两年减少面积超过30万hm²，分别为2004年减少31.2万hm²，2006年减少最多达70.6万hm²。从各省份"十三五"期间平均种植面积排序情况来看，前5位的分别是河南省、山东省、广东省、辽宁省和河北省，5年平均种植面积分别为119.36万hm²、69.23万hm²、34.17万hm²、28.69万hm²和27.27万hm²。其次是四川省、吉林省、湖北省和广西壮族自治区，年均种植面积超过20万hm²（数据来源：国家统计局网站）。

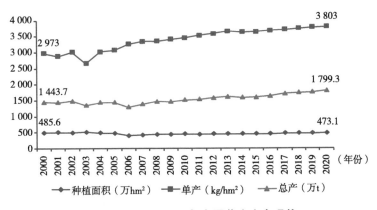

图1-2 2000—2020年中国花生生产现状

（数据来源：国家统计局）

2000—2020年的20年中，中国花生总产量总体呈增长态势，从2000年的1 443.7万t增至2020年的1 799.3万t，增长了24.63%（图1-2），平均年总产量为1 534.4万t。经历了短期上升（2000—2002年）、振荡徘徊（2003—2007年）和稳步增长（2008—2020年）3个发展阶段。当年比上一年增加的年份有15年，其中有2年年增产超过90万t，分别为2004年增产92.2万t，2007年增产92.8万t；当年比上一年减少的年份有5年，其中有2年年减产超过100万t，其中2003年减产139.8万t，2006年减产最多达145.5万t，创造了2000年以来的总产量最低，仅为1 288.7万t。从各省份"十三五"期间平均总产量排序情况来看，前5位的分别是河南省、山东省、广东省、河北省和辽宁省，5年平均产量分别为556.60万t、302.64万t、107.10万t、104.98万t和85.92万t。其次是吉林省、湖北省、安徽省、四川省、广西壮族自治区，年均产量超过60万t（数据来源：国家统计局网站）。

2000—2020年的20年中，中国花生单产水平呈现先波动（2000—2004年）后增长（2005—2020年）的趋势（图1-2），2005—2020年均增长48.47kg/hm²。单产最低值年出现在2003年，只有2 654kg/hm²；单产最高值年为2020年，达到3 803kg/hm²。从各省份"十三五"期间平均单产水平排序情况来看，前5位的分别是安徽省、河南省、山东省、江苏省和河北省，5年平均单产分别为4 951.40kg/hm²、4 660.00kg/hm²、4 371.20kg/hm²、4 010.80kg/hm²和3 854.20kg/hm²。其次是湖北省、吉林省、广东省、广西壮族自治区，年均单产超过3 000kg/hm²（数据来源：国家统计局网站）。

三、东北花生生产概况

东北是我国重要的花生产区，2000年以来，花生生产在波动中上升，尤其在"十三五"前波动较大，但总体上在种植面积、单产水平和总产量均有大幅提升（图1-3）。种植面积由2000年的21.56万hm²增加至2020年的56.52万hm²，年均种植面积为42.10万hm²；总产量由40.80万t上升至185.77万t，年均总产量为115.96万t；单产水平由1 782.33kg/hm²提升至3 638.69kg/hm²，年均单产为2 644.81kg/hm²。"十三五"期间，东北花生平均种植面积占全国平均面积的12.10%，平均总产量占全国平均总产量的10.10%，单产水平低于全国平均水平，为全国平均水平的83.93%，从播种面积和单产水平来看，仍有较大的发展空间和增产潜力。从黑龙江省、吉林省、辽宁省3省的生产情况来看，主要集中在辽宁省和吉林省两省，黑龙江省种植面积较小，仅占东北的3.40%。东北花生产区以其独特的自然地理和气候特征，具有黄曲霉毒素低、品质优良等特点，深受国内外市场欢迎。

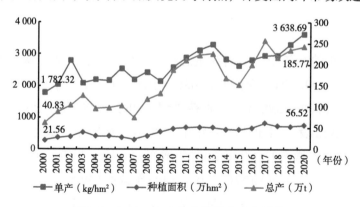

图1-3 2000—2020年东北花生生产现状

（数据来源：国家统计局）

第二节 东北花生产区划分

东北花生产区为早熟春花生区，包括黑龙江省、吉林省、辽宁省的大部以及内蒙古自治区东部、河北省燕山东段以北的部分地区，主要分布在辽西、辽西北、辽宁省中部、吉林省中西部和西北部、黑龙江省南部等地，海拔多在200m以下。花生生育期间的积温2 300～3 100℃，日照时数900～1 450h，降水量330～600mm，东南多西北少。栽培制度为一年一熟制（万书波，2003）。南部适宜种植普通型、中间型和珍珠豆型品种，北部适宜种植多粒型和珍珠豆型品种。

一、辽宁省花生产区划分

（一）辽西、辽西北丘陵种植区

包括葫芦岛市、锦州市、朝阳市、盘锦市、阜新市全境以及康平县和法库县全境。本区域西北部与内蒙古科尔沁地区南沿接壤，风沙较大。以努鲁儿虎山、松岭和医巫闾山为骨干，地势由西北向东南呈阶梯式降低。属于温带半湿润、半干旱季风气候，春季干旱多风，年降水量400～600mm，多集中于6—8月。光照条件较好，年日照在2 800h以上，其中5—9月在1 200h以上，是全省光照条件最好的地区。年平均气温6.0～9.0℃，≥10℃积温2 900～3 600℃，无霜期150～160d，有利于花生生长。土壤为棕壤、褐土和草甸土，土壤肥力较低，缺磷少氮，有机质含量为0.7%～1.0%，全氮含量为0.05%～0.10%，有效磷含量为3.0～5.0mg/kg，有效钾含量为100.0～200.0mg/kg。

（二）中部辽河平原种植区

包括铁岭市、辽阳市、鞍山市和沈阳市郊区，以及辽中区和新民市全境。本区域位于辽宁中部，辽河中下游平原地区，地势平坦、土质肥沃，素有"粮仓"之称。属于温带半湿润季风气候，年降水量570～760mm，年平均气温6.5～8.7℃，≥10.0℃积温3 200～3 600℃，无霜期150～170d，可以满足花生生长的需求。区内河流纵横，水资源比较丰富，有利于灌溉。土壤为黑土和河淤土，土质肥沃，有机质含量为1.0%～2.0%，全氮含量为0.10%～0.15%，有效磷含量为5.0～10.0mg/kg，有效钾含量为100.0～150.0mg/kg。

（三）辽南丘陵种植区

包括大连市、营口市全境。本区域位于辽宁省最南端，滩涂面积宽广，自然条件优越，光、热资源丰富。属于暖温带亚湿润季风气候，年降水量550~800mm，年平均气温8.0~10.0℃，≥10℃积温3 400~3 700℃，无霜期在180d以上，有利于花生的生长。土壤为棕壤区，有机质含量为1.0%~1.5%，全氮含量为0.075%~0.1%，有效磷含量为3.0~10.0mg/kg，有效钾含量为50.0~70.0mg/kg，属缺氮磷钾区，增施氮磷钾肥料有明显的增产作用。

（四）东部丘陵山地零星种植区

包括丹东市、抚顺市、本溪市全境。本区域地势较高，境内山峦重叠，林木茂盛，水资源丰富。属温带湿润季风气候，全区雨量充沛，年降水量在800~1 000mm，是全省降雨最多的地区。年平均气温6.0~8.0℃，大部分地区≥10℃积温在2 800~3 200℃，东北部分地区小于2 280℃，是全省平均温度和积温较低地区。无霜期差异较大，变幅在130~170d。土壤为棕壤、草甸土和水稻土。土壤肥力较高，有机质含量为1.0%~2.5%，全氮含量为0.075%~0.134%，有效磷含量为3.0~6.0mg/kg，有效钾含量为70.0~100.0mg/kg。

二、吉林省花生产区划分

（一）西部冲击平原种植区

位于吉林省西部地区，是沙丘覆盖的冲积平原区，包括白城市的洮北区、洮南市、通榆县、镇赉县和大安市，以及松原市的扶余市、前郭县、乾安县、长岭县和宁江区，占全省总面积的25%左右。该区北部和东部位于松嫩平原，南部位于辽河平原，西部与科尔沁草原东部风沙干旱区毗邻，气候干燥春季多风，全区雨量适宜，年降水量在300~400mm。该区大部分地区≥10℃积温在2 800~3 000℃，无霜期130~140d。土壤为淡黑钙土、草甸土、风沙土和盐碱土，有机质含量在1.5%以下，是花生发展集中优势区。

（二）中部松辽平原种植区

位于吉林省中部地区，包括长春市、四平市、辽源市。属于温带大陆性半湿润季风气候，全区雨量较为充沛，年降水量500~600mm，是全省降雨最多的地区，大部分地区≥10℃积温3 000~3 200℃，无霜期140d左右。该区水热条件好，地势平坦，土壤以黑土、黑钙土为主，土壤肥沃，是吉林省玉米、花生的主产区和高产区，其中长春市农安县、四平市双辽市和梨树县部分乡镇均是花生主产区。

（三）东部山区半山种植区

位于吉林省东部地区，包括吉林市、通化市、白山市、延边朝鲜族自治州。东部产区属于中温带亚湿润季风气候，湿润冷凉，年降水量700～900mm，≥10℃积温2 000～2 700℃，无霜期只有100～120d，土壤多为棕壤、灰棕壤和白浆土。该区是花生零星种植区，近年来花生种植面积呈现扩大之势。

三、黑龙江省花生产区划分

（一）松嫩平原中南部种植区

位于松嫩平原盐碱地带，包括安达市、肇源县、肇州县、肇东市、青冈县、林甸县、富裕县南部和伊安县南部。属温暖半干旱气候区，年降水量400～480mm，≥10℃积温2 500～2 800℃，无霜期125～135d，土壤以黑土为主，肥力不高，pH值7.8～8.2。本区主要作物有玉米、谷子、高粱、花生等，近年来花生种植面积增幅较大。

（二）松嫩平原西部种植区

位于嫩江右岸风沙土地带，包括甘南县、龙江县、泰来县和杜蒙县。大部分属于温暖半干旱气候区，年降水量370～450mm，≥10℃积温2 500～2 800℃，无霜期125～140d，土壤以风沙土为主，肥力不高。本区主要作物有玉米、谷子、花生等，是黑龙江省的花生主产区。

第三节　东北花生发展历程

据史料记载，在明万历年间（1573—1619年）花生从山东省蓬莱区传入辽东半岛，而后扩大到辽西和中部地区，逐渐遍及全省。后历经清朝光绪三十二年（1906年）种植食用小粒花生、宣统元年（1909年）引种美国大花生，到民国5年（1916年）至民国34年（1945年）抗日战争胜利，花生从零星种植到逐渐形成规模种植，形成了东北花生独特的发展轨迹（苏君伟，2012）。

中华人民共和国成立以来，东北花生生产迎来了新的历史机遇。纵观东北花生70余年的发展历程，花生种植情况大体经历了4个基本阶段。

一、快速增长期（1949—1959年）

这一时期，东北花生面积和产量呈现出快速增长态势，从1949年的1.83万hm²增长到1959年的18.30万hm²，分别占全国花生种植面积的1.46%和9.48%，增长了10倍；产量从1949年的2.1万t增长到1959年23.5万t，分别占全国花生产量的1.66%和10.65%，增长11倍。在这期间，花生生产出现了一次较大波动，面积由1949年的1.83万hm²迅速提升至1951年的12.98万hm²，1953年又跌落至8.47万hm²；产量也由1949年的2.1万t迅速提升至1951年的17.1万t，1952年又减少至10.2万t（数据来源：中国种植业信息网农作物数据库）。这一时期主要技术特征是辽宁省花生产区推广一些农家品种，如伏茎大粒、立茎大粒、四粒红等，1957年引进山东伏花生；吉林省花生产区推广扶余四粒红。

二、急速下降期（1960—1977年）

这一时期，受自然灾害和社会经济的影响，东北花生面积和产量经历了"下滑—恢复—增长—下降"的过程。1960年花生种植面积下降到5.19万hm²，总产量为5.19万t，比1959年面积减少13.11万hm²，总产量减少18.31万t，下降幅度分别为71.64%、77.91%。从1959年的18.30万hm²下降到1962年的7.03万hm²，下降幅度达61.58%，创造了历史新低；产量从1959年的23.5万t下降到1962年7.03万t，从占全国花生产量的10.65%下降到5.40%。此后，经过10年增长，到1972年花生播种面积为13.57万hm²，总产量9.7万t，比1962年的面积、总产量分别增加93.03%、106.34%。1977年花生生产再次跌入谷底，面积只有3.35万hm²，仅占同期全国花生面积的1.99%（数据来源：中国种植业信息网农作物数据库）。这一时期主要技术特征是推广伏花生、四粒红及阜花1号、阜花2号和锦交4号等新品种，沙床催芽、清棵蹲苗等技术，以及培育高产典型，如1975年锦县三台子公社的百亩伏花生，平均产量达到3 525kg/hm²。

三、恢复调整期（1978—1999年）

1978年，我国农村土地实行家庭联产承包责任制，极大地调动了农民的生产积极性，花生生产也得到了恢复和发展。1981—1990年是恢复发展时期，东北花生总面积131.01万hm²，总产量208.5万t，分别占同期全国花生面积的4.69%和总产量的4.10%。该时期的最大值出现在1985年，种植面积达26.63万hm²，占全国花生总面积的8.03%，产量达42.0万t，占全国花生总产量的6.30%。1991—1999年是震荡调整时期，东北花生总面积99.40万hm²，总产量191.5万t，分别占同期全国花生总面积的

3.06%、总产量的2.26%，但总体上震荡幅度不大，年种植面积大多保持在10万hm²上下，年总产量维持在20万t左右（数据来源：中国种植业信息网农作物数据库）。这一时期主要技术特征是辽宁省农业局引进、试验、应用地膜覆盖栽培技术，引进白沙1016、徐州68-4、海花1号、花育16号等新品种，育成阜花7号、锦花3号、锦花5号、连花3号、连花4号等新品种，在区域内得到广泛推广，实现了花生品种的第一次更新。

四、稳定发展期（2000—2020年）

2000年以后，东北地区花生生产进入稳定发展时期，每5年跃升一个新台阶。2001—2005年，5年累计花生面积160.24万hm²、总产量351.41万t，分别占同期全国花生面积的6.57%、总产量的4.93%；2006—2010年，花生面积168.16万hm²、总产量426.70万t，分别占同期全国花生面积的7.89%、总产量的6.05%，到2010年，东北地区成为我国花生新兴主产区；2011—2015年，花生面积247.54万hm²、总产量780.27万t，分别占同期全国花生面积的10.73%、总产量的9.44%；"十三五"时期，东北花生生产达到中华人民共和国成立以来的最高水平，呈现出快速发展态势，种植面积和总产量的峰值出现在2017年，分别为62.31万hm²和194.3万t，分别占全国总量的13.52%和11.37%；到2020年，花生种植面积56.52万hm²，占全国花生总面积的11.95%，总产量185.7万t，占全国总产量的10.32%（数据来源：中国种植业信息网农作物数据库）。这一时期主要技术特征是引进、筛选域外优质高产品种，如花育20号等花育系列、远杂9102等远杂系列及唐油系列品种，自育品种如阜花15号等阜花系列品种、锦花15号等锦花系列品种、农大花3号等系列品种、吉花11号等吉花系列品种、扶花1号等扶花系列品种等花生新品种在生产中得到大面积推广应用，完成了东北地区花生品种的第二次、第三次更新。以平衡施肥技术、密植优化技术、地膜覆盖技术、化控技术、病虫害防控技术、机械化技术等为主的栽培技术研究与集成得到迅速推广应用。

第四节　东北花生种植模式

不断提高花生产量，实现不同区域的高产优质，是东北花生生产的主要目标，最为重要的是明确影响产量提高的关键障碍因子，选择对应的种植技术。东北花生种植是一年一熟制的春花生，其主要障碍因素包括春季低温、干旱、风蚀，土地耕层浅，土壤瘠薄，保水保肥能力差，种植密度小，耕作与管理粗放。因此，围绕充分利用自然降雨，采用深松少耕、合理密植、科学化控、精准机械化播种等栽培技术集成与应用，突出并实现关键技术创新与研发。

一、起垄种植模式

起垄种植是指在花生播种之前先进行起垄，将花生播种在垄上。起垄种植的优势是春季土壤升温快，利于水分排灌，土层通气好，不仅可以减少烂果，还方便收获，适用于东北地区春季升温慢、地温低、风沙大的特点。

（一）垄上单行种植模式

目前东北花生产区最主要的播种方式，占花生总播种面积的50%以上。以南北垄向为宜，垄距一般为50~65cm，垄高10~12cm，穴距12~14cm，每亩*播种8 500~10 000穴，穴播2粒。

（二）垄上小双行交错种植模式

每垄播种两小行，其中一行的播种穴位置与另一行相邻两个播种穴的中心位置相对应的一种播种方式，是近年来东北特别是辽宁地区主推的花生高产种植模式。宜选用起垄、施肥、播种、喷洒除草剂、镇压等工序一次性完成的花生联合播种机。垄距与垄高参考垄上单行种植模式，每垄交错种植2行，小行距7.0~10.0cm，单粒精量播种。小粒型花生每行穴距12.0~14.0cm，每亩保苗18 000~22 000株；大粒型花生每行穴距15.0~17.0cm，每亩保苗16 000~18 000株。

（三）大垄双行种植模式

占花生总播种面积的35%以上。田间表现为宽窄行种植方式，垄距（宽行距）80~90cm，垄面宽55~60cm，每垄种植2行花生，垄上窄行距（小行距）27~30cm，每亩保苗18 000~20 000株。

（四）大垄三行种植模式

占花生总播种面积不足5%。田间表现为宽窄行种植方式，垄距（宽行距）130cm左右，垄面宽100~110cm，垄上种植3行花生，垄上窄行距（小行距）35~40cm，每亩保苗20 000~22 000株。

---

* 1亩≈667m²，1hm²=15亩，全书同。

二、地膜覆盖种植模式

地膜覆盖技术是通过塑料薄膜覆盖地表，从而达到提高地温、提水保墒、改善土壤理化性质、减少肥料流失、降低病虫草害发生、提高作物出芽率、缩短作物生育期、增加作物产量等目的的农业栽培措施。自20世纪80年代引入国内，地膜覆盖技术得到大规模推广应用，对我国农业生产尤其是干旱、低温地区的农作物种植作出了巨大贡献。与裸地种植相比，地膜覆盖种植可使花生增产20%～30%，亩增经济效益50～100元。目前，地膜覆盖已成为东北地区花生高产、优质、增效的关键栽培技术之一，栽培面积占总播种面积的10%～20%，并形成了较为完备的技术体系。

（一）地膜规格

按照强制性国家标准《聚乙烯吹塑农用地面覆盖薄膜》（GB 13735—2017），须选用厚度≥0.010mm（偏差不高出0.003mm，不低出0.002mm）的高压聚乙烯（LDPE）吹塑农用地膜，小花生幅宽80～85cm，大花生幅宽85～90cm。

（二）品种选用

地膜覆盖栽培能使积温增加215℃以上，可选择生育期较裸地栽培长7d左右的品种。土壤肥沃、肥水条件好的地区以大花生品种为主。机械化规模生产应选择株型直立紧凑、抗倒伏、结果集中、果柄短、不易落果、果壳坚韧且适收期长的品种。单粒精播要求种子纯度在99%以上，发芽率95%以上。

（三）精细整地

选择土壤肥沃、质地疏松、无多年生杂草、排灌方便、2～3年内未种植花生、保水保肥好、地下水位低、耕层深厚的沙质壤土田块。地膜覆盖前精细整地，达到土细、畦平、沟直，无残留根茬、脏物等。覆膜前要保证底墒充足，若土壤墒情不足（0～10cm土层含水量<12%），则要进行人工灌溉造墒，或开展坐水固土，不可无底墒起垄覆膜。

（四）施足基肥

一般采用覆膜前一次性施肥方法。覆膜条件下花生长势旺盛，吸肥力度大，消耗地力明显，应适当增施肥料，尤其是有机肥。通常每亩施腐熟农家肥4 000～5 000kg，尿素10～15kg，过磷酸钙50～60kg，硫酸钾7.5～10kg。有机肥可撒施，化肥可集中施在垄内，也可作为种肥。

（五）适期播种

将5cm土层温度（连续5d的平均地温值）≥12.0℃作为覆膜花生播种的下限温度。东北地区裸地栽培花生一般在5月上中旬播种，覆膜花生可比裸地栽培提早7~10d播种，但要求在终霜后出苗。

（六）种植方式

中高肥力大花生品种单粒精播，每公顷19.5万~21.0万粒；无霜期短地区中高肥力小花生品种单粒精播，每公顷22.5万~24.0万粒；中等肥力以下小花生双粒穴播，每公顷15万~18.75万穴。每垄双行，大、小花生大行距均为80cm，小行距大花生为35~40cm、小花生为30~35cm，但要保证种植行与垄边有10cm以上距离。地膜花生可先播种后覆膜，在播种沟处膜上压厚约5cm的土埂，也可先覆膜后打孔播种，孔上覆土约5cm。

三、花生与玉米杂粮带状轮作种植模式

我国是农业和人口大国，粮食安全起着"压舱石"的作用。近年来我国粮食进口量激增，2021年进口粮食达16 453.9万t，创历史新高，主要集中在大豆和玉米，粮油供需缺口十分巨大。2021年中央农村工作会议指出"扩种大豆和油料"，保障粮油安全。禾豆（油）合理间轮作是我国传统农业技术的瑰宝，不仅可以提高光、温、水、肥等资源利用效率，增加产量，还可以缓解连作障碍、防止土壤风蚀沙化、提高农田生态系统适应性，是保障农业可持续发展的科学有效措施。在耕地资源有限的情况下，适宜的间作也成为世界公认的集约利用土地和可持续发展的种植模式，通过扩大诸如玉米大豆、花生玉米、花生高粱等间作的种植，可以有效提高耕地利用率并避免粮油争地。

（一）花生玉米带状轮作

花生玉米带状轮作种植模式，第一年花生与玉米等行距间作，翌年花生与玉米对调种植条带，形成花生与玉米轮作。东北花生生产上通常采用的花生与玉米种植行比为4：6、6：6、8：8、8：16、16：8等，花生和玉米的行距均为50cm，花生每亩种植15 000~17 000株，玉米每亩种植4 000~4 500株。花生玉米带状轮作种植模式不仅能加强玉米对强光的利用效率，表现出显著的间作综合产量优势，还能大幅度提升花生对弱光的吸收能，实现群体对光能进行分层利用和立体化利用，提高土地利用率和复种指数。研究表明，花生玉米带状轮作可使土地当量比达1.08~1.10，土地利用率提高15%~20%（沙德剑，2019）。

在农业生产中，禾豆（油）间作和带状轮作种植能够通过时间生态位和空间生态位的互补，进而提高农田生态系统生物多样性。玉米//大豆能够减少大豆根腐病的发生，改变镰刀菌种类的多样性和侵袭性（Chang et al.，2020）。花生玉米间作种植，其地下相互作用而使土壤中具有增溶磷、氮循环、抑菌等功能的有益菌数量显著增加（Li et al.，2018）；玉米根系能分泌一种专一性铁载体，能有效改善花生铁营养（Zheng et al.，2003）。合理的间作和轮作可以改变根际土壤的微环境，提高微生物代谢效率，平衡有益微生物多样性（Chen et al.，2019），较大程度地减轻或消除连作障碍，从而提升土壤质量，并以此来维持农业生态系统的相对稳定。

花生玉米带状轮作除可以消除土壤连作障碍、改善作物根际营养条件、提高农业资源利用率、增加经济效益之外，对改善生态环境也有很好的促进作用。玉米幅可对花生幅形成保护，降低近地面风速和土壤水分蒸发速度，从而降低土壤风蚀程度，在东北农牧交错地区，该种植模式生态效益极为突出。

（二）花生高粱带状轮作

花生高粱带状轮作是辽西北地区主要的花生种植模式之一。为实现农机农艺相结合，满足花生和高粱播种机、植保打药车以及花生、高粱收割机的技术要求，目前辽宁省在花生生产上通常采用花生与高粱种植行比为4：4和12：12的"花生高粱等幅带状轮作"技术模式，即第一年花生与高粱等行距间作，翌年花生与高粱播种土地轮作，以此类推。花生高粱等幅带状轮作不仅能缓解单纯种植花生造成的土壤沙化问题，保护土壤环境，还能有效解决生态效益和农民经济效益之间的矛盾问题。与单作花生相比，花生高粱间作种植模式能明显改变花生根际的养分含量及酶活性，使有益微生物显著富集，并通过种间互补竞争驱动微生物群落参与养分循环和抵御病原菌入侵，维持花生根际环境稳态。研究表明，与清种花生或清种高粱相比，花生高粱12：12带状轮作可使花生增产11.22%，高粱增产9.99%，经济效益显著（曹友文，2020）。

第五节 花生基础知识科普

一、你认识花生吗？

通常所说的花生是指异源四倍体栽培种花生，由二倍体野生种演化而来，有落花生、地豆、长生果等多个别名,属豆目豆科花生属,一年生草本,直立或匍匐,地上开花,地下结果。花生的根为直根系,根部有根瘤;主茎直立,绿色或具有或多或少的花青素,中空,中部及上部呈棱角状;叶互生,羽状复叶;总状花序,蝶形花冠,花冠黄色或金黄色,花橙黄色;开花受精后,形成绿色带紫的果针,子房位于果针梢端。果针伸长后向地下生长,入土发育成荚果。带壳的荚果称为花生果,脱壳的称为花生仁(花生种子),花生仁占花生果重量的68%~72%。花生种子由种皮和胚组成,种皮占花生种子重量的3.0%~3.6%,颜色有红、深红、淡红、粉红、淡黄、紫黑、白色等11种,以红色居多,故花生种皮俗称红衣;种子胚由胚根、胚轴、胚芽和子叶4部分组成。

二、花生起源或原产地在哪里?

花生栽培已有几千年历史,其地理起源尚有争议。多数人认为栽培花生最早起源于南美洲的巴西,而克拉波维卡斯(Krapovickas)研究认为,花生栽培种很可能起源于玻利维亚的南部和阿根廷的西北部安第斯山麓或丘陵区域,也有学者认为花生可能最早种植于秘鲁,并确定其有3 000~3 500年的栽培史。美国花生专家Hammons出版的《花生栽培与作用》(1973)和《花生的科学与技术》(1982),综合了各方面学者对史料的研究、考古学的发现以及花生近缘野生植物自然群落的分布等调查研究,对栽培花生的南美洲起源说做了较为详细的阐述。亦有考古发现中国可能是花生原产地之一,花生中国起源说尚有待进一步探讨。

三、花生何时引入我国?

在唐朝以前的历史文字记载或实物中,尚未见有关花生的记载,直到唐朝段成式所著的《酉阳杂俎》中,才见到关于花生的最早文字记载,"形如香芋,蔓生""花开亦落地结子,如香芋,亦名花生"。元末明初,贾铭在《饮食须知》中对花生的食味特性进行了较为详细地描述。明代以后,关于花生的文献记载逐渐增多,如1503年(明弘治十六年)的《常熟县志》,1504年(明弘治十七年)的《上海县志》和1506年(明正德元年)的《姑苏县志》均有关于花生种植的记载。清初,王凤九在《汇书》中指出,"此神(花生)皆自闽中来";王沄在《闽游记略》(1655年)中指出,"落花生者——今江南亦植之矣";清檀萃在《滇海虞衡志》(1799年)中记载,"宋元间与棉花、番瓜、红薯之类,粤估从海上诸国得其种归种之,高、雷、廉、琼多种之"。另外在考古方面,1958年在浙江吴兴钱山洋原始社会遗址中,发掘出了炭化的花生种子,经测定灶坑年代距今已有4 700年左右;在距今2 100年前的汉阳陵中，从葬坑出土的农作物里，发现有似花生荚果和种子的化石，其中有11颗经有关部门测定确认为是花生。这是我国目前发现最早的花生，它把我国花生出现的历史由明代提前到西汉时期，提前了1 500多年。综上，花生何时引入我国及是否起源于我国尚不明确。

四、花生在中国怎么分布？

中国花生种植范围广泛，基本在所有省（区、市）均有种植，但主要分布在河南省、山东省、广东省、辽宁省和河北省等地，近5年平均种植面积分别为119.36万hm²、69.23万hm²、34.17万hm²、28.69万hm²和27.27万hm²。四川省、吉林省、湖北省和广西壮族自治区的花生种植面积也较大，平均超过20万hm²（数据来源：国家统计局网站）。

五、花生的主要经济价值有哪些？

花生是我国主要油料作物，花生的出油率高达40%～50%，远高于其他油料作物。一般花生中油酸的平均含量为45.7%，目前已育成油酸含量≥75%的高油酸花生品种应用于生产。油酸能降低人体的高血脂和有害胆固醇，不降低有益胆固醇，对人体心血管十分有益。2019—2020年，我国食用油生产量为2 930.4万t，其中花生油生产量为288.2万t，占我国食用油生产量的9.83%；国内食用油消费量3 545.0万t，其中花生油消费量为306.0万t，占我国国内食用油消费量的8.63%。另外，花生蛋白在纺织工业上用作润滑剂，机械制造工业上用作淬火剂。油麸为肥料和饲料，茎、叶为良好绿肥，茎可供造纸。

六、花生的主要营养价值有哪些？

花生籽仁中含有25%～36%的蛋白质，包括水溶性蛋白和盐溶性蛋白。水溶性蛋白又称为乳清蛋白，占花生蛋白的10%左右。盐溶性蛋白占花生蛋白的90%，主要包括花生球蛋白和伴生花生球蛋白，花生球蛋白是由2个亚基组成的二聚体，伴生花生球蛋白由6～7个亚基组成。花生中的蛋白质不含胆固醇，其营养价值与动物蛋白差异不大，在植物蛋白中仅次于大豆蛋白。

花生果实还含脂肪、糖类、维生素A、维生素B₆、维生素E、维生素K，以及矿物质钙、磷、铁等营养成分，含有人体必需的8种氨基酸及不饱和脂肪酸，含卵磷脂、胆碱、胡萝卜素、粗纤维等物质。花生含有一般杂粮少有的胆碱、卵磷脂，可促进人体的新陈代谢、增强记忆力，可益智、抗衰老。

七、花生的主要药用价值有哪些？

食用花生可以起到开胃、健脾、润肺、祛痰、清喉、补气等功效。现代医学研究和临床应用认为花生油中含有的丰富的不饱和脂肪酸，能降低胆固醇，并对预防中老年人动脉粥样硬化和冠心病的发生有明显效果。据《中药大辞典》记载，花生有止血作用，最初发现口服花生米能缓解血友病患者的出血症状，且对A型和B型血友病患者均有效，对其他某些轻量出血患者亦有止血功效。花生种皮的止血效力较花生米本身强50倍。另外，种子中含某种植物血球凝集素，能凝集以涩酸酶处理过的人的红细胞，属抗P凝集素。20世纪90年代以来，花生及花生油中富含的白藜芦醇、β-谷固醇和植物异黄酮等植物固醇类物质，引起了花生营养研究者广泛关注，尤其关注白藜芦醇这种生物活性很强的天然多酚类物质，不仅能降低血小板聚集，治疗动脉粥样硬化，还具有预防肿瘤疾病的功效。

八、什么叫花生种植区划？我国是怎样划分的？

花生种植区划就是依据各花生产区的地理条件、气候因素、耕作制度、栽培方式、品种类型的分布特点，并考虑到目前的生产布局现状和今后发展趋势等因素，将花生产区划分为几种不同类型的种植区域，以便因地制宜地促进花生生产持续发展。

目前为止，我国已进行了两次全国性的花生种植区划工作。第一次花生区划于20世纪60年代，由原中国农业科学院花生研究所将我国花生产区划分为7个自然区：东北早熟花生区、北方大花生区、黄土高原花生区、西北内陆花生区、长江流域春夏花生交作区、云贵高原花生区和南方春秋两熟花生区。在此自然区划基础上，再根据地势、土质、品种分布和栽培制度差异，把北方大花生区细分为黄河冲积平原亚区、辽东半岛及山东丘陵亚区和淮北麦套区3个亚区；把长江流域春夏花生交作区细分为长江中下游北部平原亚区、长江中下游南部丘陵亚区和四川盆地3个亚区。

全国第二次花生种植区划，于1984年由中国农业科学院油料作物研究所主持完成，本次区划的分区主要依据纬度高低、热量条件、地貌类型，综合考虑花生不同生态类型品种适宜性和县界完整性，同时基本保持原有亚区划分依据，进一步将我国的花生种植区划分为7个一级区和10个二级区（亚区），是目前花生学术界较为一致认同的分法。

1. 黄河流域花生区

本区包括山东省、天津市、北京市、河北省、河南省、山西省南部、陕西省中部以及江苏省北部、安徽省北部，种植面积最大、总产量最高，均占全国的50%以上。栽培制度由过去的一年一熟或两年三熟转变为现在的一年两熟，以夏直播和麦套花生为主要种植方式。本区适宜种植普通型、中间型和珍珠豆型品种。本区进一步细划分为4个亚区：山东丘陵花生亚区、华北平原花生亚区、黄淮平原花生亚区、陕豫晋盆地花生亚区。

2. 长江流域花生区

本区包括湖北省、浙江省、上海市、四川省、湖南省、江西省、安徽省、江苏省各省（市）大部、河南省南部、福建省西北部、陕西省西部以及甘肃省东南部。栽培制度现多为一年二熟制和两年三熟制，以麦套花生和油菜茬花生为主要种植方式，还有部分春花生，适宜种植普通型、中间型和珍珠豆型品种。本区进一步细划分为4个亚区：长江中下游平原丘陵花生亚区、长江中下游丘陵花生亚区、四川盆地花生亚区、秦巴山地花生亚区（杜方岭，2007）。

3. 东南沿海花生区

本区是我国花生种植历史最早，又能春、秋两作的主产区，位于秦岭以南的东南沿海地区，包括广东省、台湾省、广西壮族自治区、福建省大部和江西省南部。栽培制度以一年二熟、一年三熟和二年五熟的春、秋花生为主，海南省等地还可以种植冬花生。适宜种植珍珠豆型品种。

4. 云贵高原花生区

本区包括贵州省、云南省大部、湖南省西部、四川省西南部、西藏自治区的察隅县以及广西壮族自治区北部乐业县至全州县。栽培制度为一年一熟制，部分地区为一年两熟或二年三熟。适宜种植珍珠豆型品种。

5. 黄土高原花生区

本区以黄土高原为主体，包括北京市北部、河北省北部、山西省中部和北部、陕西省北部、甘肃省东南部以及宁夏回族自治区部分地区。栽培制度为一年一熟制。一般陕西省横山区、志丹县、黄陵县以南地区适宜种植珍珠豆型品种，以北地区适宜种植多粒型品种。

6. 东北花生区

本区为早熟花生区，包括黑龙江省、吉林省和辽宁省的大部分地区，以及内蒙古自治区东部、河北省燕山东段以北的部分地区。栽培制度为一年一熟制。南部适宜种植普通型、中间型和珍珠豆型品种，北部适宜种植多粒型品种。本区细分为两个亚区：辽吉丘陵平原花生亚区和吉黑平原花生亚区（何中国等，2009）。

7. 西北花生区

本区包括新疆维吾尔自治区、甘肃省的景泰县、民勤县、山丹县以北地区，宁夏回族自治区的中北部以及内蒙古自治区的西北部。栽培制度为一年一熟制。适宜种植珍珠豆型品种、多粒型品种。

九、什么叫花生品质区划？我国是怎样划分的？

中国花生种植地域广阔，生态类型复杂，不同地区间花生品质存在较大的差异，这种差异不仅由品种本身的遗传特性所决定，而且还受环境条件和栽培技术措施的影响。品质区划就是依据花生品质和生态条件将花生产区划分为若干不同的品质类型区，以充分利用自然资源优势和品种的遗传潜力，实现优质花生的区域化和产业化生产。

评价花生品质有3个重要指标，即花生的蛋白质含量、脂肪含量和油亚比（油酸与亚油酸比值）。依据中华人民共和国农业行业标准《食用花生》（NY/T 1067—2006），将花生蛋白质（以干基计）含量分为3级，一级为大于26.0%（高蛋白），二级为23.0%～26.0%（中蛋白），三级为小于23.0%（低蛋白）；《油用花生》（NY/T 1068—2006）标准中，将脂肪（以干基计）含量分为3级，一级为大于51.0%（高脂肪），二级为48.0%～51.0%（中脂肪），三级为小于48.0%（低脂肪）；油亚比一般以1.2为标准，大于1.2为高油亚比，低于1.2为低油亚比。山东省农业科学院"十一五"期间制定的中国花生品质区划，将中国花生产区划分为九大品质区域，即东北低油亚比花生区、黄淮海高油花生区、长江中下游高蛋白花生区、华南高油高蛋白花生区、云贵高原低脂肪花生区、四川盆地高油亚比花生区、黄土高原高油花生区、甘新高油花生区、内蒙古长城沿线低蛋白花生区。

1. 东北低油亚比花生区

本区由小兴安岭、三江平原、长白山地、辽东丘陵和辽河平原组成，行政区划包括黑龙江省的88县（市、区）、吉林省的45县（市、区）、辽宁省的93县（市、区），共226个县（市、区）（郭洪海等，2010）。本区属食用高蛋白（平均26.7%）花生区、油用中脂肪（平均48.93%）花生区，平均油亚比（1.00左右）低。

2. 黄淮海高油花生区

本区由燕山太行山山麓平原、冀鲁豫低洼平原、黄淮平原、鲁中南丘陵和胶东丘陵组成，行政区划包括河北省、山东省、河南省、江苏省、安徽省、北京市和天津市5省2市，共417个县（市、区）（郭洪海等，2010）。本区属食用中蛋白（平均24.8%）花生区、油用高脂肪（平均51.7%）花生区，平均油亚比（1.15左右）偏低。

3. 长江中下游高蛋白花生区

本区由长江中下游平原和江南丘陵等自然生态区组成，行政区划包括湖南省、湖北省、江西省、福建省、浙江省、安徽省、江苏省、河南省和上海市8省1市，共537个县（市、区）（郭洪海等，2010）。本区属食用高蛋白（平均28.0%）花生区、油用中脂肪（平均50.6%）花生区，平均油亚比（1.24左右）普遍比较高。

4. 华南高油高蛋白花生区

本区位于南岭山地—鹫峰—戴云—洞宫—大盘—天台山脉以南，北回归线横贯中部，是热带向亚热带的过渡地带，行政区划包括广东省、广西壮族自治区、海南省、福建省、浙江省、江西省、湖南省、台湾地区、香港特别行政区和澳门特别行政区7省3区，共356个县（市、区）（郭洪海等，2011）。本区属食用高蛋白（平均26.2%）花生区、油用高脂肪（平均51.5%）花生区，平均油亚比（1.30左右）普遍偏高。

5. 云贵高原低脂肪花生区

该区位于中国西南边陲，西靠青藏高原，南抵国境线，北接四川盆地，东依长江中游平原和华南山地丘陵区，行政区划包括云南省、贵州省、四川省、重庆市、湖南省、西藏自治区4省1市1区，共264个县（市、区）（郭洪海等，2011）。本区属食用中蛋白（平均25.6%）花生区、油用低脂肪（平均46.0%）花生区，平均油亚比（1.27左右）普遍比较高。

6. 四川盆地高油亚比花生区

该区位于中国腹心地带，位于长江上游，西靠青藏高原，南依云贵高原，北接秦巴山地，与黄河中游地区相连，东出三峡与长江中游平原相通，行政区划包括四川省、重庆市、湖北省、陕西省、甘肃省4省1市，共216个县（市、区）（郭洪海等，2010）。本区属食用高蛋白（平均27.0%）花生区、油用高脂肪（平均53.6%）花生区，平均油亚比（1.46左右）普遍高。

7. 黄土高原高油花生区

该区位于太行山以西、秦岭以北、乌鞘岭以东、长城以南，行政区划包括陕西省、山西省、甘肃省、宁夏回族自治区、北京市、河北省和河南省6省（区）1市，共325个县（市、区）。本区属食用低蛋白（平均22.4%）花生区、油用高脂肪（平均51.1%）花生区，平均油亚比（0.95左右）普遍低。

8. 甘新高油花生区

该区位于包头—盐池—天祝一线以西，祁连山—阿尔金山以北，行政区划包括新疆维吾尔自治区、甘肃省、宁夏回族自治区、内蒙古自治区1省3区，127个县（旗、市）。本区属食用高蛋白（平均29.9%）花生区、油用高脂肪（平均58.8%）花生区，平均油亚比（0.94左右）普遍低。

9. 内蒙古长城沿线低蛋白花生区

该区位于长城以北，东抵小兴安岭—张广才岭—吉林哈达岭，西倚大青山—贺兰山，北达国境线，由松嫩平原、大兴安岭和内蒙古高原组成，行政区划包括黑龙江省、吉林省、辽宁省、河北省、内蒙古自治区4省1区，共161个县（旗、市、区）

（郭洪海等，2010）。本区属食用蛋白（平均25.9%）花生区、油用低脂肪（平均42.5%）花生区，平均油亚比（0.94左右）低。

十、什么叫优质专用花生?

花生品质的优劣是相对于实际用途而言的，花生籽仁中的脂肪和蛋白质含量是衡量花生品质的重要指标。花生制品以食用蛋白为主，蛋白含量高的品种是优质花生品种；而花生油则以脂肪为主，脂肪含量高的品种是优质花生品种。因此，优质花生是指具有专用特点的花生品种类型。目前，我国50%以上的花生用作榨油，约40%作为食用，约10%作为加工原料和制种。食用花生中有30%以上用于花生制品加工，5%左右直接以花生仁出口。

1. 油用型花生

油用花生的品质优劣用籽仁脂肪含量衡量，脂肪含量达40%~50%，脂肪含量越高品质越好。同时油酸含量越高，营养价值越高。

2. 食用加工用花生

食用加工用花生的品质优劣用籽仁蛋白质含量、糖分含量和口味衡量。蛋白质含量30%以上，含糖量6%以上。蛋白质含量越高，含糖量越高，口味越好。

3. 出口专用花生

出口专用花生的品质优劣所考虑的指标较多，如荚果和籽仁的形状和整齐度、果皮和种皮的色泽、油酸/亚油酸比值、口味等。一般来说，优质出口大花生的油酸/亚油酸比值要达1.6以上，含糖量高于6%，口味清、脆、甜；优质出口小花生的油酸/亚油酸比值要达1.2以上，籽仁无油斑、黑晕、裂纹。此外，黄曲霉毒素污染和农药残留等也是花生出口需要重点考虑的指标。

十一、影响花生品质的生态条件有哪些?

不同生态区的光照、温度、水分和土壤等自然资源对不同类型花生品种的产量和品质影响程度差异较大，尤其是对品质的影响则是多个因子综合作用的结果，形成了同一花生品种品质的地域差异。虽然生态因子不易人为控制，但可以通过花生的区域化种植，选择出最适宜的生态类型品种，从而使品种的优质特点充分发挥出来。

十二、影响花生品质的主要栽培措施有哪些?

播种期、种植密度、施肥种类与技术、灌水、化学调控、收获时期等多种栽培措施均对花生品质有不同程度的影响，其中施肥和灌水是改善花生品质最有效的措施，尤其是氮肥的合理施用。

十三、花生地膜覆盖种植有几种方式?

在花生生产上，根据播种与覆膜程序，并结合机械化播种作业，可将花生地膜覆盖方式划分为先覆膜后播种和先播种后覆膜两种。先覆膜后播种就是先机械覆盖地膜，然后在膜上打孔播种，其优点是不用破膜放苗，但若采用人工播种方法，易造成出苗不整齐；先播种后覆膜就是先采用机械播种后再覆盖地膜，其优点是能保持播种时的土壤墒情，但放苗和苗孔四周围土比较费工，如果放苗不及时，又容易烫伤幼苗造成死苗。

十四、花生地膜覆盖作用有哪些?

我国花生地膜覆盖栽培始于1978年，由日本引入辽宁省，在山东省试验并进行推广，平均增产30%以上，效果非常明显，对提高花生产量发挥了重要作用。

1. 增温调温，促进花生生育进程

地膜覆盖一般比露地栽培的早出苗2～3d，出苗更快且集中，出苗率分别提高6.61%和3.31%。地膜覆盖促进花生生长发育的主要原因是能明显提高0～10cm土层的土壤温度，在北方低温区可将土壤温度提高1～6℃，最高可达8℃以上。覆膜花生全生育期地表下5cm处的活动积温增高195.3～370.0℃。除此之外，地膜覆盖还能在花生进入生育中期的高温阶段时降低土壤温度，这是由于覆膜花生群体覆盖在地膜下不透气，阻截了气热交换，抑制了土壤温度上升。

2. 保墒提墒，增强花生抗旱耐涝能力

垄作花生覆膜后，白天气温升高时，土壤水分蒸发到地膜内表面，晚上气温下降后，水蒸气凝结成小水滴附在膜面下，保持表土层湿润，起到保墒作用。较长时间干旱后，土壤深层水分通过土壤毛细管向地表移动，并滞留在膜下表土层，起到提墒作用。覆膜花生能有效阻断大量雨水短时间渗到垄体内，排涝方便，起到防涝作用。

3. 保持土壤疏松，促进根系发育和有效果针入土结实

覆膜花生前中期土层保持湿润，中后期防冲、防涝，地膜有效阻截雨水对土壤的直接打击冲刷，使花生结果层长期保持松暄，有利于果针入土和荚果发育。

4. 促进土壤微生物活动，提高速效养分含量

地膜覆盖不仅不会因浇水或降雨导致土壤流失或下渗，造成肥力下降，相反膜内温度的升高会促进土壤中各种微生物和酶的活性，加速营养物质的分解、转化和

吸收。

5. 改善田间小气候，提高花生光合作用

覆膜花生由于地膜的反射能力，增加了花生株行间的光照强度和群体的净光合生产率，显著提高了光合效率。

十五、花生玉米带状间作轮作高产高效模式有哪些？

东北早熟花生区一年一熟制，可供选择的花生玉米间作模式较多，生产上应用面积相对较大的有如下两种。

第一种是基于但不限于8：8或6：6等模式的等宽幅复合种植模式，翌年两种作物等幅条带轮作换茬。8：8模式（辽宁省、吉林省花生产区），16垄带宽960cm，其中，玉米8垄、垄距60cm、株距20~22cm；花生8垄、垄距60cm、穴距14~16cm，双粒穴播；或花生单粒垄上双行交错精播，穴距6~8cm。6：6模式（吉林省花生产区），12垄带宽720cm，其中，玉米6垄、垄距60cm、株距20~22cm，花生6垄、垄距60cm、穴距14~16cm，双粒穴播或单粒垄上双行交错播种。

第二种是16：8或8：16宽窄幅复合种植模式（辽宁花生产区）。在土壤肥力相对较高的地块，一般采用花生玉米8：16模式，3年为一个周期轮作种植；在土壤肥力较低的地块，由于种植花生比较效益高，大多采用花生玉米16：8模式，3年为一个周期轮作种植，其垄距、株距、穴距、布种方式与玉米花生8：8模式相同。

第二章　土壤耕作理论与技术

"万物土中生，有土斯有粮"，耕地是确保国家粮食安全的根本，土壤环境的优劣直接决定着百姓"米袋子""菜篮子""油罐子"和"果盘子"的质量。"十三五"规划建议明确提出，坚持最严格的耕地保护制度，坚守耕地红线，实施藏粮于地、藏粮于技战略，提高粮食产能，确保谷物基本自给、口粮绝对安全。东北黑土地有机质含量多，保水、保肥能力强，是最适宜农作物生长的肥沃土壤，被誉为耕地中的"大熊猫"，是我国实施"藏粮于地"战略的有力保障。因此，东北地区要从保障国家粮食安全这一"国之大者"的战略高度，建立合理的耕地制度，采取高效的耕作措施，提高粮食综合产能，守好天下粮仓。

第一节　选地与土壤改良技术

一、适宜花生生长发育的土壤环境

土壤是花生高产的基础。花生根系主要分布在30cm左右的土层内，吸收能力强，有根瘤共生，并具有果针入土结果的特点，因此要求土壤具备深、松、活的土体结构和上松下实的土层结构特征，即要求全土层深厚、耕作层松暄、结实层疏松、土质肥沃、中性偏酸、排水良好、黏沙土比例适中的壤土或沙壤土（万书波，2018）。

（一）全土层深厚

土层厚度尤其是活土层厚度对花生生长和产量影响很大。花生生产田全土层50cm、耕作层30cm、结果层10cm要土质疏松，通透性好。

（二）土壤物理性好

泥沙比例6∶4，容重1.5g/cm³以下，总孔隙度40%以上，毛管孔隙度上层小下层大，非毛管孔隙度则相反。

（三）耕层肥力高

耕层有机质含量1.0%以上、全氮含量0.05%以上、速效磷含量25mg/kg以上、速效钾含量70mg/kg以上。

（四）土壤酸碱性

花生适宜土壤pH值为6.0～7.0的中性偏酸性土壤，花生根瘤菌适宜pH值为5.8～6.2的偏酸性土壤。多粒型花生土壤pH值以6.5～7.5为宜，珍珠豆型花生土壤pH值以6.0～6.5较好，普通型花生的耐受极限pH值为5.0。

（五）忌重茬连作

3年以上未种过花生的不重茬地块。花生连作地块容易引起连作障碍。花生连作造成土壤pH值下降及营养失调，引起病虫害发生，造成土壤酶活性下降和土壤微生物变化，是引起花生连作障碍的主要因素。

二、东北花生产区主要土壤类型

（一）辽宁省花生主产区主要土壤类型

包括辽西、辽西北丘陵种植区的棕壤、褐土和草甸土，主要分布在阜新市、锦州市、葫芦岛市、朝阳市、盘锦市全境以及康平县、法库县全境。辽宁省主要土壤类型以棕壤为主，占全省土地总面积的39.0%，草甸土、褐土分别占12.0%、9.8%，土壤肥力较低，土壤有机质含量为0.7%～1.0%，全氮含量为0.05%～0.1%，速效磷为30.0～50.0mg/kg，速效钾为100.0～200.0mg/kg。

（二）吉林省花生主产区主要土壤类型

包括中部地区的黑土和黑钙土、西部及西北部地区的淡黑钙土和风沙土。

黑土及黑钙土主要分布在京哈铁路两侧的榆树市、农安县、扶余市、德惠市、九台区、怀德镇、伊通满族自治县、长岭县等地的黄土台地上，面积约200万hm²，占全省总土地面积的10.6%，其中140万hm²垦为农田，占耕地面积的30.6%，占本类土壤的2/3以上。这类土壤具有深厚的黑土层，厚度30～100cm。黑土质地黏重，但由于腐殖质含量高，具有良好的团粒结构，土质较为松散，呈中性到微酸性反应，pH值5.6～6.5，适宜各种作物生长。

淡黑钙土，主要分布在黑土带以西白城市、四平市西部边缘的起伏低丘和丘陵平地上，是半干旱条件下形成的主要土壤，面积170.7万hm²，占全省总土地面积的

9.0%，占本类土壤的1/3，其余2/3为草原荒地。土壤呈微碱性反应，pH值7.5～8.0，是吉林省西部地区主要耕地土壤。

风沙土，主要分布在白城市的通榆县、长岭县、洮南市和四平市的双辽市、梨树县、怀德镇等地，面积为78万hm²，占全省总土地面积的4.2%，其中永久性耕地16万hm²，约占全省耕地的3.5%，占本土类的1/5，其余4/5属于半固定和流动沙丘，成为天然疏林地、人工造林和轮耕地。

（三）黑龙江省花生主产区主要土壤类型

主要为嫩江右岸风沙土地带，包括甘南县、龙江县、泰来县和杜蒙县。≥10℃活动积温2 500～2 800℃，无霜期只有125～140d，年降水量370～450mm，大部分属温暖半干旱气候区，土壤以风沙土为主，肥力不高。本区是花生主产区，其他主要作物有玉米、谷子、高粱、杂豆、向日葵等。

三、东北花生低产田的主要改良技术

（一）花生中低产田改良原则

东北花生种植区域广阔，中低产田成因复杂，障碍因素各不相同。概括以往改土经验，在治理上应遵循以下5条原则。

1. 多学科协同综合治理

花生中低产田的改良，首先必须实行多学科集体参加，协同创新，研究查明各类中低产土壤的形成条件和生产发展的限制因素，认识土壤各种障碍因素与生产地自然因素及人为措施之间的相互关系，进而采取适于当地条件的农、林、水、牧等综合措施，实行综合改良，达到综合治理的目标。

2. 改土与改制相结合

采用合理的种植结构和轮作、间作来改良土壤，即是利用不同的耕作制度来影响土壤，改变土壤水热状况，排除障碍因子，提高土壤肥力。如花生与玉米带状轮（间）作，可以有效地消减花生连作障碍，有利于补充土壤氮元素的消耗等。总之，当低产土壤障碍因子逐步排除和地力逐步提高时，通过改革耕作制度创高产更为重要。

3. 改土与改水相结合

改土需要治水，治水为改土服务。水是最活跃的因素，因地表水、地下水和土壤水运动方式不尽相同，都能使土壤产生障碍因素，容易形成不同的低产土壤。只有合理的用水和灌排，调节土壤水分状况，才能变水害为水利，消除低产土壤的障碍因素，充分发挥其改土效果。

4. 改土与培肥相结合

改土需要培肥，培肥可以改土。对花生低产土壤只有采取改土与培肥并举，才能最终实现高产稳产的目标。有机肥、绿肥不仅能增加土壤有机质，也可改善土壤团粒结构，协调土壤水、肥、气、热，在培肥改土中起着重要作用。除此之外，用于调节土壤水、肥、气、热的各项耕作管理措施，如平整土地、深耕深松、翻淤压沙、掺沙改黏等，都是改良土壤与熟化培肥相结合的措施。

5. 改土与农林牧结合

农、林、牧结合有直接的改土作用。如东北花生主要低产区之一的风沙土，通过营造护田林网、玉米留高茬，可以有效地削弱干旱、风蚀的威胁，防风固沙，改善农业生态条件，加强水土保持。农、林、牧结合也有间接的改土作用，林、牧业可以为改土提供大量肥源，加速改土进程。

（二）风沙土的改良措施

1. 草炭改良风沙土

草炭是半腐熟的植物残体，含有大量的腐殖质，蓄水保肥能力很强，并含有各种植物养分，是改良风沙土的极好肥料。改良后的风沙土0～20cm耕层土壤理化性质变化，土壤含沙量下降较明显，土壤黏粒含量增加较明显，土壤含水量和田间持水量也明显提高；土壤容重小幅下降，土壤孔隙度增加，土壤有机质、全氮含量、全磷含量均有不同幅度增加。通过草炭改良，土壤质地结构的改善也带来了土壤肥力的改善（表2-1）。

表2-1 草炭改良风沙土土壤理化性质变化 （张厚龄，1990）

处理	物理沙性（%）	物理黏性（%）	土壤含水量（%）	田间持水量（%）	容重（g/cm³）	孔隙度（%）	有机质（%）	全N（%）	全P（%）
未改土（CK）	90.00	10.00	6.96	23.68	1.52	41.20	0.95	0.072	0.031
草炭1万kg/亩	76.40	23.60	9.86	29.36	1.28	51.00	1.51	0.084	0.060

2. 客土压沙改良风沙土

在风沙地区，除风沙土外，黑土、黄黏土均有分布，并具较高的有机质和较好的土壤质地结构，也是改良风沙土的良好材料。黑土改良的风沙土0～10cm耕层，土壤含沙量明显下降，土壤黏粒含量明显增加；改良后的土壤含水量和田间持水量明显增加，提高了土壤保水供水能力；通过黄黏土改良的风沙土，土壤物理结构和田间保水能力均优于黑土。综合比较，黄黏土压沙改良风沙土效果相对较好（表2-2）。

表2-2　客土改良风沙土对土壤物理性质的影响　　　　　　　　　　（张厚龄，1990）

处理	物理沙性（%）	物理黏性（%）	容重（g/cm³）	孔隙度（%）	含水量（%）	田间持水量（%）
未改土（CK）	90.00	10.00	1.59	40.20	4.43	23.94
黑土1万kg/亩	80.60	19.40	1.51	43.00	6.53	28.08
黄黏土1万kg/亩	76.08	23.60	1.44	45.90	6.75	29.61

3. 有机肥改良风沙土

猪圈粪、秸肥等含有较丰富的有机质和氮磷钾养分，是改良风沙土的好材料。利用猪圈改良风沙土，改善土壤物理性质，土壤有机质、全氮量、全磷量也有明显增加，土壤肥力显著提高。秸肥改良风沙土，土壤有机质、全氮量增加幅度大于猪圈粪。综合比较，秸肥改良风沙土效果优于猪圈粪（表2-3）。

表2-3　风沙土施用不同农肥对土壤养分的影响　　　　　　　　　　（张厚龄，1990）

处理	猪圈粪0.5万kg/亩			秸肥0.5万kg/亩		
	有机质（%）	全N（%）	全P（%）	有机质（%）	全N（%）	全P（%）
未改土（CK）	0.694	0.057	0.025	0.703	0.058	0.025
连改4年	1.030	0.081	0.059	1.130	0.086	0.052

4. 微生物土壤改良剂改良风沙土

微生物土壤改良剂是一种混合型生物肥料，以有机质为原料，添加特定功能的微生物，能快速在土壤中繁殖代谢，施用这种土壤改良剂能直接增加土壤有机质，改善土壤理化性质，提高保水保肥效果，改善土壤有效养分的供给。在枯水年，微生物土壤改良剂处理的土壤含水量比传统施肥处理的平均提高12.6%，有机肥处理的土壤含水量比传统施肥处理的平均提高6.3%。在平水年，与传统施肥处理比较，微生物土壤改良剂和有机肥处理的土壤含水量均有较大幅度提高。微生物土壤改良剂比施用有机肥对风沙土改良效果更好（表2-4）。

表2-4　不同土壤处理剂对土壤水分的影响　　　　　　（刘立军，2017）

年份	土层0～160cm含水量（%）					备注
	传统施肥（CK）	微生物土壤改良剂	与CK比±%	有机肥	与CK比±%	
2013	120.7	135.1	11.93	129.8	7.54	枯水年
2014	130.7	155.5	18.97	145.8	11.55	平水年
2015	119.7	135.5	13.20	125.8	5.09	枯水年

微生物土壤改良剂处理比有机肥处理的土壤有机质含量、碱解氮、速效磷和速效钾均有不同程度的提高，比传统施肥处理的土壤有机质含量、碱解氮、速效磷和速效钾有明显的提高。通过施用土壤改良剂和有机肥后，风沙土保肥能力提高，显著提高土壤速效养分的持久性，长期施用后能明显提高土壤有机质含量。微生物土壤改良剂优于有机肥（表2-5）。

表2-5　不同土壤处理剂对土壤水分的影响　　　　　　（刘立军，2017）

处理	有机质（g/kg）	碱解氮（mg/kg）	速效磷（mg/kg）	速效钾（mg/kg）
微生物土壤改良剂	1.45	77.7	42.1	190.17
有机肥	1.40	70.1	36.5	174.5
传统施肥（CK）	1.34	67.1	36.1	173.5

第二节　合理轮作技术

花生是连作障碍非常严重的作物。连作条件下，土壤养分失调，病虫害加重，如花生根结线虫病、果腐病等，植株表现矮小、叶黄、早衰、荚果小而少，草害加重，花生根系分泌物自身中毒。花生连作1年减产8.8%～32.8%，连作2年减产22.5%～26.9%，且随连作年限的增长越加严重。一般选用相对耐连作的花生品种、异地换种、深耕增肥、施用耐连作生物肥、防除病虫害等措施，在一定程度上可以减轻连作障碍，但解决不了根本问题。因此，生产上采取轮作方式来减缓花生连作障碍，能够达到提高产量、改善品质、保障农田生态健康和可持续发展的目的。

　　花生轮作指在同一田块上有顺序地在季节间和年度间与不同作物或复种组合轮换种植的生产方式。东北为一年一熟地区，种植花生最好与玉米、高粱、谷子等禾谷类作物和薯类作物实行3年以上轮作，不能选择芝麻和豆科作物轮作换茬，忌重迎茬。生产上有花生→玉米（高粱、谷子）→玉米3年轮作模式，是在年际间进行的单一作物的轮作；亦有花生玉米间（轮）作模式即花生带状轮作模式，为年内两作物按适宜比例间作、两年或三年为一轮作周期的模式。由于东北地区地块面积大，加之部分地区特别是东北农牧交错区土壤风蚀较为严重，近些年生产上逐渐重视花生玉米间（轮）作模式。

一、花生玉米间（轮）作种植模式类型

　　花生玉米间（轮）作种植在产量上也具有较高的优势，主要分布于我国华北、东北地区及花生集中种植区域。

　　在华北地区，2行玉米4行花生间作模式（2∶4间作模式）的产量、生物量、蛋白质产量、氮磷吸收量以及氮磷吸收利用效率均高于2行玉米8行花生间作模式（2∶8间作模式），且土地当量比（LER）和蛋白质土地当量比（PLER）均大于1，土地利用率提高8.0%~17.0%，间作优势明显。

　　在东北地区，由于地块面积大，一般采取花生带状轮作方式。吉林省种植区域等条带间作具有间作优势，花生玉米行间比为5∶5和6∶6时产量和土地当量比最高，由于6∶6间作模式的区域时间等价率（ATER）和农田利用率（LUE）值最高，表明其具备农田区域时间资源利用优势和较高的农田利用率，综合效益最高。辽宁省种植区域除采用花生玉米6∶6、8∶8间作模式外，亦有花生玉米8∶16宽幅带状3年轮作种植方式，两年的玉米产量较单作分别提高25.2%和19.0%，花生产量分别低于单作23.0%和14.1%。两年的土地当量比（LER）分别为1.089和1.078，表现为较好间作优势。

二、花生带状轮作种植模式增产理论

　　花生带状轮作是一种典型的生态型复合种植模式，具有集约利用耕地、劳力、养分、水分、光和热等资源，提高其利用率，实现农业高产高效的优点。花生与禾本科作物带状轮作不仅能使复合群体内的作物种类增多，空间结构布局也会发生很大改变。两种作物高矮相间，可使群体内的微气象环境（光、温、土、气、热）受到一定影响，从而导致作物的相关生理生态特性发生变化，促进产量形成。

（一）光照

光合作用是决定作物产量的根本因素，通过提高大田作物光能利用率和产量形成时期的光合作用效率来实现群体增产是促进农业高产高效发展的关键。在农业实践中发现，根据不同作物的生长特性进行合理的间套作组合，可以为作物生长营造良好的局部小气候，使作物群体更有效地利用光照资源，在一定程度上影响作物的光合特性。

花生带状轮作体系不仅可以改变光在群体中的分布特点，还能调整光能的分配模式，实现作物对光的分层、立体利用（张东升，2018）。相比于单作系统，间作系统高秆、矮秆作物搭配种植有利于增加作物接受光的表面积，增加条带两侧的入射辐射，改善系统内光分布，也有利于光合有效辐射更多、更容易地入射到作物冠层下方，从而增加间作高秆优势作物下层的有效光合面积，避免因上层作物过分遮光而抑制下层作物生长。间作复合群体的光在垂直方向分布均匀、水平方向分布不均匀，能更多地截获光能，是间作系统提高光能利用率和产量的重要原因。

将形态特征和生育特性对应互补的作物进行带状轮作，还能通过增加群体叶面积指数和延长光合时间来提高光能利用率，实现高产高效（杨萌珂，2014；杨小琴等，2019；王洪预，2019）。在花生玉米间作复合群体中，高秆玉米对低位花生产生遮阴影响，使得花生长期处于光照劣势，光合能力等受到很大限制，导致间作花生对光能的利用被迫向"阴性植物特点"转化，激活了其对群体内弱光的吸收和转化，而玉米的"阳性植物光合特性"增强，提高了玉米对强光的利用能力（焦念元等，2008）。

（二）温度

温度是作物生长发育过程中重要的生态因子，不仅影响作物的光合作用、物质积累和生理代谢过程，还对作物的产量形成起重要作用。花生带状轮作种植模式可以改变作物群体内的温度，在一定程度上降低田间气温、地表温度和作物冠层温度，降低昼夜温差，使田间温度维持在一定范围，对群体内温度的维持和调节具有不可忽视的作用（罗晓棉，2016）。

作物冠层温度是由土壤—植物—大气连通体内的热量决定的，既能反映作物和大气之间的能量交换，也是影响作物叶片光合性能的重要因素。林松明等（2020）研究表明，在花生同一生育时期，间作花生冠层的平均温度显著低于单作花生（表2-6），且二者在上午升温阶段和下午降温阶段相差较小，在中午前后（10：00—16：00）和夜间（18：00至翌日6：00）差异显著，二者温差最高可达4.9℃（图2-1）。

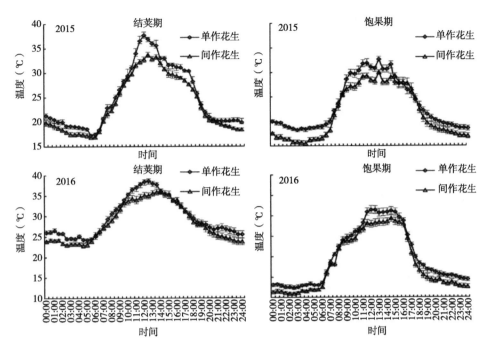

图2-1　花生玉米宽幅间作对花生关键生育时期冠层温度日变化的影响（林松明等，2020）

表2-6　花生玉米宽幅间作对花生关键生育时期冠层温度的影响　　　　（林松明等，2020）

年份	种植模式	结荚期	饱果期	成熟期
2015	单作花生	28.79 ± 0.63	29.42 ± 0.53	26.61 ± 0.49
	间作花生	26.78 ± 0.37	27.45 ± 0.31	24.92 ± 0.74
2016	单作花生	26.77 ± 0.55	29.19 ± 0.29	22.81 ± 0.19
	间作花生	25.24 ± 0.67	27.80 ± 0.24	20.92 ± 0.26

（三）水分

花生因具有耐旱、耐瘠薄等特性，主要种植于干旱或半干旱雨养地区。据统计，辽宁省近55%的花生种植于辽西风沙半干旱区，该区春季风多风大，降水稀少，土壤风蚀现象严重，加之缺少灌溉条件，导致花生旱害频繁发生（任婧瑶，2019）。许多研究表明，间套作种植模式可以调节作物群体内湿度的变化。在间套作复合系统中，不同作物生长发育过程中的需水临界期、最大效率期以及形态学特征均存在不同程度的差异，形成间套作作物对水分利用的补偿效应。

一般来说，单作群体的叶面积指数呈"单峰"形，而间作复合群体因两种或两种以上作物的搭配，呈"双峰"形或"多峰"形。叶面积指数高峰的交错出现使复合群体的农田覆盖时间和叶面积指数保持时间明显延长，改变了土壤水分损失的模式，有利于减少裸地水分蒸发和棵间蒸发，增加表层土壤水分渗入，提高根际土壤储水能力，形成有利于作物生长的微生态环境（张凤云等，2012）。花生与玉米间作会使田间湿度保持在一定范围内，既有利于花生顺利开花下针，又起到预防花生后期倒伏的作用（罗晓棉，2016）。

间作复合群体内的湿度是由间作作物自身根系和冠层在地下、地上共同决定的。合理的作物群体根系深浅搭配，有利于深根系作物通过根系"提水作用"，将土壤深层储水通过根系输导释放到上层较干的土层，从而增加土壤含水量（王一帆，2018）。花生玉米间作条件下，在花生同一生育时期，间作花生冠层的平均相对湿度显著高于单作花生（表2-7），二者的差异基本由太阳升起后开始加大，最高湿度差出现在饱果期的7：30，达21.03%（图2-2）。

表2-7　花生玉米宽幅间作对花生关键生育时期冠层相对湿度的影响　（林松明等，2020）

年份	种植模式	结荚期	饱果期	成熟期
2015	单作花生	65.95 ± 2.54	63.66 ± 2.79	62.93 ± 2.11
	间作花生	79.21 ± 1.56	70.67 ± 2.79	68.10 ± 2.18
2016	单作花生	61.33 ± 2.58	59.80 ± 1.28	48.61 ± 1.47
	间作花生	71.04 ± 1.82	68.52 ± 0.71	55.51 ± 1.81

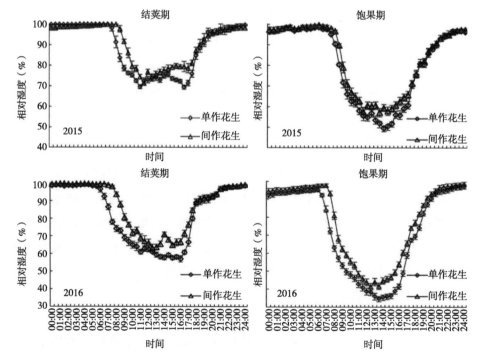

图2-2　花生玉米宽幅间作对花生关键生育时期冠层相对湿度日变化的影响（林松明等，2020）

（四）CO_2浓度

植被冠层内CO_2浓度的降低是限制作物群体光合生产潜力的关键因素，尤其是密植作物。影响作物冠层CO_2浓度的主要原因为群体内的通风状况和碳同化速率（张瑾涛等，2013）。当前露地栽培中，许多农业增产措施都有提高作物群体CO_2输送能力，抑制其浓度降低的作用。在间套作复合群体中，作物冠层结构的改变可导致地上部的空气以乱流的形式进行，从而加快大气中CO_2在复合群体中的交换速度，对提高作物对CO_2的同化效率具有积极作用（Naeem et al.，1994）。刘燕（2015）研究表明，间作提高了作物群体的透光能力，改善了群体的通风条件，增加了群体内部的CO_2浓度，改善了玉米冠层的微环境，改变了玉米冠层处的光合特性，进一步提高了玉米的光合能力。此外，CO_2浓度升高还会使作物叶片气孔导度降低，削弱植株的蒸腾降温作用，导致白天作物冠层空气温度升高，从而改变整个冠层的温度环境，使作物发育提前（Wang et al.，2008）。

（五）土壤

在东北花生产区，尤其是中低产田集中区，由于花生种植效益相对较高，花生的种植面积和种植比重日益增加，连作障碍凸显，对花生的产量和品质造成极大威胁。许多学者从土壤学、作物营养学、肥料学、微生物学和栽培学等方面入手，对多种豆科作物的连作问题进行了宽领域、深层次的探讨。日本学者沱岛（1983）认为连作障碍的产生主要原因在于土壤养分消耗不均衡、土壤非正常化学反应、土壤物理和化学性质改变、植物自毒素的积聚和土壤中微生物分布失衡。喻景权和松井佳久（1999）认为"自毒说"或"化感说"是连作障碍发生的关键诱因。亦有研究者认为根际土壤生态平衡被打破是连作障碍产生的主要诱因，连作改变了土壤的理化性质，作物根系产生的分泌物和植物残体等长期在土壤中的残留都可能致使土壤生态环境变化，从而引起连作障碍（Li et al.，2010）。

土壤微生物是土壤生态系统中的重要组成部分，对土壤质量的影响主要体现在土壤中氮、磷和钾等营养元素的循环利用上，可使营养元素由无效态变为有效态，供植物吸收利用，改善养分的供应状况，从而间接影响作物的生长发育和产量形成。花生常年连作种植会形成某种特定的土壤微环境，导致土壤微生物的繁殖和活动受到影响，从而改变土壤微生物群落的数量和结构（Lahl et al.，2012）。长年连作会使连作土壤由高肥力的细菌型转变成低肥力真菌型，有益微生物菌群（如固氮菌、纤维素菌等）明显消减，病原真菌大量积累，病虫害、土传疾病和自毒效应越来越重（李婧等，2011；王兴祥等，2010）。花生连作一年后，土壤中硝酸细菌和亚硝酸细菌的数量分别降低33.1%和38.1%；连作两年后，土壤中硝酸细菌和亚硝酸细菌数量均减少80%以上（封海胜等，1993）。与连作相反，合理有效的间作、轮作可通过根际交互作用优化土壤微生物群落结构，提升有益微生物菌群含量，减少有害微生物菌群的数量，形成比单作种植更具优势的土壤微生物区系（Wang et al.，2014；Wu et al.，2014；Yang et al.，2014；You et al.，2015）。何志刚等（2013）研究表明，间作可以提高土壤微生物群落结构多样性和整体代谢活性，细菌数量高于对照62.5%，真菌是对照的6倍、放线菌是对照的8倍，微生物数量增加的原因是根系吸收土壤中的营养物质后，产生的分泌物和代谢物对其有一定的刺激作用。一般来说，土壤微生物总量增加表明土壤肥力得到了改善，且细菌种类最多，放线菌次之，真菌最少（Govaerts et al.，2007）。

土壤酶直接参与土壤中的物质转化、养分释放和固定过程，其活性的高低可以反映出土壤生物活性的强弱和土壤生化反应的强度，与土壤肥力状况和土壤环境质量密切相关（刘善江等，2011）。土壤酶活性受种植模式影响显著，花生长年连作会导致土壤中的主要水解酶活性降低，而过氧化氢酶无明显影响（封海胜等，1994）。孙秀山等（2001）认为花生连作时间的长短与土壤中碱性磷酸酶、蔗糖酶、脲酶的活性均呈反比，其中碱性磷酸酶的活性下降最为明显，蔗糖酶次之，脲酶下降幅度最小，过氧化氢酶的活性变化不大；而花生玉米带状轮作可显著提高土壤中碱性磷酸酶、蔗糖酶、脲酶和过氧化氢酶的活性，与单作玉米相比分别提高了1.1%～11.8%、13.0%～54.8%、2.1%～14.0%和2.2%～7.3%，与单作花生相比分别提高了24.2%～41.4%、4.3%～22.9%、3.2%～31.4%和2.9%～9.7%（姜玉超，2015），说明间作条件下不同作物根际互作过程中，根系分泌物组成和根际微生物群落结构均发生了变化，进而改变土壤酶活性提高了土壤养分（李奇松，2016）。

在土壤微生态系统中，根系分泌物是土壤微生物的重要物质以及能量来源。植物可以通过根系分泌物质的方式向环境释放信号，积极诱导某些特定的土壤微生物群落生长，塑造有利于植物生长的土壤环境。研究表明，土壤中根系分泌物的组成会随着作物种类和种植模式的不同而发生显著变化。与单作相比，间套作复合种植模式下的根系分泌物数量和种类均有所改变，且并不是两种作物单作下根系分泌物的简单叠加，这些根系分泌物不仅对其作物本身具有促进作用或自毒作用，对于共同生长的另一种作物也可能会有促进或抑制作用（范分良，2006）。在花生玉米带状轮作系统中，玉米根系分泌物中富含有机酸、氨基酸、糖分、活性有机碳和可溶性含氮物质，亦含有丰富的苯并噁嗪类、黄酮类、酚类和黏胶类等化合物（耿贵，2011；张立猛等，2015）。将根系分泌物加入土壤后，会直接影响土壤中的碳、氮组分和含量，改变土壤颗粒状态，提高微生物多样性，增强土壤微生物活性，最终使土壤微生态环境发生变化（Guo et al.，2017）。左元梅等（2004）认为，间作种植模式下两种作物之间的根系接触并不是土壤微生态环境发生变化的关键因素，关键是间作作物通过向土壤中释放根系分泌物而相互影响，玉米花生间作系统中无论是玉米根系与花生根系直接接触还是两者根系用尼龙网隔开，玉米的根系分泌物都能进入到花生根际，进而影响花生的生长发育和品质建成。

（六）养分吸收利用

不同作物的生物学特性不同，从土壤中吸收的养分种类、数量和利用效率也不相同（表2-8），因此，将营养生态位不同而又具互补作用的作物进行合理的轮作，可以协调前后茬作物的养分供应，均衡地利用土壤中的各种养分。Morrow在美国伊利诺伊州的长期定位试验（1904—1943年）证明，在不施肥料的情况下，玉米连作区土壤含氮量减少了36.6%，玉米—燕麦轮作区减少了23.7%，而玉米—燕麦—三叶草轮作区只减少了19.6%。

表2-8　各类作物氮、磷、钾养分吸收比例　　　（《耕作学》西北本，1986）

作物	氮（N）	磷（P_2O_5）	钾（K_2O）	备注
禾谷类作物	2.22	1	2.89	玉米、小麦、水稻、谷子、多穗高粱
籽实用豆类作物	4.26（1.42）	1	1.19	花生、大豆
纤维作物	3.22	1	2.77	棉花、大麻
油料作物	1.80	1	0.89	油菜
块根块茎类作物	3.00	1	3.66	甜菜、马铃薯

玉米和花生，由于需肥特点和栽培条件不同，通过轮作换茬，可以充分利用土壤的养分，因而有利于其生长。玉米和花生在生长过程中均从土壤带走大量的有机和无机养分，但残茬、根系和落叶也遗留给土壤相当数量的有机物和养分。玉米属耗地作物，消耗土壤或肥料中较多的氮素，种植玉米后，只有5%~12%由残茬和根系归还土壤，多数被籽实和秸秆带走离开农田，若不施氮肥，土壤氮平衡是负值。若能够将玉米的大量秸秆直接或间接（通过牲畜）还田，将有利于土壤有机质的增加，使农田逐步变肥沃。花生喜磷、钾，不喜过多氮肥，因具有根瘤菌，花生每亩可固氮6~8kg，对土壤中氮的实际消耗量不大，而从土壤中吸收磷、钾较多。因其在物质循环系统中返回田地的物质较多，因而也在某种程度上减少了氮、磷、钾养分的消耗，或增加了土壤碳素。与长期连作玉米相比，在轮作中通过种植花生，可以改善土壤中的氮素状况。表2-9反映了玉米、花生从土壤中吸收和返还氮素的情况。花生根系和落叶的残留量约占其有机物生产量15.2%，如将茎叶全部还回土壤则可达50%。其落叶及叶柄

中的C/N比率较玉米小，分解快，所含的养分易被下茬作物吸收利用。花生年固定氮素45~105kg/hm²，但多数由收获物带走，因此也会降低土壤氮素含量。通过残留在土壤中的根及部分落叶尚可归还给土壤少量氮素，一般约为原土壤含氮量的5%，可缓和土壤氮素消耗（表2-9）。

表2-9　玉米、花生每生产100kg籽粒吸收与归还的纯氮量　　　　（鲁如坤，1982）

作物	吸收的纯氮量（kg）			来自固氮（kg）	来自土壤（kg）	归还的氮（kg）	归还率（%）	移走的氮（kg）	移走率（%）
	籽实	茎叶	合计						
玉米	1.8~2.0	0.57~0.69	2.53	—	2.53	0.25	10	2.28	90.12
花生	4.4	2.92	7.32	4.88	2.44	0.43	15	2.00	28.56

对土壤中难溶性磷的利用能力而言，玉米吸收利用土壤中难溶性磷的能力弱，而花生的吸收能力较强。花生玉米轮作体系中花生留下的残茬和根系中所含有的磷化合物，可以补充土壤中磷素的供应，并可供下茬玉米利用（表2-10）。根据玉米、花生对养分吸收和利用的不同特点进行轮作，加之深松和秸秆还田等措施，能够促进均衡的利用土壤养分，调节土壤肥力，改善土壤化学性状，不失为一种经济而有效的措施。

表2-10　辽西半干旱区不同处理对土壤养分的影响　　　　（沈阳农业大学，2011—2015）

种植处理	有机质(%)	全氮(%)	全磷(%)	全钾(%)	速效磷(mg/kg)	速效钾(mg/kg)
试验前	1.22	0.081	0.046	0.63	16.8	85.4
对照	1.21	0.086	0.043	0.56	23.9	83.7
轮作*	1.49	0.087	0.063	0.64	25.7	86.7
轮作+深松#	1.66	0.088	0.065	0.71	26.6	93.6
轮作+深松+秸秆还田&	1.69	0.095	0.072	0.85	28.3	106.3

注：*轮作为玉米—花生—玉米—花生—玉米；#深松为2011年、2013年、2015年春季深松25~30cm；&秸秆还田为2011年、2013年、2015年春季秸秆还田400kg/亩；对照为5年玉米连作；供试品种为郑单958（玉米）和农花5号（花生）。

三、花生带状轮作种植模式的生态效应

（一）防风蚀效应

土壤风蚀及土地荒漠化是全球性土地退化的主要原因。据统计，全球陆地面积的

1/4，即$3.592 \times 10^9 hm^2$受到沙漠化的威胁，每年因沙漠化造成的经济损失巨大，全球约有9亿人口受到荒漠化的影响，百余个国家受其危害。而我国受土壤风蚀及荒漠化影响的面积占国土总面积的1/2之多，是世界上荒漠化和沙化面积最大、分布最广、受其危害程度最严重的国家之一。

我国土壤风蚀现象主要发生在北方农牧交错区、草原及沙漠边缘区等自然生态系统和农业生态系统脆弱的风沙半干旱区，该区为一年一季旱作农业区，作物收获后农田有6~7个月的休闲期，农田植被覆盖度低（只有少许作物残茬覆盖），且该时期降水量少、蒸发量大、风大风多，导致水土流失严重（陈源泉，2008）。目前，国内外对农田土壤风蚀的控制主要有两种措施：一是设置风障及其他防风障碍物，如防护林带、树篱及高秆作物等，主要通过其对风的牵制作用并使风流转向，从而降低地面的风速，减少土壤颗粒与地表的分离和输送；二是改善土壤表面状况，增加植被覆盖，进行间套作以及轮作，依靠作物及残茬保护，隔离风力对土壤的直接作用，从而限制土壤颗粒的运动（麻硕士和陈智，2010）。

现代农业生产中，花生、大豆、马铃薯及甜菜等许多作物，收获后留在土地中的残余物极少，土壤更易遭受侵蚀，因其在传统主栽区域为优势品种，土地翻耕与控制风蚀之间矛盾明显。花生带状轮作复合种植配合秸秆留茬或覆盖等措施具有较好的防风蚀效果和缓解连作障碍的作用。研究表明，在干旱和半干旱地区，采用花生带状间作结合秸秆留存等复合种植方式既能提高农田生产力，还能有效控制土壤风蚀。花生带状复合种植下作物种间互作能够扩大两种作物根系纵向和横向的空间生态位，作物根系可与土壤形成根土复合体，将表层土壤颗粒紧紧束缚，起到抗风蚀作用（高砚亮等，2017）。花生玉米间作条件下，玉米秸秆高留茬覆盖不但能削弱自身近地表处风速、降低土壤风蚀率、提高耕层土壤水分含量，而且对花生带还具有良好的防风蚀、蓄水保墒的效应。花生玉米间作下玉米残茬覆盖可使玉米带和花生带中距地表20cm高度的瞬间风速分别削弱81.3%和46.0%，土壤风蚀率分别降低89.3%和60.7%，耕层土壤含水量分别提高7.4%和3.4%（陈梦非等，2016）。可见，花生玉米间作和花生带状轮作是风沙半干旱区生产与生态和谐友好型的栽培模式，对防控土壤荒漠化有着广阔的应用前景。

（二）固碳减排效应

东北地区是我国主要的粮食生产基地，稳定该地区的农作物产量对保障我国的粮食安全意义重大。以玉米、水稻和花生为主要农作物的一年一熟制是东北地区的主要种植模式，常年过度单一的种植模式，以及在农田生产中单一化的物质和能量投入，导致当地农田土壤出现了地下水位下降、农田温室气体排放加剧和经济效益低等一系列负面效应，严重限制了该地区农田生态系统健康和可持续发展（谢立勇等，2018）。面对严峻的生态危机，亟须改变当地过分单一的种植模式，变换作物种植顺序和频率，提高农田作物的多样性配置，进而促进土壤生态环境的不断改善。

合理轮作有利于提高土壤水分及水分利用效率，同时对培肥地力及降低温室气体排放等方面具有正面效应（Fissore et al.，2008；张婷婷，2013）。邹晓霞等（2017）依据全生命周期评价分析原理，建立了农田碳排放核算模型，估算了玉米花生3∶4和3∶6间作与传统花生单作的单位面积和单位产值的碳足迹差异，结果表明，3∶4和3∶6间作模式单位面积碳排放分别为3 782.4kg CO_2e/hm^{2}和3 829.9kg CO_2e/hm^2，均低于花生单作的3 930.6kg CO_2e/hm^2，两种间作模式的温室气体排放主要来自肥料（包括肥料生产、氮肥施用导致的田间N_2O排放）和地膜。不同种类农作物对光能的吸收利用效率也不同，造成农作物的碳吸收量存在不同程度的差异，玉米属于C4植物，花生和大豆是C3植物，二者最主要的区别就体现在作物的光合速率上，C4植物的光合利用效率较高，能够更好地吸收和固定CO_2（曾宪芳，2013）。Zou等（2021）研究表明，玉米花生10∶10带状轮作增加了10~20cm表层土壤中碳贮存量20.1%~34.2%；水土流失和由此产生的碳排放量减少，侵蚀强度分别下降8.3%和45.5%，产生的碳排放量分别下降22.7%和45.2%；玉米花生带状轮作改善了土壤特性，如土壤有机碳、矿化碳和有效养分的增加，有助于提高玉米花生带状轮作复合种植的产量。

第三节 整地与土壤耕作技术

花生是地上开花、地下结果的作物。花生的根系入土较深，果针入土结果层为4~10cm，因此较适宜深耕。东北地区花生大多种植在土壤肥力较为瘠薄的沙土地上，冬、春季受风蚀危害严重，对花生稳产丰产造成一定威胁，所以要做好深耕与精细整地工作，为花生高产创造良好的土壤环境。

一、适时早耕

因土壤性状的改善和有机质的分解需要一定的条件和时间，要使深耕当年见效，必须及时进行，以利于土壤充分熟化，一般以秋、冬季节地冻前最适宜。如果没条件冬翻，翌年早春须及早深耕。

二、耕翻深度

深耕条件下的花生，其根系95%以上集中在0～30cm的土层内，耕翻深度通常以25～30cm为宜。一般深耕30cm比浅耕15cm的土壤容重减少、总孔隙度提高、通气透水性能增强，增产34.3%（表2-11）。耕翻深度要因地制宜，凡底土结构良好，有机质含量较高，或表土层黏土层厚的可以适当翻得深些；沙土和沙壤土不宜深翻；冬耕宜深，春耕宜早、宜浅。要避免耕翻过深，若将生土翻到上层过多，就会影响花生出苗和生长发育。

表2-11　花生田深耕翻增产效果　　　　　　（山东省花生研究所，1979）

处理	土壤通透性					荚果产量		
	土层深度（cm）	容重（g/cm³）	总孔隙度（%）	毛管孔隙度（%）	非毛管孔隙度（%）	kg/亩	增减产（±）	
							kg/m²	%
浅耕（15cm）	2～8	1.40	47.0	31.7	15.3	360.2	—	—
	17～23	1.66	37.4	33.4	4.0			
	37～43	1.54	42.0	33.5	8.5			
深耕（30cm）	2～8	1.39	48.0	33.1	14.0	483.9	+123.7	+34.3
	17～23	1.42	46.5	33.0	13.5			
	37～43	1.54	41.8	34.3	7.5			

（一）不同耕翻深度对土壤物理特性的影响

土壤含水量、土壤容重和土壤孔隙度是反映土壤物理特性的关键指标。吉林省农业科学院花生栽培与耕作研究团队连续3年（2019—2021年）对土壤不同深度的松耕定位试验发现（表2-12），播种前土壤含水量随耕层加深呈增加趋势，同时土壤容重减少、土壤孔隙度增加，有利于花生播种后吸收水分及发芽生长；花生苗期、开花下针期、结果荚和饱果成熟期各耕层的土壤含水量、土壤容重和土壤孔隙度无显著性差异；随着花生生育进程的推进，深松深度为20～25cm时，开花下针期的土壤容重相对最小，从开花下针期到结荚期的土壤孔隙度最大，说明荚果成长时需要更多的空间；深耕深松处理后的地块可以维持较低的土壤容重和较高的土壤孔隙度。

表2-12　不同耕层土壤孔隙度变化（%）

时期	处理	2019年	2020年	2021年
苗期	10～15cm	13.66±3.73a	52.07±1.82b	50.51±3.58b
	15～20cm	15.13±18.31a	60.11±3.06a	57.08±3.20a
	20～25cm	21.36±17.63a	58.59±3.10a	58.80±1.77a
初花期	10～15cm	50.58±1.18a	47.53±3.48a	57.02±2.71a
	15～20cm	52.86±5.34a	50.59±5.27a	55.70±1.24a
	20～25cm	48.27±3.53a	51.16±2.85a	55.70±3.77a
开花下针期	10～15cm	53.79±2.53a	46.33±1.72b	57.02±2.71a
	15～20cm	52.16±4.73a	50.37±1.36a	55.70±1.24a
	20～25cm	53.56±6.33a	52.78±2.28a	55.70±3.77a
结荚期	10～15cm	53.29±2.63a	46.46±0.58a	52.14±2.07a
	15～20cm	54.79±2.10a	48.90±1.23a	49.76±2.43a
	20～25cm	54.64±1.10a	50.12±3.50a	53.39±1.32a
成熟期	10～15cm	49.55±1.01a	43.75±2.23a	59.37±1.80a
	15～20cm	52.48±2.11a	45.85±3.18a	59.07±1.16a
	20～25cm	52.75±1.88a	48.04±1.29a	60.37±1.60a

（二）不同耕翻深度对根系含水量的影响

影响根系吸水的外部因素主要是环境因素，包括土壤中可被植物根系利用的水分、土壤通气状况、土壤阻力、土壤温度、土壤溶液浓度、大气状况等，而深松主要影响土壤的通气状况。连续3年的定位试验表明，在花生各生育时期中，根系含水量先升后降，苗期根系含水量最小，开花下针期最大。不同耕层深度的根系含水量变化，以耕深20～25cm变化最大，达到73.8%，从开花下针期后呈直线下降趋势，到饱果成熟期降到了最小，为54.7%（表2-13）。

表2-13　不同耕层深度对根系含水量的影响（%）

时期	处理	2019年	2020年	2021年
苗期	10～15cm	52.98±9.43a	52.75±0.03a	44.33±0.03a
	15～20cm	62.86±18.27a	40.65±0.05a	44.40±0.05a
	20～25cm	61.95±9.88a	44.24±0.06a	46.83±0.05a

（续表）

时期	处理	2019年	2020年	2021年
初花期	10～15cm	64.01 ± 11.20a	64.13 ± 0.01a	50.49 ± 0.01b
	15～20cm	68.99 ± 6.50a	64.52 ± 0.03a	54.13 ± 0.01ab
	20～25cm	74.09 ± 1.46a	64.24 ± 0.01a	55.46 ± 0.02a
开花下针期	10～15cm	71.05 ± 2.12b	66.19 ± 0.013a	66.00 ± 0.01a
	15～20cm	64.84 ± 5.84b	64.52 ± 0.03a	55.35 ± 0.04b
	20～25cm	87.36 ± 12.25a	69.74 ± 0.03a	64.39 ± 0.01a
结荚期	10～15cm	69.25 ± 3.65a	44.16 ± 0.05a	72.69 ± 0.03a
	15～20cm	64.87 ± 3.20ab	49.19 ± 0.08a	76.02 ± 0.03a
	20～25cm	60.27 ± 7.61b	58.09 ± 0.05a	70.90 ± 0.01a
成熟期	10～15cm	67.64 ± 2.88a	46.89 ± 0.02a	66.90 ± 0.05a
	15～20cm	63.29 ± 3.65b	33.91 ± 0.05a	61.53 ± 0.02a
	20～25cm	63.46 ± 3.36b	46.24 ± 0.04a	54.46 ± 0.03a

（三）不同耕翻深度对干物质积累的影响

随着花生的生长，植株干物质的积累逐渐增多，不同耕翻深度的地上和地下干物质在花生生育后期达到最大。在花生苗期，3种耕翻深度的干物质差异变化不显著。随着花生的生长，地上干物质积累结荚期最高。随着耕层加深，地上干物质积累呈增加趋势，耕层20～25cm达到最大。地下干物质积累饱果成熟期最高，随耕层加深地下干物质积累呈增加趋势，耕层20～25cm达到最大。地上和地下干物质积累均在耕层20～25cm达到最大，说明疏松的土壤对花生生育后期果针的下针和荚果的成熟有促进作用（表2-14）。

表2-14　花生生育期内不同深松深度的干物质积累

生育期	处理	2019年		2020年		2021年	
		地上干物质（g）	地下干物质（g）	地上干物质（g）	地下干物质（g）	地上干物质（g）	地下干物质（g）
苗期	10～15cm	196.97a	74.21a	218.08a	33.48a	112.04a	66.96a
	15～20cm	142.84a	53.01a	210.18a	36.73a	140.89a	57.66a
	20～25cm	203.11a	47.43a	186.00a	31.15a	121.83a	58.59a

（续表）

生育期	处理	2019年		2020年		2021年	
		地上干物质（g）	地下干物质（g）	地上干物质（g）	地下干物质（g）	地上干物质（g）	地下干物质（g）
初花期	10~15cm	978.59a	149.72a	1 461.03a	109.27a	2 427.30a	571.47a
	15~20cm	776.32a	130.43a	1 355.94a	101.37a	2 183.64a	432.92a
	20~25cm	1 048.34a	136.01a	1 483.81a	109.27a	1 780.49a	317.13a
开花下针期	10~15cm	3 561.16a	297.64a	5 735.77a	2 717.92a	3 800.90a	3 524.69a
	15~20cm	6 723.90a	400.64a	6 722.97a	3 564.69a	5 792.51a	1 653.07b
	20~25cm	4 856.83a	510.57a	5 429.81a	2 931.36a	4 550.96a	1 969.26b
结荚期	10~15cm	6 863.40a	6 220.77a	5 638.12a	8 428.12a	3 653.97a	4 229.16b
	15~20cm	6 412.35a	5 718.57a	6 075.22a	8 891.73a	4 097.58a	4 665.35b
	20~25cm	7 486.49a	7 703.19a	7 254.44	10 019.35a	4 489.11a	6 924.78a
成熟期	10~15cm	5 234.04a	6 145.91a	3 421.93b	5 864.58b	3 695.82b	7 394.05b
	15~20cm	5 077.33a	8 668.06a	3 701.40b	7 178.20b	4 414.14ab	8 510.42b
	20~25cm	5 708.34a	10 424.83a	7 831.99a	10 610.83a	4 597.92a	10 662.26a

在播种前对土壤进行适当的深松深耕可以增加田间土壤的含水量和空隙度，有利于花生出苗。3种深松深度条件下的根系含水量都随花生生育期的生长呈先升高后降低的趋势，生育后期耕翻深度为20~25cm时根系含水量较高，说明随着根系的生长，疏松的土壤更有利于花生根系的水分吸收与利用。随着花生的生长，植株干物质的积累逐渐增多，不同耕翻深度的地上和地下干物质在花生生育后期达到最大，在结荚期和成熟期以耕翻深度20~25cm为最高，说明疏松的土壤对花生生育后期果针的下针和荚果的成熟有促进作用，适当的增加翻地深度可以提高田间含水量，增加土壤孔隙度，有利于花生荚果的生长和产量的提高。

三、不乱土层

深翻深耕能打破犁底层，增加土壤通气性，改善土壤理化性状，增强土壤保水、保肥能力。但过度深翻会打乱土层，导致肥料供应不充足，跑墒严重或排水不好，引起雨季涝渍，最终造成减产。因此，人工深翻要注意熟土在上、生土在下，机械深翻要在犁铧下带松土铲，以达到上翻下松、不乱土层的要求。

四、深翻施肥

深翻要结合增施有机肥，土肥混合，从而增加土壤有机质，改善土壤理化性状。这不仅可以直接为花生提供养分，还能为土壤微生物提供良好的营养和生存条件，促进微生物活动，加速有机质分解和熟化，调节水、肥、气、热的供给，进一步改善土壤肥力状况。

五、整地起垄

为了使土地平整、土块细碎、疏松绵软，深耕改土后必须与耙、耢、平整地面等耕作措施同步进行，使土壤达到保墒、保肥、防涝的要求，为花生全苗、壮苗和生长发育奠定基础。起垄一般在当年秋季整地后进行或翌年早春进行，起垄后镇压1~2遍，垄高12cm左右，垄距50cm左右（辽宁花生产区）或60~65cm（吉林、黑龙江花生产区）。为了提高种植密度，提倡大垄双行起垄。

第四节 土壤耕作知识科普

一、花生对土壤有哪些要求？

花生高产土壤最好为沙壤土，土质疏松，杂草少，同时还要具备深、活、松的土体结构和上松下实的土层结构特征。"深"即全土层深厚，高产田全土层要在50cm以上，保证土壤深厚对花生根系的生长发育十分重要。"活"即耕作层通透，下雨能迅速排水不积水，干旱能迅速灌水透水快，耕层厚度达30cm左右，满足花生吸肥能力最强的主根群分布。"松"即结实层疏松，10~15cm的表土层是花生根茎生长和果针入土结实的结实层，要求土壤通透性良好，干时不散不板、湿时不黏的沙质壤土。

二、沙壤土对花生生长有什么影响？

沙壤土是介于沙质土和黏质土之间的土壤类型，有一定肥力基础和保水保肥能力，也有较好的排水性能，水、肥、气、热状况比较协调，养分供应平稳，不像沙质土"大起大落"，也不像黏质土"前慢后发"。沙壤土的主要特征是：耕作层中，沙粒与黏粒的比例为（6~7）：（4~3），土壤容重为1.2~1.4g/cm³，毛细管孔隙与非毛细管孔隙比例为（3.5~4）：1，土色多为灰白色，有机质含量中等，为1%~2%。

沙壤土最适宜花生生长，易获高产，归因于：一是沙壤土的土壤环境与花生生育特性要求相吻合，能够满足花生种子萌发出苗所需要的较多氧气，有利于齐苗、全苗、壮苗。二是花生是地上开花、地下结果的作物，沙壤土有利于果针入土结荚，结果多，产量高。三是花生是既需水又怕水的作物，沙壤土整地、排灌、施肥等田间管理作业便利，易于调控培育矮壮苗，防止徒长倒伏，有利于合理群体结构的形成与建立，从而高产稳产。

三、土壤缺氧对花生生长有什么影响？

在花生萌发出苗期，土壤缺氧不利于花生种子萌发及形成齐苗、全苗和壮苗；在开花下针和饱果形成期，花生根际对氧的消耗量变大，当氧的浓度降低时，新生荚果极易感染细菌病害，导致腐烂，严重减产。在生产上，一般通过选择偏酸性土壤、多施有机肥料、多次中耕等措施，改良土壤孔隙度，提高土壤内的氧气含量，可促进根系的良好分布和增加饱果率，提高花生产量。

四、种植花生地为什么要深耕？深耕多少适宜？

花生是地上开花、地下结果的作物，深耕可以使土壤疏松，提高蓄水、保水能力，协调土壤中水、肥、气、热、肥力因素，为花生根系和荚果生长创造良好环境。疏松的土壤有利于花生根系的生长发育而形成强大的根系，加强对土壤中水分和养分的吸收，并源源不断地输送至地上部分，使植株生长健壮，光合能力增强，光合产物增多，为高产提供物质基础。一般来讲，花生根系95%分布在0～30cm土层，因此深耕不宜超过30cm。若深耕过深，由于将大量未经熟化的土壤翻到表层，破坏了土壤的正常结构，降低了土壤肥力，深耕后种花生效果不显著，有的甚至不增产反而减产。

五、种植花生对整地质量有什么要求？

第一，要深耕。深耕能加深活土层，改善土壤结构，使下层土质变疏、容重减少、孔隙度增大，扩大贮水范围，增强渗水速度，从而增强土壤的保肥性、通透性和抗旱耐涝能力，深耕可比浅耕增产10%～20%。一般要求30cm左右，深耕要注意不打乱土层，要增施有机肥，才能收到良好效果。

第二，要精细。精细整地，就是在深耕的基础上，通过多犁多耙，翻转耕作层，使下层土壤暴晒风化，促进微生物活动和养分分解；疏松土壤，增强通透性；平整土地，防止渍水。

第三，要起垄。起垄便于排灌，避免积水，进一步加厚土层，有利于根系生长，便于施肥除草等田间管理，有利于提高土温和田间通风透光，提高群体光合作用。垄的规格和形式因土壤类型和机械而异，并要结合当地实际。

第四，要早整地。清明过后就可以操作，这样可以避免因雨水而延误整地时间和影响整地质量，有利于适时早播和保证播种质量，同时使土壤有一段时间暴晒风化，促进有机质腐烂分解，增加养分和使土壤逐步沉实，达到上松下实，提高土壤蓄水保肥能力。

六、花生地如何做到精细整地？

1. 耙地

主要起到碎土、平土、灭草及混拌，同时对过松表土有轻度镇压作用。使用圆盘耙或钉齿耙，采用顺耙、横耙和对角耙的方式，顺耙的碎土作用小，横耙的碎土平土作用大，对角耙碎土作用介于两者之间，这3种方式可结合使用。

2. 耢地

主要用于平土，也有碎土和紧土的作用。特别适于干旱地区，在耙地后用耢子耢一下，形成干土覆盖层，减少地面水分蒸发，起到保墒作用，对春旱播种极为有利。耢地深浅一般3cm左右。

3. 镇压

有压实土壤、压碎土块和平整地面的作用。一般作业深度可达3~4cm，用碌子或镇压器镇压。镇压可使耕层紧密，减少水分的散失。播前镇压，可消除大土块，防止播种后土壤下陷，保证播种深度一致，出苗整齐健壮。

七、花生起垄有几种方式？

1. 随播种随起垄

这种方法适合于90~100cm大垄双行机械播种。特点是土壤墒情较好，有利于出苗。适于春季干旱风速小的跑风地块。

2. 先起垄后播种

这是生产上常用的一种播种方式，在秋季或早春起垄，在垄面上进行播种。辽宁产区和吉林产区的垄宽分别为50cm左右和60~65cm，垄高12cm左右，具备垄作全部特点，但播种至幼苗期的土壤含水量低于前者。春季垄体升温快，有利于花生种子萌发、出苗。

八、花生连作重茬种植为什么减产？

一是加重了病虫杂草的为害。任何病虫和杂草都必须在适宜的寄主和生活条件下才能生长繁殖，花生的根腐病、茎腐病、白绢病、根结线虫病等病害的病原菌一般只侵害花生及其同属作物，而且多靠土壤传播，连作条件下在土壤中大量积累，增加感染源。虫害和草害也是如此。二是可造成花生根系自身中毒。三是连作造成土壤养分失调，磷、钾、钙、钼等元素易片面消耗，从而影响花生正常发育。

九、克服花生连作障碍的措施有哪些？

1. 耕翻土层

耕翻土层就是将原地表0～30cm的耕层土壤利用翻转犁平移于下，将其下7～10cm的心土翻转于地表，从而加厚了耕层，改变了连作花生土壤的理化性状，为花生创造了新的微生态环境，减轻了杂草的为害和土传病害的发生，大幅提高花生产量。翻转后的土壤应增施有机肥和速效化肥。

2. 施用土壤微生物菌剂

土壤微生物菌剂在土壤物质、能量的输入输出中具有重要的作用，能够杀死土传病原真菌，而对土壤有益的细菌和放线菌无害，使土壤形成团粒结构，提高土壤的保水保肥能力，活化土壤磷素，提高磷的利用率。在连作花生土壤中直接施入有益微生物制剂，或施入能抑制或消灭土壤中有害微生物而促进有益微生物繁衍的制剂，使连作土壤恢复并保持良性生态环境，是解决花生连作障碍的有效途径。

3. 采用地膜覆盖栽培

地膜的增温、保湿、除草及改善土壤理化性质的作用，促进了土壤微生物的活动。覆膜土壤中微生物总数较不覆膜土壤多32.6%～37.6%。覆膜对因连作引起的细菌、放线菌大幅减少具有一定的补偿作用。因此，连作花生要获得高产，采用地膜覆盖栽培是一项有效措施。

4. 采用轮作倒茬或花生带状轮作

花生与玉米等非豆科作物轮作倒茬，避免选择使用长残效除草剂的前茬。

十、种植花生实行几年轮作好？轮作方式有哪些？

花生轮作周期长短，因地而宜。在病虫害发生较轻、土壤肥力较高的地区，轮作周期可以短一些，一般以3年为宜；反之，应适当延长轮作周期。种植花生忌重茬，花生是具有根瘤菌固氮能力的豆科作物，最好与玉米、高粱等禾本科作物、薯类、十字花科蔬菜等作物进行3~4年的轮作，才能达到用地养地相合、获得花生高产的目的。在东北地区采用一年一熟制，主要轮作方式为玉米—花生—马铃薯—高粱、马铃薯—花生—蔬菜—玉米、玉米—马铃薯—花生—高粱。

十一、花生轮作倒茬种植增产的原因有哪些？

1. 提高土壤肥力

花生与禾本科作物、薯类、蔬菜等轮作，由于需肥特点不同，更能充分利用土壤中的营养，实现营养成分吸收利用互补，同时花生根瘤菌固氮，收获后增加土壤中的氮素营养。

2. 改善土壤理化性状

不同的作物轮作，对土壤理化性状有良好的影响。花生根系较深，能将土壤中的钙集聚于土壤表层，增强土壤团粒结构；禾本科作物的根系较浅，能使土壤的孔隙度增加，促进微生物的分解，增加有效成分。

3. 减少杂草和病虫害

任何病虫和杂草都必须在适宜的寄主或共栖环境下才能生活繁衍，轮作不同种属的作物后，使病虫失去寄主，杂草没有共栖的环境，因而病虫和杂草的数量大大减少，甚至死亡，减轻为害。

十二、花生酸害有哪些症状？是如何发生的？

酸害是指因土壤酸性引起的生育障碍，主要表现为影响花生根系代谢和土壤活性铝对根系的毒害。花生酸害症状为受害植株表现严重生长不良，生长量急剧下降。酸害主要伤害根部，幼根伸长明显受阻，变短、变粗，扭曲增多，尖端变钝，状如蚯蚓，根毛发生量显著减少。出苗后出叶速度缓慢，苗叶尖出现黄化等，严重时根尖腐烂，造成死苗。由于根毛大量减少，使根系有效吸收面积减少，对水分、养分的吸收严重下降，特别是对钙的吸收，甚至丧失殆尽，导致花生生长不良，出现秕粒、空壳、烂果。

花生酸害发生的原因是多方面的，主要有：一是酸害发生与土壤缓冲性和肥料等有极为密切的关系，也与品种有关。缓冲性是土壤在加入酸碱物质后阻止pH值变化的能力，缓冲能力强的土壤不易酸化。决定缓冲能力大小的是土壤黏粒和有机质含量，其中有机质的缓冲能力大，所以质地瘠薄、有机质贫乏的土壤缓冲力弱。二是不合理施肥可引起或加重酸害，合理施肥可缓和或防止酸害。施用硫酸铵、氯化铵等生理酸性肥料会酸化土壤，酸化程度与用量和施用频率有关。不属于生理酸性肥料的碳酸氢铵、氨水及尿素，如果施用不当，同样会导致土壤酸化。主要是因为过量施用情况下，花生不能充分吸收利用而发生流失时，施入的这些氮就会以硝酸根的形态与等当量的钙结合而随水流失。如果流失的钙得不到及时补充，则氢就取而代之，使土壤酸化。

十三、如何防治花生酸害？

1. 实施测土施肥

测土施肥是通过取土分析化验耕地中各种养分的有效含量，结合花生需肥特点和产量水平，提出科学、合理的施肥技术和施肥用量。测土施肥具有很强的针对性，耕地中缺什么就施什么，差多少就补多少。既补充了花生所需养分，提高了花生产量和品质，又减少了化肥施用量，减轻了因大量施用化肥对土壤造成的污染和酸化程度。实施测土施肥是解决目前土壤酸化有效、直接、快捷的技术措施。

2. 增施有机肥

有机质可有效缓解土壤酸碱度，是目前解决土壤酸化的根本措施。确保每亩有机肥施用量3 000kg以上，力争达到4 000kg。

3. 科学叶面施肥

在土壤酸化的情况下，为提高花生产量和品质，可采取叶面喷施硼、钼等微肥。一般每亩用120～150g硼砂加水40～50kg叶面喷施，或每亩用30～40g钼酸铵加水40～50kg叶面喷施。

4. 合理使用石灰

土壤酸化十分严重的地块可每亩施用石灰100～200kg，以快速调节到适宜的土壤酸碱度。

十四、花生盐害有哪些症状？如何防治花生盐害？

盐胁迫下，花生主要表现为叶片失绿、黄化，失绿从叶片的顶部外缘向基部扩展，无明显的边界，似水印痕，最后单叶或复叶干枯、脱落，直至整株死亡。在天气晴朗、蒸腾速率快时，顶部叶片会出现暂时性萎蔫。

花生种植在一定盐渍化程度的沙土上，可采用必要的技术措施防治盐害。

（1）花生对盐胁迫最敏感的时期是芽期，催芽播种可提高花生出苗率和苗齐、苗匀、苗壮。

（2）苗期、开花下针期，结合天气情况，可进行适当灌溉，以稀释土壤中的盐浓度，减轻盐害，有利于花生前期生长发育。

（3）在盐碱地周围挖排水沟，灌水脱盐、排涝。

（4）增施有机肥，螯合盐离子，降低盐害水平。

（5）施用含钙的酸性肥料，如过磷酸钙、石膏、磷石膏等，在满足花生对钙的需求外，还能够中和土壤，缓解、矫治盐碱对花生的危害。

第三章　品种优化理论与技术

作物品种改良一直是作物科学家努力的方向，培育优质高产的农作物品种一直是育种家追求的目标。杂种优势利用、理想株型确立及适宜机械化生产的重要性状的改良，引领产量跨越式提高发挥着越来越重要的作用。

第一节　优良品种价值

优良品种是指在一定地区和耕作条件下能符合生产发展要求，并具有较高经济价值的品种，具备优良性、适应性、特异性、一致性和稳定性5个方面属性。花生优良品种在花生生产中的作用巨大。

一、提高单位面积产量

优良品种一般都有较大的增产潜力和适应环境胁迫的能力。在同一地区和耕作栽培条件下，选用产量潜力大的良种，一般可增产10%～20%。在较高栽培条件下良种的增产作用更大。中华人民共和国成立以来，我国花生经历了5次品种更新，每次更新至少使花生产量提高10%以上。目前东北地区花生品种经历了3次品种更新。

二、改进品种品质

通过花生品种改良，花生的品质随着品种更新进程而不断变化，从20世纪80年代后期的优质育种快速发展到20世纪90年代末期的多目标育种，进入21世纪以后，陆续育成了高产油用型品种杂远9102、花育23、阜花12号、吉花20号、锦花15等，优质加工品种天府15、天府18等，高蛋白质含量品种豫花8号、豫花10、吉花19、锦花8号、锦花9号等以及高油酸品种花育965、开农1751、冀花18、豫花37等优质专用型品种，更符合市场发展和经济发展需求。

三、保持稳产性和产品品质

优良花生品种对普遍发生的生物和非生物胁迫具有较强的忍耐或抵抗能力，由此在生产中减轻或避免产量和品质的降低。从系统选育开始以丰产型为育种目标到20世纪80年代初的丰产、抗病结合，选育出了一大批高产、抗病花生新品种，在全国各花生产区大面积应用，保持了花生连续而均衡的增产能力。全国花生单产从1980年的1 539.0kg/hm²到2020年3 803.0kg/hm²，实现了质的飞跃；同时期东北地区花生单产也从1980年的1 253.0kg/hm²到2020年3 638.69kg/hm²，增长了2.9倍，增幅超过全国平均增幅。

东北地区种植的花生品种以珍珠豆型和多粒型为主。由于特殊的气候特点和土壤条件，本地区所产花生色泽鲜艳、籽仁美观、受黄曲霉毒素污染概率低，是我国传统优质小花生出口基地，深受国内外客商青睐。

四、有利于耕作制度改革和复种指数提高

各地耕作制度的改革带动了花生新品种育种目标的变化。山东省、河南省等黄淮海花生主产区，通过选育高产、稳产、早熟、优质、抗逆性强的中早熟大粒品种，适合两年三作并逐步扩大一年两作的耕作模式，提高复种指数。东北地区通过引进、选育高产、早熟、抗逆的大粒品种，推广地膜覆盖技术。

五、扩大花生种植面积

花生品种改良对扩大花生种植面积具有积极推动作用。通过早熟耐逆育种，选育出一系列的优良品种，使我国花生栽培地区逐步向高纬度地区推进，花生适种区域，从最初的北纬40°拓展到北纬46°的吉林花生产区及更北区域的黑龙江省齐齐哈尔市，扩大了花生的种植面积。

六、有利于农业机械化及劳动生产率提高

进入21世纪以来，适合机械化作业的花生品种选育越来越多的引起了育种工作者的重视，果柄坚韧、结果集中、荚果整齐、成熟一致、适于机械化栽培的花生品种是未来花生品种选育的重要方向之一。目前通过国家鉴定的锦花15、在辽宁省备案的阜花12和农花19、吉林省登记的吉花11等就是此类型品种。

第二节　品种选用原则

花生品种的选用，应本着优质、高产、综合抗性好、适于田间机械化作业的原则。花生良种的选用要因地制宜，因需选用。选择经国家和省品种审定委员会审定的优质、高产、抗逆性强的品种。

一、因地制宜原则

东北花生产区主要生产条件是干旱、低温、土壤瘠薄、缺少灌溉设施、机械化播种水平比较高。因此，在干旱沙坡地种植，宜选择耐旱、耐瘠、耐低温、早中熟的适于机械化播种的高产、综合抗逆性强的品种；选择沙壤地采用地膜覆盖种植，宜选择耐旱、耐密、抗倒伏、中晚熟的适于机械化播种的高产、综合抗性强的品种。

二、品种更换原则

东北花生产区连作面积较大，花生连作障碍造成花生不同程度的减产。在一个区域长期种植一个品种，会逐渐失去原品种的典型性和一致性，为花生高产稳产带来风险。因此，在品种利用一段时间后，随着生产水平和市场需求的不断变化，品种也要更新换代，及时淘汰退化混杂的老品种和不符合市场需求的品种，换用生产价值高的新品种，全面实现品种更换。

三、品种搭配原则

在一定区域内，应推广1～2个主栽品种与3～4个搭配品种。主栽品种的丰产、稳产及适应性要好，搭配品种要多样化，能与主栽品种优势互补，如搭配早熟露地种植品种和晚熟地膜覆盖种植品种，可以错开播种时间，调节农机与劳力的分配；搭配抗病品种，可以预防病害传播与流行；四粒红主产区搭配珍珠豆型白沙品种，可以平衡市场不同需求。

四、花生种子质量标准

按照GB 4407.2—2008农作物种子质量强制性标准，花生种子质量标准如下：原种纯度不低于99.0%，大田用种纯度不低于96.0%，两级种子的净度不低于99.0%，发芽率不低于80.0%，水分不高于10.0%。

第三节 品种优化技术

　　花生优良品种是花生高产增效的基础，培育高产优质且稳定性好的品种是东北地区花生育种的重要目标之一。花生产量、品质及品种本身的抗病性等指标交织在一起，因此要从综合经济效益角度来讨论评价品种，对生产更有实际意义。花生相关指标因受不同品种在不同年份、不同生态环境、不同栽培条件的影响，表现出一定差异。因此，科学有效地进行品种区域试验及统计分析试验数据，科学合理地选用品种，明确一个品种在不同地区的适应性和生产潜力，对合理评价品种，延长新品种使用寿命，推动花生生产发展具有重要意义（高华援等，2012）。为了使前述优良品种及其作用更加具体化，下面以AMMI模型和Shukla模型为例，阐述品种合理搭配具体措施。

一、采用AMMI模型分析评价花生品种稳定性和地区适应性

　　花生品种应用推广之前，均需要对其环境进行多地点多年限鉴定，以测试品种的产量水平和适应性，即基因与环境互作。研究利用作物品种的基因与环境互作，进行品种稳定性及广泛适应性育种，已作为提高品种生产力的重要途径之一。AMMI模型是一种有效的主效可加互作可乘模型，通过从加性模型的残差中分离模型误差和干扰，从而提高估计的准确度。同时，借助双标图，可以更直观地描述和分析基因型与环境互作模式。如果某个品种与环境互作明显，则说明其对种植地区有特殊适应性，只能在特定地区推广，才能发挥其优良品性，表现增产作用；反之，品种效应显著而互作效应小，说明其是具有广泛适应性的丰产性品种，适于生产上大面积应用推广。高华援等（2012）对引进的花育22等7个大粒型品种和吉花20等7个小粒型品种，在吉林省的扶余市、双辽市、范家屯镇和洮北区，开展了品种产量稳定性和适宜性评价分析。

　　通过联合方差分析和AMMI模型分析，7个大粒型花生品种产量的品种、环境、品种×环境间差异均达到极显著水平，品种的平方和、地点的平方和、品种与地点互作的平方和分别占总平方和的82.8%、6.0%和11.2%。AMMI双标图分析（图3-1）及品种稳定性参数分析（表3-1）表明，花育25、花育22在吉林省表现为高产稳产，可以在生产中广泛应用。

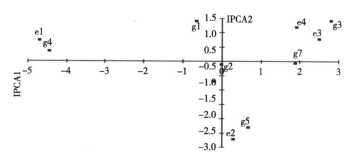

图3-1 大粒组品种平均产量的IPCA1与IPCA2双标（高华援等，2012）

表3-1 品种产量的稳定性参数 （高华援等，2012）

品种	平均产量（kg/hm²）	IPCA1	IPCA2	稳定性参数（Di）	排位
花育22	4 272.75	−0.655 8	1.404 7	0.74	3
花育25	4 243.50	−0.024 9	−0.114 3	0.04	1
丰花1号	4 038.75	2.802 4	1.420 0	2.68	5
鲁花11	4 032.75	−4.446 4	0.351 8	4.21	6
鲁花14	3 840.45	0.669 5	−2.298 2	0.92	4
华实9616	4 082.70	−0.223 5	−0.702 7	0.22	2
白沙3023	3 441.75	1.878 7	−0.061 3		

通过联合方差分析和AMMI模型分析，7个小粒型花生品种产量的品种、环境、品种×环境间差异均达到极显著水平，品种的平方和、地点的平方和、品种与地点间互作的平方和分别占总平方和的94.0%、2.1%和3.9%。通过AMMI双标图分析（图3-2）及品种稳定性参数分析（表3-2）表明，花育28、花育23和花育20属高产稳产型，可以在生产上应用。

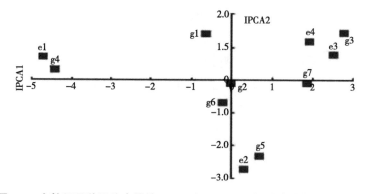

图3-2 小粒组品种平均产量的IPCA1与IPCA2双标（高华援等，2012）

表3-2　品种产量的稳定性参数　（高华援等，2012）

品种	平均产量（kg/hm²）	IPCA1	IPCA2	稳定性参数（Di）	排位
花育20	3 525.00	0.436 0	1.346 9	0.77	3
花育23	3 698.70	-0.495 2	0.499 5	0.49	2
花育28	3 714.00	0.266 6	0.749 0	0.44	1
花育16	3 585.75	-1.066 7	0.788 4	0.99	4
青花6号	3 854.70	-2.877 5	-1.345 2	2.55	6
鲁花12	3 406.20	1.768 2	-2.214 0	1.88	5
四粒红	2 945.25	1.968 6	0.175 4		

二、采用Shukla模型分析评价花生品种稳定性和地区适应性

Shukla稳定性方差分析方法，是分析农作物品种稳定性和适应性的常用分析方法，已经在大豆、棉花、油菜、小麦等作物上普遍应用，为不同生态区适宜种植品种选择应用提供了有效的评价方法。与AMMI、Eberhart-Russell、DTOPSIS和PCA等产量稳定性分析方法相比，该模型方法简洁，含义明确，统计性能较好，信息量大且较为精确判断，可寻找出高产而具有广泛适应性的优良品种，在东北早熟花生区品种稳定性分析上鲜有应用，也为通过生态穿梭育种方法筛选东北生态区广适性花生品系（种）提供了统计分析方法。

陈小姝等（2018）采用Shukla稳定性方差分析方法，对吉林省白城市、前郭县、扶余市、公主岭市和双辽市5个具有代表性花生产区（环境）的10个小粒型花生品种进行了综合评价，通过各品种在不同生态环境区域的丰产性、稳定性与适应性，确定各产区的适宜花生新品种，同时为不同区域品种互补配套提供了技术支撑。试验结果表明，10个小粒型品种在白城生态区的产量均低于其他生态区，且吉花系列品种的产量均高于对照品种花育20的产量。吉花20和吉花19分别比花育20增产23.0%和19.9%，达到极显著水平；吉花11、双花2号、青花6号、吉花4号分别比花育20增产2.5%、4.6%、3.9%和6.5%，其余品种均有不同程度的减产（表3-3）。

表3-3　不同生态环境的品种产量（kg/亩）　（陈小姝等，2018）

品种名称	白城	前郭	扶余	公主岭	双辽	平均
吉花4号	217.8	221.5	238.2	227.1	221.5	225.2

（续表）

品种名称	白城	前郭	扶余	公主岭	双辽	平均
吉花11	221.2	233.2	243.7	258.3	233.2	237.9
双英2号	230.7	220.6	218.8	249.8	220.6	228.1
青花6号	220.3	228.1	222.3	251.6	228.1	230.1
吉花19	237.0	268.3	256.8	263.8	268.3	258.8
吉花20	247.0	247.7	269.1	253.0	247.7	252.9
锦花15	210.0	201.7	207.4	213.1	201.7	206.8
阜花12	199.5	215.9	200.8	227.6	215.9	211.9
白沙1016	218.8	208.9	220.9	224.1	208.9	216.3
花育20（CK）	215.5	226.7	216.3	230.4	226.7	223.1

采用Shukla稳定性方差分析表明，吉花11、吉花4号和阜花12的Shukla方差极显著，且变异系数大，分别达到了4.2%、5.8%和4.1%，与产量稳定性好的品种间差异显著，产量稳定性一般；其余品种的Shukla方差显著，变异系数相对较小，与产量稳定性好的品种间差异不显著，产量稳定性较好。综合产量性状得出，吉花19和吉花20产量高，稳定性好，可以在吉林省花生产区作为主推品种示范推广；双花2号、青花6号、吉花11和吉花4号产量中等，稳产性一般，建议作为搭配品种种植。

第四节　适时播种技术

一、高产花生田幼苗长相

（一）全苗

出苗率应占播种粒数的99%以上，实收株数应达到播种粒数的98%以上。

（二）齐苗

出苗整齐一致，长势均一，始苗后3d内出苗率达95%以上，苗株高矮、大小一致，无弱苗、病株。

（三）壮苗

植株形态上表现壮而不旺，根深、叶浓、茎粗、节密，第一对侧枝早生快发，二级分枝生长正常，花芽分化早而集中。

（四）高产花生幼苗特征

花生在合理播期、合理密度条件下，高产花生苗期形态特征为主茎第六片叶片完全展开时，第一对分枝、第二对分枝生长合理，且花生主茎节数生长进入停滞期，此时进入花生第一对分枝二级分枝生长时期，当第一对分枝生长到第四片叶或第五片时，4个二级分枝长为10cm左右，花生进入始花期。因此，高产花生苗期应该具有8条分枝，这是高产花生苗期主要特征。

二、种子处理技术

（一）带壳晒种

晒种有利于打破休眠，促进种子萌发。通常在播种前7~10d开始晒种。选择晴天10：00—16：00，晒种的厚度以6~8cm为宜。晒种时还须适当翻动，保证晒种均匀，尽量避免在水泥地上晾晒，防止水泥地面温度过高对种子造成伤害。

通过晒种，可以减少种子含水量，增加种子的干燥度，利用阳光中的紫外线消杀种子所载菌，播种后，既能增强种皮透性，提高种子在土壤中吸水能力和发芽势，提高发芽率，又能减少烂种，增加出苗率，提高出苗整齐度。晒种比不晒种的出苗率提高3%左右，并能提早2d左右出苗。

（二）剥壳粒选

剥壳前挑选饱满的具有品种特性的荚果作种。剥壳后选出粒大、无损伤、无病虫、胚根未萌动的种皮颜色鲜亮的种仁分级作种，选用一、二级种仁作种，淘汰三级种仁。一级种比三级种增产9.9%~29.0%，二级种比三级种增产6.6%~11.0%。

东北地区冬季气温寒冷，花生种子剥壳显得尤为重要。根据吉林省农业科学院花生研究所多年试验，花生种子秋天剥壳，高温、透气、避光保存有利于避免春天剥壳破损率过高问题；秋天剥壳花生种子保存温度要求在16℃左右，用牛皮纸袋包装，避光保存，翌年花生种子发芽率不变，发芽势提高。秋天剥壳有利于降低花生种子含水量，尤其是下霜较早的吉林省、黑龙江省，在10月中旬后室外降水困难，秋天剥壳花生在室内继续降水。

东北地区冬天最低气温可达到-30℃以下，高油酸花生种子即使带壳保存，也会因为极端低温冻伤，对其发芽率影响很大，因此，高油酸花生种子秋天剥壳高温保存尤为重要。

（三）药剂拌种

播种前选用1.1%咯菌腈+3.3%精甲霜灵+6.6%嘧菌酯三元复配种衣剂拌种，每100kg种子用药2kg，防治花生苗期病害、蛴螬等地下害虫和防控低温对出苗的影响。

三、适期播种技术

（一）适期晚播

干旱尤其是春季干旱，是东北花生生产主要的非生物逆境。辽西北地区是辽宁省花生主产区之一，正常年份花生适宜播期是每年的5月10—15日，由于"十年九春旱"，几乎每年都会因为春旱而不能正常播种，晚播是常有之事，确定该区域的适宜晚播时间对指导花生生产意义重大。

于洪波等（2010）研究表明，在阜新地区种植的花生品种阜花12号，随着花生播期的延迟，其生育进程加快，播种至出苗、播种至开花、播种至成熟所需天数越来越少（表3-4）。全生育日数明显缩短，缩短趋势明显，气象因子是影响花生生育进程的主要原因。就播种到出苗天数而言，5月15日播种（正常播种）为18d，其他晚播处理则提前出苗4~8d，6月10日播种经10d出苗，6月15日和6月20日播种均为9d出苗，表明气温升高到一定程度后，晚播对出苗时间长短影响不大。从播种至开花天数上看，正常播种的为47d，5月26日播种的为43d，以后不同播期的均渐次延后2~3d。正常播种的阜花12号生育期为123d，5月26日播种的生育期提前了6d，以后各播期渐次缩短2d至6月15日，6月20日播种的生育期比正常播种提前了19d，说明气温增至适期温度后，花生营养生长时间减少，生殖生长加速，促进花生快速成熟。

表3-4　不同播期对花生生育进程的影响　　　　　　　　　　（于洪波等，2010）

播种期	出苗期	播种至出苗天数(d)	开花期	播种至开花天数(d)	出苗率(%)	成熟期	播种至成熟天数(d)
5月15(CK)	6月2日	18	7月1日	47	93.1	9月15日	123
5月26日	6月9日	14	7月8日	43	94.5	9月20日	117
5月30日	6月13日	13	7月11日	41	95.6	9月23日	115
6月2日	6月16日	11	7月14日	39	96.1	9月26日	113
6月10日	6月20日	10	7月16日	36	96.9	9月28日	110

（续表）

播种期	出苗期	播种至出苗天数(d)	开花期	播种至开花天数(d)	出苗率(%)	成熟期	播种至成熟天数(d)
6月15日	6月24日	9	7月18日	33	97.1	10月1日	108
6月20日	6月29日	9	7月20日	30	97.3	10月2日	104

适期晚播对花生农艺性状和产量性状的影响较为明显。随播期的延迟，花生的主茎高、侧枝长、总分枝数等指标分别比正常播期减少1.7%~24.1%、2.9%~22.3%和5.4%~33.8%；饱果数、单株结果数、单株生产力、百果重、百仁重、出仁率亦随播期延迟，呈现下降趋势，其中饱果数、单株生产力和百果重降幅较大（表3-5）。从两年的花生平均产量上看，随播期延迟，花生单位面积产量越来越低，与5月15日正常播种的花生产量（4 180kg/hm²）相比，5月26日、5月31日播种的花生产量分别下降了2.4%和4.7%，6月5日播种的花生产量减产13.2%，与5月15日正常播种的花生产量达到了显著水平；6月10日、6月15日和6月20日播种的花生产量，分别减产29.2%、36.6%和51.5%，与5月15日正常播种的花生产量均达到极显著水平。由此表明，辽西地区花生最晚播期在6月5日，以后播种虽然可行，但减产明显，效益低下。因此，通过水分管理保证土壤墒情，做到适时播种尤为重要。

表3-5　晚播对形态性状和经济性状的影响　　　　　　（于洪波等，2010）

播种期	主茎高(cm)	侧枝长(cm)	总分枝数(个)	饱果数(个)	单株结果数(个)	单株生产力(g)	百果重(g)	百仁重(g)	出仁率(%)
5月15日(CK)	29.1	31.4	7.4	9.6	11.3	13.9	155.0	74.2	72.5
5月26日	28.6	30.5	7.0	8.4	10.4	12.1	152.3	71.0	72.0
5月30日	27.9	29.8	6.3	7.9	10.1	11.3	147.5	65.3	71.0
6月2日	27.6	29.3	5.9	6.8	9.7	9.8	140.1	62.1	67.5
6月10日	26.2	27.7	5.6	5.9	9.0	8.8	130.4	59.2	64.5
6月15日	24.2	26.4	5.0	5.2	8.8	8.0	122.5	53.4	60.5
6月20日	22.1	24.4	4.9	3.9	8.2	7.0	110.1	49.0	52.5

（二）地膜覆盖适时早播

杨富军等（2013）以普通型大花生品种花育22为供试品种，采用地膜覆盖和传统露地栽培种植方式，分别在5月13日（早播）和5月20日（正常）播种，调查这4个处理的出苗时间和出苗率并进行了比较分析。结果表明，地膜覆盖栽培5月20日播种的处理，从播种到出苗所需时间为8d，而露地栽培5月13日播种到出苗所需时间为12d；地膜覆盖栽培5月20日播种和露地栽培5月20日播种到出苗所需时间均为10d。无论是提前播种还是正常播种，覆膜花生的出苗时间均比露地花生早2～3d，出苗速度快且更为集中，出苗率分别提高了6.6%和3.3%。

地膜覆盖栽培5月20日播种处理，在播后40d开始开花，较其他3个处理早3～5d。在播后65d前，各处理单株开花量均迅速增加，此后增速减慢，播后75d后只有零星开花。不同处理单株开花量变化趋势基本一致，但开花数量差异显著，地膜覆盖5月13日播种、地膜覆盖5月20日播种、露地栽培5月20日播种的单株开花量均在100朵以上，而露地栽培5月13日播种的单株开花量仅为86朵。开花前期（播后60d之前多为有效花）地膜覆盖栽培处理单株开花量多达70朵，地膜覆盖5月13日播种、地膜覆盖5月20日播种的有效花率分别高于露地栽培处理20.3%和%20.6%，较多的前期有效花数有利于有效结实的增加，是花生高产的重要基础。

各处理花生单株日开花量变化趋势均呈单峰曲线变化趋势，花期持续时间在35～40d，单株日开花量高峰出现在播后55d。地膜覆盖栽培5月13日播种、地膜覆盖栽培5月20日播种的始花出现较早，在播后40d。按单株日开花量3朵作为盛花期开始的标准，地膜覆盖栽培5月20日首先进入盛花期，较其他处理早3～5d，持续时间25d左右，开花前期（有效花期）的开花数量高于其他处理；露地栽培5月13日播种较地膜覆盖栽培5月13日播种晚2～3d进入盛花期，且提早退出盛花期，单株日开花量少0.3～0.5朵。

各处理的入土果针数变化趋势基本一致，均为前期数量迅速增加，到播后80d增速减慢，直至数量稳定。不同处理的入土果针数明显不同，地膜覆盖5月20日播种的入土果针数最多，为45个；露地栽培5月13日播种的最少，为38个。地膜覆盖处理5月13日播种、地膜覆盖处理5月20日播种的单株入土果针数结实率分别为38.3%和36.4%，较同期播种的露地栽培处理高5%左右。

一般情况下，花生果针前端子房膨大至直径≥3mm视为荚果，其中大果对荚果产量的提高起决定性作用。随入土果针数的增加，花生结荚期荚果数量逐渐增加。大果数量随荚果发育逐渐增加，至荚果发育后期数量达到最大。不同处理间花生单株大果数差异明显，地膜覆盖栽培处理明显高于露地栽培，地膜覆盖5月13日的大果数最多，为14.5个，分别比露地栽培5月13日播种、地膜覆盖5月20日播种、露地栽培5月20日播种的多3.0个、0.6个和1.3个。

地膜覆盖栽培对不同播期花生的叶面积指数（LAI）产生影响。不同处理的LAI变化趋势基本相似，均呈现先增加后降低的趋势，地膜覆盖栽培处理在播后80d达到峰值，露地栽培处理在播后90d达到峰值，而后迅速降低。不同处理峰值时的LAI数值差异不明显，但LAI>4持续时间差异显著，地膜覆盖栽培5月20日播种持续时间为50d左右，露地栽培5月13日播种仅为40d左右。收获期，地膜覆盖栽培处理的LAI略低于露地栽培处理。

在产量上，地膜覆盖栽培5月13日播种的产量较露地栽培5月13日播种的增产32.5%；地膜覆盖5月20日栽培的产量较露地栽培5月20日播种的增产18.2%，两者均达到极显著水平。地膜覆盖栽培处理产量的提高是单株结果数和果重提高的结果，而果重的提高主要取决于较高的双仁果率和饱果率。采用地膜覆盖栽培适当提前播期，较正常播期露地栽培增产23.5%，饱果率和出仁率分别提高了7.1%和3.0%；较正常播期地膜覆盖栽培增产4.5%，饱果率和出仁率分别提高了3.9%和1.2%（表3-6）。与传统露地栽培方式相比，采用地膜覆盖栽培技术可提前7d左右播种，能显著提高出苗率，增加有效开花数和有效果针数，促进荚果发育，显著增加单株结果数和荚果产量。

表3-6 地膜覆盖栽培对花生产量及相关因素的影响 （杨富军等，2013）

处理	单株结果数（个）	千克果数（个）	双仁果率（%）	饱果率（%）	出仁率（%）	荚果产量（kg/hm²）
地膜覆盖栽培5月13日播种	15.6	885.3	63.2	75.2	73.4	4 868.4
露地栽培5月13日播种	12.0	910.6	56.0	65.4	70.2	3 673.7
地膜覆盖栽培5月20日播种	16.3	887.6	64.9	71.3	72.2	4 659.3
露地栽培5月20日播种	13.2	919.3	58.0	68.1	70.4	3 942.5

第五节 品种优化知识科普

一、我国栽培种花生划分为哪几个类型？各有什么特点？

根据孙大容等（1956，1959，1963）历经数次修改制定的栽培种花生分类原则和方法，我国花生种质可分为连续开花（相当于疏枝亚种）和交替开花（相当于密枝亚种）两大类群，以及普通型、龙生型、珍珠豆型和多粒型4个类型。在花生育种实践中，由于广泛采用两大类群（亚种）间亲本杂交，出现了若干在开花或分枝习性上具有两个类群特点的新类型，被划分为"中间型"，使我国花生品种共有5个类型。

普通型：属交替开花型，主茎不着花。茎枝苗壮，分枝性强，有第三次分枝；按株丛形态可分为直立、半蔓生和蔓生3种，多分枝；小叶倒卵形，叶色深绿色，叶片大小中等。荚果普通形，较大，果嘴小，果壳较厚，网状脉纹浅。种子2粒，粒大，长椭圆形，种皮多为淡红色，休眠性强。耐旱性强，对结实层土壤缺钙反应敏感。生育期较长，春播150d以上，种子发芽最适温度为18℃。

龙生型：属交替开花型，主茎不着花。分枝性强，有三次以上分枝，茎枝上遍生茸毛；多数品种分枝匍匐生长；小叶短扇形或倒卵形，叶片小，叶色多为深绿或灰绿色，叶面和叶缘有茸毛。荚果曲棍形，果小，果嘴大，果壳较薄，网状脉纹深。种子3～4粒，粒小，瘦长，椭圆形或三角形，种皮淡褐色，休眠性强。抗逆性强，适应性广。生育期较长，春播150d以上，发芽最低温度为15～18℃。

珍珠豆型：属连续开花型，主茎可着花。分枝性弱，很少有第三次分枝；株型直立；小叶长椭圆形，叶片较大，叶色多为黄绿色，个别品种叶片绿色。荚果茧形或葫芦形，果中偏小，果嘴小，果壳较薄，网状脉纹浅。种子2粒，粒中偏小，短椭圆形或桃形，种皮粉红色，易生裂纹，休眠性弱。耐旱性较强，对结实层土壤缺钙反应不敏感。生育期短，春播120～130d，发芽最低温度为12℃。

多粒型：属连续开花型，主茎可着花。分枝性弱，没有第三次分枝；株型直立；小叶椭圆形，叶片大，叶色黄绿色为主。荚果串珠形，果中等大，果嘴不明显，果壳厚，网状脉纹浅平。种子多为3～4粒，个别品种2粒荚果也占一定比例，粒中等大，具斜面的圆柱形，胚尖突出，种皮深红色，易生裂纹，休眠性较弱。耐旱性较强，对结实层土壤缺钙反应不敏感。生育期短，春播100～120d，发芽最低温度为12℃。

二、花生一生中分为几个生长时期？在生产上怎样识别和应用？

在东北地区种植的花生，生育期一般100～130d。整个生育期可分为营养生长阶段、营养生长与生殖生长并进阶段和生殖生长阶段3个生长阶段，包括出苗期、苗期、开花下针期、结荚期和饱果成熟期5个生育期。

1. 营养生长阶段

此阶段主要包括出苗期和苗期两个生育时期，是种子发芽、出苗和幼苗生根、发棵、长叶等进行营养生长的阶段。生产上管理目标是培育全苗、齐苗、壮苗，增加有效分枝，为后期高产奠定基础。

（1）出苗期。从播种到50%幼苗出土、主茎第一片真叶展开为出苗期。正常条件下，5月18—25日播种，到6月1—5日出苗，需要10～12d。花生播种后，种子首先吸水膨胀，内部养分代谢活动增强，胚根随即突破种皮露出嫩白的根尖，此过程叫种子"露白"；当胚根向下延伸到1cm左右时，胚轴便迅速向上伸长，顶着胚芽增长，将子叶（种子瓣）和胚芽推向地表，此过程叫"顶土"；伴随胚芽增长，种皮破裂，子叶张开，主茎伸长并有一片真叶展开时叫"出苗"。

（2）苗期。从50%种子出苗、主茎展现2片真叶到50%植株第一朵花开放为幼苗期，或称苗期。开花株率达10%的日期为始花期，开花株率达50%的日期为开花期。正常条件下，到6月25—30日开花，需要20～25d。出苗前主根长5cm，并出现侧根；主茎有4片真叶时，主根长40cm、侧根长30cm；出现3片真叶时，分生第一对侧枝；出现5～6片真叶时，分生第三对、第四对侧枝。当第四个侧枝伸出、侧枝在主茎上排列成"十"字形时为团棵期。第一对侧枝高于主茎时，基部节位始花。适宜幼苗生长的温度是20～22℃，土壤含水量为田间最大持水量的45%～55%。

2. 营养生长与生殖生长并进阶段

此阶段花生处于发棵长叶和开花结果最旺盛的时期，也是营养生长与生殖生长并行生长的阶段，包括开花下针期和结荚期。

（1）开花下针期。从50%植株开始开花到50%植株出现鸡头状幼果为开花下针期。正常条件下，到7月25日至8月5日开花，需要25～35d。表现为叶片数迅速增加，叶面积迅速增长，根系增粗增重，大批根瘤菌形成，固氮能力迅速增加，第一对、第二对侧枝出现二次分枝。主茎增加到12～14片真叶时，叶片加大，叶色转淡，光合作用增加，第一对侧枝8节以内的有效花全部开放，单株开花达到高峰。该时期的花量可占总开花量的50%以上，形成的果针数可达总数的30%～50%，并约有50%的前期花形成了果针，20%的果针入土膨大为幼果，10%植株的幼果形成定形果。开花下针期是花生需水关键期和最终有效结果数的关键期，生长上管理目标是促花防旺长、增加有效花针。生长的适宜温度是22～28℃，土壤含水量为田间最大持水量的60%～70%。

（2）结荚期。从50%植株出现鸡头状幼果到50%的植株出现饱果为结荚期。正常条件下，到9月5—15日开花，需要40～45d。此期为营养生长与生殖生长最旺盛的时期，表现为根系增重，根瘤增长，固氮活动、主茎和侧枝生长量及各对分枝的分生均达到高峰，大批果针入土形成荚果。正常条件下，这一时期大批果针陆续下针结实，开花数锐减，前期有效花形成的幼果多数能结为荚果，60%～70%甚至90%的有效荚果均形成于此期，约10%的定形果籽粒充实为饱果，所形成的荚果约占单株总果数的80%，果重增长量占总量的40%～50%。生产管理目标是促果控棵、防控倒伏、排涝防旱。生长的适宜温度是25～33℃，土壤含水量为田间最大持水量的65%～75%，结实层含水量高于85%时易烂果，低于30%时出现秕果。

3. 生殖生长阶段

饱果成熟期，或称饱果期，是从50%植株出现饱果到大部分荚果饱满成熟收获的时期。正常条件下，到9月25—30日，需要20~25d。此期是荚果充实饱满、以生殖器官生长为主的阶段，果重也由结荚期的直线增长趋于平缓，而油分的含量和质量则持续增高。主茎保留4~6片真叶，根瘤停止固氮，老化破裂回到土壤中。生产管理目标是养根保顶叶、促进果饱粒重。生长的适宜温度是18~20℃，土壤含水量为田间最大持水量的40%~50%，结实层含水量高于60%果实充实减缓，低于40%茎叶枯衰，饱果率降低。

三、如何表示花生种子大小？种子大小是如何划分的？

花生种子大小通常用饱满种子的百仁重表示，是品种特征的体现。适宜的环境和良好的栽培条件有利于荚果充实饱满、果大粒重。同一植株上种子的大小和成熟度也有很大差异，充分发育成熟的饱满种子显著大于未成熟的种子。花生种子分为大粒种、中粒种和小粒种3种，百仁重80g以上为大粒种，50~80g为中粒种，50g以下为小粒种。

四、什么是花生种子的休眠？

具有生活力的成熟种子在适宜发芽的条件下不能萌发的现象，称为种子的休眠性。种子通过休眠所需的时间称为休眠期。不同类型花生品种的休眠期差异较大，普通型和龙生型品种休眠期为90~120d，有的品种长达150d以上；珍珠豆型和多粒型品种多无休眠期或休眠期很短，这类品种若不及时收获，种子便在地下发芽，造成产量损失和种用损失。

五、花生种子萌发需要哪些条件？

花生种子解除休眠后，在适宜的水分、温度和氧气条件下，便开始萌发生长。花生种子发芽需要吸收足够的水分。花生种子需吸收风干种子重40%~60%的水分，才能开始萌动。播种时土壤水分以田间最大持水量的65%~75%，幼苗发芽出土最低限度土壤水分为田间最大持水量的50%。花生种子萌发还需要适宜的温度，一般珍珠豆型和多粒型早熟小花生的萌发最低温度为10~12℃，普通型和龙生型晚熟大花生为15℃；花生种子发芽最适温度是25~37℃；温度高于40℃时，发芽受阻；当温度高于46℃时，不能萌发。在适宜的水分、温度条件下，当土壤空气中氧气含量降至正常量的75%时，就会影响幼苗正常生长。

六、花生晒种有什么作用？

花生播种前带壳晒种可以加快种子干燥，增加种皮透性，增强吸水能力，打破休眠，提高种子活力，促进种子萌动发芽，特别是成熟度较差、贮藏期间受潮和贮藏时间较长的种子，晒种效果更为明显。通过晒种，可以消杀种子上携带的病菌，降低病害的发生率。

七、什么叫花生下胚轴？在生产上怎样应用？

花生下胚轴，是子叶节向下至胚根之间的轴体，也称胚茎。种子萌发后，下胚轴向上伸长，将子叶推出地面，因此花生幼芽出土依赖于下胚轴伸长。下胚轴的长度主要取决于覆土深浅，播种深或芽苗出土时见光晚，下胚轴即较长。

播种质量对下胚轴的正常生长及花生出苗有很大影响，如播种时种子倒置，发芽后胚芽会出现弯曲，影响幼苗正常出土；播种过深或覆土过厚，下胚轴在一定范围内可相应伸长，但在出苗过程中消耗养分过多，不利于幼苗和根系发育。

八、什么叫花生的株型指数？

花生第一对侧枝长度与主茎高度的比例，称为株型指数，是一个比较稳定的比值。根据花生植株侧枝生长情况、株型指数不同，可把花生分为3种株型。第一种为蔓生型，或称匍匐型，侧枝几乎贴地生长，仅前端一小部分向上隆起，隆起部分小于匍匐部分，第一对分枝与主茎近于直角，株型指数为2左右；第二种为半蔓生型品种，或称半匍匐型，第一对侧枝近基部与主茎呈60°～90°的角，中上部向上直立生长，直立部分大于匍匐部分，株型指数为1.5左右；第三种为直立型品种，第一对侧枝与主茎间角度小于45°，其株型指数一般为1.1～1.2。直立型与半匍匐型合称丛生型。一个品种株型比较稳定，是花生品种分类的重要性状之一。珍珠豆型和多粒型等连续开花品种均为直立型，龙生型品种均为蔓生型，普通型品种有直立型、半蔓生型和蔓生型3个类型。

九、什么叫花生倒三叶？

花生植株主茎顶端倒数第三片完全展开叶片，叶柄最长、叶面积最大的叶片，叫花生倒三叶。

十、环境条件对花生开花受精有什么影响？

1. 温度条件

花生开花的适宜温度为23～28℃，25～28℃时开花数量最多，低于21℃或高于30℃时开花减少。

2. 水分条件

适宜花生开花的土壤水分为田间最大持水量的60%～70%，低于30%～40%时，开花就会中断，但土壤水分过多，开花数也会减少。大气相对湿度86%～100%时适宜开花。

3. 光照条件

花期光照降低至自然光照的1/3时，开花量便减少1/3以上，即使苗期遮阳，也能减少日后花量，并使始花期和盛花期推迟。

十一、环境条件对花生果针形成有什么影响？

1. 温度条件

花生开花时气温过高或过低，花粉粒不能发芽或花粉管伸长迟缓，以致不能受精。果针形成的最适温度为25～30℃，温度高于30℃或低于19℃时，基本不能形成果针。

2. 水分条件

开花期夜间空气相对湿度对果针的形成影响很大，空气相对湿度95%时的成针数为相对湿度50%～70%时的5倍，空气相对湿度小于50%时，成针率极低，只有35.8%的花受精结实。

十二、环境条件对花生荚果发育有什么影响？

1. 黑暗

黑暗是荚果发育的必要条件，只要子房处于黑暗条件下，不管其他条件满足与否，都能膨大发育，而在光照条件下，即使其他条件良好，子房也不能发育。

2. 机械刺激

机械刺激是花生子房膨大的又一基本条件。黑暗和机械刺激都可能增加果针中生长素（IAA）含量和乙烯含量，而高浓度IAA和乙烯都能抑制果针伸长，直接或间接刺激休止中的原胚恢复分裂，导致幼果发育。

3. 水分

适宜的水分是荚果发育的一个重要条件。当结果区干燥时，即使花生根系能吸收充足的水分，荚果也不能正常发育。结荚饱果期干旱，对珍珠豆型品种荚果发育影响较小，对普通型品种影响较大。

4. 结果层矿物营养

结果层矿物营养是花生荚果发育良好的重要条件。各营养元素中钙是唯一影响荚果饱满度的元素，结实层干旱阻碍荚果对钙的吸收，因而常表现缺钙症状。结实层土壤水分充足，有利于果针吸收钙及其他养分。

5. 温度

荚果发育的适宜温度为25～33℃，17℃以下或高于37℃不利于荚果发育。

第四章 科学施肥理论与技术

第一节 花生需肥规律与花生田土壤质地特点

一、花生需肥规律

花生属于豆科作物，吸肥能力很强，除根系外，果针、幼果和叶片也都直接吸收养分，各生长发育阶段需肥量不同。在全生育过程中，在幼苗期、饱果期、成熟期对氮（N）、磷（P_2O_5）、钾（K_2O）的吸收较少，在开花下针期、结荚期养分吸收最多。花生生长发育过程中需吸收氮、磷、钾、钙、镁、硫、铁、硼、钼、锰、铜、锌等多种元素，其中对氮、磷、钾、钙的吸收量最多，顺序为$N>K_2O>CaO>P_2O_5$。花生苗期生长缓慢，吸收营养较少，吸收的氮、磷、钾量占全生育期吸收总量的$5\%\sim10\%$，$K_2O>P_2O_5>N$；开花下针期随着花生植株迅速生长，此时期大量开花下针，对营养需求量多，$P_2O_5>K_2O>N$，其中氮吸收量占吸收总量的$15\%\sim20\%$、磷吸收量占$20\%\sim25\%$、钾吸收量占$20\%\sim25\%$；结荚期是花生营养生长与生殖生长最旺盛的阶段，随着荚果形成吸收养分达到高峰期，$K_2O>P_2O_5>N$，其中氮的吸收量占总吸收量的$50\%\sim55\%$、磷吸收量占$45\%\sim50\%$、钾吸收量占$55\%\sim65\%$；饱果成熟期吸收养分的能力渐渐减弱，$N>P_2O_5>K_2O$，氮吸收量占总量的$15\%\sim25\%$、磷吸收量占$15\%\sim25\%$、钾吸收量占$10\%\sim25\%$。

花生全生育期由于品种、生育特性、环境条件不同而对各种营养元素的吸收量不同。一般情况下，每生产100kg荚果吸收N $5.0\sim7.0$kg、K_2O $3.0\sim4.0$kg、CaO $2.5\sim3.0$kg、P_2O_5 $1.0\sim1.5$kg。花生为生物固氮作物，吸收的氮大部分来自根瘤菌的固氮作用，占吸收氮的50%以上，约50%来自土壤和施肥，其余元素几乎全部来自土壤和施肥（司贤宗等，2017）。增施磷、钾肥对生长发育和根瘤菌共生固氮具有促进作用，但单施效果不明显，配合施用效果更明显。此外，中微量元素（如钙、硼、钼、铁）对提高花生抗病能力、促花保果、提高结果率和改善籽粒品质具有重要作用。在花生下针期，增施硼肥具有显著的增产作用。钼、铁是花生根瘤菌内的钼铁蛋白的合成原料，对固氮过程有着重要作用。花生是嗜钙作物，高产花生品种对钙肥的需要量更大。钙能促进花生体内蛋白质和酰胺的合成，增施钙肥能够促进根瘤固氮，有效提高饱果率，增加荚果饱满度，增加产量，改善品质。

二、东北花生田土壤质地状况

花生最适宜种植的土壤是有机质含量相对较高、肥力较好的沙壤土。沙壤土介于沙质土和黏质土之间，其自身有一定的肥力，又具有一定的保水、保肥能力。同时，沙壤土土质疏松，排水、通气性好，水、肥、气、热状况比较协调，养分供应平稳，利于花生根系生长和结瘤固氮，利于荚果发育，果壳光洁，果型大，质量好。此种土壤收获花生比较方便，有利于丰产、丰收。花生的土壤酸碱度适应范围为 5.0~7.5，适宜中性微偏酸的土壤，最适宜的土壤 pH 值为 6.0~6.5。花生根瘤菌适宜的 pH 值为 5.8~6.2。花生不耐盐碱，全盐含量在 0.3% 时即不能出苗。

东北地区耕地质量具有以下特性：一是中低产田面积大，占耕地面积的 65% 以上；由于比较效益低，农民培肥地力积极性不高，注重用地而不注重养地，有机肥施用量少或不施，肥料利用效率低。二是施肥普遍存在重化肥、轻有机肥，重施氮肥、轻磷钾肥，注重大量元素肥料、轻中微肥，肥力水平较低，特别是辽西地区土壤有机质含量显著低于全省水平。三是坡地、丘陵地面积大，水土流失严重，造成耕层土壤变薄，容重增加，保水保肥能力降低，土壤肥力下降。但东北地区沙质土壤面积大，适宜发展花生生产，而且生长季节干旱少雨，湿度较低，收获贮藏期气候条件干燥，已经形成了自然的花生优势产区。花生田土壤质地多为沙质土壤，硅、钾元素含量高，花生植株及果实总硅含量较高（王秀娟等，2010）；沙质土壤淋溶性较强，黏粒比例少，虽然保水保肥不好，但对有毒有害物质的吸附也很弱，土壤自净能力强，籽粒中重金属含量较低，绝大部分地区花生品质符合国家食品安全标准。土壤较低的黏粒含量也使花生荚果不容易黏土，收获后容易去除水分、腐殖质和杂质，防止霉菌侵染，有效提高了花生品质。沙质土壤具有良好的透气性，有利于固氮细菌等有益微生物的生存；土壤质地疏松，易于耕作，利于花生下针结果。良好的透气性还可以保障花生成熟后果实周围的浅表土壤迅速失水干燥，防止籽粒发芽、霉变，显著降低黄曲霉毒素的繁殖。春天土壤回温快，生长期昼夜温差大，有利于糖分固定和其他养分积累。沙性土壤产出的花生更富含维生素 E，以及锌、铁等微量元素，色泽更鲜艳，种皮粉红且光泽，口感脆而不硬，润而不黏荚果充实饱满，籽粒圆润、均匀，出油率普遍偏高。花生种植区耕层土壤有机质含量较低，土壤缺氮，速效磷含量较丰富，土壤速效钾含量较低，土壤营养贫瘠，种植玉米等粮食作物产量低、品质差，经济效益差，而种植花生比较效益高，不仅充分地利用了土地资源，而且还可以增加农民收入。

第二节 花生田施肥原则

一、施足基肥，酌情选施氮缓释肥

氮是作物生长发育所需的重要营养元素之一，不但可以促进营养体的生长，而且决定生殖体的发育。花生是需氮较多的作物，生长发育后期如果氮肥供应不足则会导致早衰，严重限制产量，降低品质。万书波等（2009）对国内外多个试验点研究结果的总结发现，每生产100kg荚果平均需氮量约为5.5kg，且不同的种植制度、栽培条件和目标产量水平间，花生需氮量存在着较大差异。花生自身的营养特点表明，花生对氮、磷的需求量较大，在结荚期以前，养分主要积累在营养体内，进入结荚期之后，养分迅速向荚果转移，整个产量形成期养分转移、分配的比例高达75.4%（李向东等，2000，2001）。杨小兰等（2005）认为，从出苗期到开花期，夏花生吸收氮、磷、钾的量较少，分别占总吸收量的1.4%、4.7%和5.0%。随着花生生长发育吸收量逐渐增加，至结荚期达到旺盛期，吸收的氮量占总量的39.8%，吸收的磷量占32.4%，吸收的钾量占36.6%。成熟期吸收氮、磷、钾达到峰值，分别占总吸收量的42.4%、46.8%和38.1%。吴旭银等（2008）研究认为，在地膜覆盖栽培下，花生荚果产量为6 378.8kg/hm²时，花生平均每生产100kg荚果植株需吸收N 4.2kg、P_2O_5 2.5kg、K_2O 7.2kg，比例为1.0∶0.6∶1.7，与山东省花生研究所（春播花生露地栽培、荚果产量为3 970.5～4 945.5kg/hm²）每生产100kg荚果植株需吸收N 5.0～5.5kg、P_2O_5 1.8～2kg、K_2O 3.8～6.6kg相近。

施足基肥是根据花生施肥特点决定的，由于当前花生生产中大量使用地膜覆盖技术，以及花生地下结果的特性，无法进行追肥，只能一次性使用基肥。同时，因花生自身的需肥特点，所以在实际生产中一次性施用大量的速效氮肥，使得前期花生旺长，甚至要在下针期进行化控。早熟花生品种对氮、磷、钾3种营养元素的吸收高峰在开花下针期，晚熟花生品种则在结荚期，但无论早熟或晚熟花生品种，根系的吸收能力均在开花下针期最强，同样数量的肥料作基肥施用的效果比追肥要好。氮、磷、钾肥全部用于基施，可满足幼苗生根发棵的需要，为幼苗健壮奠定高产基础。氮肥作追施用，用量偏大，就会引起花生徒长倒伏，抑制根瘤菌的繁殖和固氮，加重病虫为害。钾肥用作追肥，极易引进烂果。因此，东北花生产区，在生产上一般把花生所需要的养分换算成各种肥料作基肥一次施足。遇到漏水、漏肥的沙坡地，花生生育后期极易出现脱肥现象，则要选择氮缓释肥，满足花生生育后期对氮肥的需求。高华援等（2015）比较分析了缓释氮肥与常规氮肥配施结果（表4-1），发现常规氮肥和缓释氮肥不同配施用量处理下，吉花11主茎高和侧枝长分别达41.8～48.5cm和47.8～54.1cm。不同常规氮肥和缓释氮肥混施用量对植株生长发育的趋势影响不显著。

表4-1　缓释氮肥与常规氮肥混施用量　　　　　　　　　　（高华援等，2015）

缓释氮肥与常规氮肥配施比例	肥料用量（kg/hm²）			
	缓释氮肥	尿素	过磷酸钙	硫酸钾
100%缓释氮肥	170.0		278.0	150.0
75%缓释氮肥+25%常规氮肥	128.0	40.0	278.0	150.0
50%缓释氮肥+50%常规氮肥	85.0	81.0	278.0	150.0
25%缓释氮肥+75%常规氮肥	43.0	121.0	278.0	150.0
100%常规氮肥		162.0	278.0	150.0

缓释氮肥与常规氮肥减量配施对花生产量性状和产量有显著影响（图4-1）。100%常规氮肥处理下，花生百果重显著高于75%缓释氮肥+25%常规氮肥、25%缓释氮肥+75%常规氮肥和100%缓释氮肥处理，而与50%缓释氮肥+50%常规氮肥处理差异不显著，100%常规氮肥下百果重为159g，比100%缓释氮肥下百果重（123g）增加29.2%，说明只施缓释氮肥而不施常规氮肥对饱果成熟度影响较大，对产量的影响顺序为：50%缓释氮肥+50%常规氮肥>75%缓释氮肥+25%常规氮肥>100%常规氮肥>25%缓释氮肥+75%常规氮肥>100%缓释氮肥，其中，50%缓释氮肥+50%常规氮肥、75%缓释氮肥+25%常规氮肥处理下的产量，比100%施用常规氮肥分别提高5.6%和1.4%。

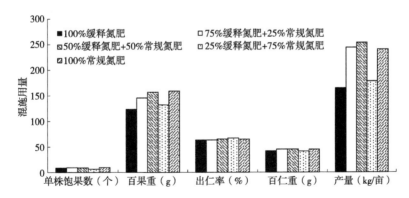

图4-1　常规氮肥与缓释氮肥不同混施用量对产量性状和产量的影响（高华援等，2015）

在一定氮肥施用范围内，施用氮肥能显著促进光合作用和碳氮代谢，增加百仁重和荚果及籽仁产量。然而，过量施用氮肥会造成花生营养生长过旺，造成徒长、倒伏，叶面积过大，叶片遮蔽加剧，群体中下部透光率较少，净同化率降低，植株贪青晚熟，经济系数降低。花生荚果产量对供氮水平的响应因地点、土壤肥力水平不同有所差异。研究表明，在一定施氮范围内，花生荚果产量随施氮量增加而增加，但超过最佳施氮量后，荚果产量不再增加或有降低趋势（王才斌，2007）。

花生是高效固氮作物，根瘤固氮量和施氮量呈显著负指数相关关系，花生的植株氮有50%以上来源于根瘤固氮，每年根瘤固氮量为100～190kg/hm^2（Khan and Yoshida，1995）。根瘤固氮为花生提供的氮素占植株总吸收氮的比例，受土壤氮素水平和施氮量的影响很大。研究表明，氮肥会抑制根瘤菌对根毛的侵染、根瘤的形成发育和功能（Daimon et al.，1999）。在贫瘠土壤上，根瘤固氮率可达90%，而在肥力中等土壤上根瘤固氮率一般为40%～60%，且随施氮量的增加而降低（张思苏等，1995）。生长初期适量供应氮肥能促进花生根瘤固氮，但土壤中过多的含氮化合物，尤其是硝态氮，对根瘤固氮却有抑制作用。开花期过量施用氮肥不但会减少根瘤数目，降低根瘤干重，而且还会限制根瘤菌侵染、繁殖和固氮能力，影响根瘤对花生供氮能力，降低氮肥利用率和荚果产量（左元梅，2003）。过量施氮还会造成植株茎秆变软，病虫害加重，花生生长氮肥流失严重，氮肥利用率低，同时加大花生收获期氮在土壤中的残留，甚至有可能引起N$_2$O等温室气体的排放、地表水富营养化、地下水污染等环境问题（王才斌等，2007）。生物固氮不消耗化石能源，不产生环境污染，能够维持乃至提高生物多样性，是发展中国家培肥土壤的重要途径，在增加花生产量的同时，充分发挥花生的根瘤固氮潜力，提高氮肥利用率，减少氮肥损失，对保护生态环境具有重要的意义。

二、有机肥料与无机肥料配合施用

针对东北花生产区土壤保水保肥能力差、不耐干旱、部分地区风蚀严重的不利条件，应施用有机肥活化培肥土壤，改良土壤结构，再结合施用化学肥料，补充土壤养分。有机肥料含有较多的有机质和多种营养元素，除提供氮、磷、钾等大量元素外，还提供微量元素，随着土壤有机质含量的增加，土壤中硼、钼、铜、锰、锌、铁等微量元素的交换态和有机结合态含量增加，因而其有效量也相应提高。

由于有机肥料存在养分含量低、养分迟缓、养分当季利用率低等缺陷，常常不能满足花生生育盛期对养分的需求，而化学肥料养分含量高、肥效快等特点，恰好弥补有机肥料的不足。为了保证花生高产、优质，并提高施肥效益，达到用地养地结合的目的，必须遵循有机肥料和无机肥料配合施用的原则，做到两者取长补短、缓急相济，充分发挥肥料的增产潜力。高华援等（2015）研究了吉花11在有机肥与无机肥不同配施用量处理下的生长情况，结果表明主茎高和侧枝长分别为46.3～71.8cm和54.4～74.4cm。有机肥与无机肥不同配施用量对花生植株的生长趋势有一定的影响，有机肥30 000kg/km²+无机肥500kg/km²生长趋势最高，有机肥45 000kg/km²+无机肥750kg/km²和无机肥750kg/km²生长趋势均低，有机肥用量过高或者不施对花生的生长状态都有影响（图4-2）。

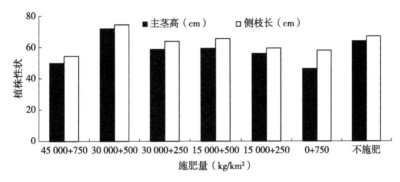

图4-2　有机肥与无机肥不同配施用量对植株性状的影响（高华援等，2015）

有机肥与无机肥不同配施用量对花生出仁率和百仁重无显著影响，对单株饱果数、百果重、公斤果数和产量的影响均达到了极显著水平。有机肥15 000kg/km²+无机肥500kg/km²处理的百果重最大（170g），不施肥的百果重最小（137g），但其公斤果数不施肥的最多，为735个，有机肥15 000kg/km²+无机肥500kg/km²处理的最少，仅594个，说明不施肥对吉花11的饱果成熟度影响较大。随着无机肥配施比例的减少，吉花11的产量逐渐降低，有机肥30 000kg/km²+无机肥500kg/km²处理与有机肥45 000kg/km²+无机肥750kg/km²处理的产量最高，分别比不施肥的产量提高40.4%和38.7%（图4-3）。有机肥与无机肥的合理配施可以提高花生的荚果饱满度，增加产量。

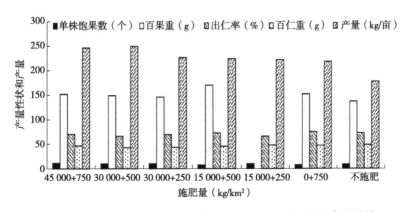

图4-3　有机肥与无机肥不同配施用量对产量性状和产量的影响（高华援等，2015）

三、前茬、当季和后茬统筹施用

花生的前茬作物、当季花生和后茬作物的需肥种类和需肥量统一考虑，统筹施用，可以更好地发挥肥效，促进各茬作物均能获得高产。孙彦浩等（2000）研究黄淮地区两年四茬（冬小麦—夏玉米—冬小冬—夏花生）施肥总量相同条件下，前茬冬小麦重施肥，冬小麦、夏玉米和夏花生的产量，较常规各种作物单独施肥分别增加8.1%、6.5%和10.5%，比重施后茬花生肥依次增产19.7%、25.0%和18.8%，四茬纯收益比常规施肥和重施后茬花生肥分别增加9.7%和20.5%。孙秀山（2018）、王才斌（2013）、于天一（2019）等研究小麦、花生两熟制磷肥施用技术时发现，在全年磷肥定量为225kg/km²（同时配施氮、钾肥）条件下，磷肥总量的2/3小麦基施、1/3花生基施处理，小麦、花生产量较全部小麦基施分别增产14.7%和39.0%，比2/3小麦基施、1/3小麦追施分别增产2.9%和31.1%，比2/3小麦基施、1/3花生追施，小麦减产1.7%，花生增产36.2%。吴淑珍等（1993）研究指出，稻田种植花生后，土壤中有机质、全氮、全钾含量仅分别降低4.9%、7.1%和2.4%，而全磷及速效氮、速效磷和速效钾的含量则分别增加10.3%、41.4%、323.7%和293.2%，对后茬作物非常有利。因此，花生的前茬肥、当季肥和后茬肥配合施用，可以确立为花生的轮作施肥制度，从而发挥肥料的最大效益。

四、根据土壤肥力高低，合理施肥

综合运用土壤普查资料及土壤化肥结果、肥料试验结果和田间花生长相等综合分析，确定土壤肥力，按照高肥力地块调节营养、中肥力地块适当补充营养、低肥力地块增加营养的原则统筹施肥。

吴正锋等（2014）研究表明，花生植株营养体在整个生育期中的氮累积动态均呈单峰曲线变化趋势（图4-4）。农民产量（产量田）水平、区域高产水平和试验高产水平花生的营养体干物质累积在出苗后90d左右出现累积峰值，区域高产水平花生和试验高产水平花生的营养体干物质累积峰值比农民产量水平花生的峰值分别高101.3%和98.1%，试验高产水平花生的营养体氮累积量在始花期至结荚期（花针期）显著高于区域高产水平花生。

结荚后荚果氮的累积量显著上升，从结荚期至饱果期形成（出苗后50~90d），农民产量水平花生、区域高产水平花生和试验高产水平花生的氮累积量为145.9kg/km²、180.6kg/km²和216.4kg/km²；饱果期至成熟期（出苗后90~120d），农民产量水平下花生氮累积量为16.9kg/km²，只有区域高产和试验高产氮累积量的14.9%和10.5%，不同产量水平间差异显著；而结荚至饱果形成期氮累积量占全生育期氮累积量的89.5%，远高于区域高产水平花生和试验高产水平花生的61.4%和57.1%。然而，饱果期至成熟期，农民产量水平花生远低于区域高产水平花生和试验高产水平花生。

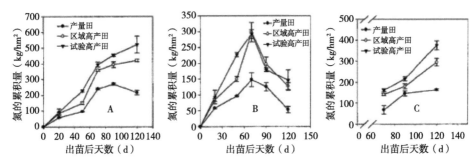

图4-4 不同产量水平花生全株（A）、营养体（B）和荚果（C）N累积动态（吴正锋，2014）

吴正锋（2013）综合土壤中氮最少量值与氮肥用量，将土壤+肥料氮水平与花生相对产量的关系用一元二次方程模拟。若不考虑土壤基础肥力的影响，两试验点氮肥用量与花生相对荚果产量可用$y=-0.000\,5x^2+0.134\,6x+88.375$方程模拟，最佳氮肥用量135kg/km²，最高相对产量97.4%（图4-5）。若考虑0~30cm土层的氮最少量值含量，则土壤肥+氮肥用量与花生相对荚果产量可用$y=-0.000\,3x^2+0.154\,1x+78.431$方程模拟，最佳氮肥用量为256.8kg/km²，最高相对产量98.2%。结果表明，一定施氮范围内，花生荚果产量随施氮量的增加而增加，当氮肥增加到一定量时，荚果产量不再增加甚至有降低的趋势。线性+平台模型和一元二次方程可以较好地模拟荚果产量与施氮水平的关系。优化施氮处理在不降低荚果产量的基础上，节肥36.9%~55.5%，基于线性+平台模型的优化施氮量分别比基于一元二次方程的优化施氮量节氮29.6%和21.5%，节氮潜力更大。

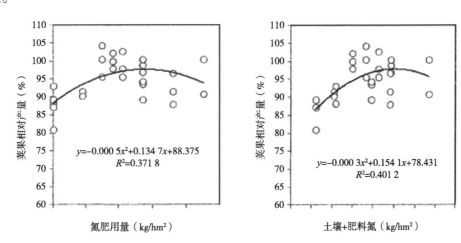

图4-5 花生相对荚果产量与氮肥、土壤（0~30cm）中氮最少量值与肥料氮用量的关系（吴正峰，2013）

五、巧补中微量元素肥

钙对作物的生长发育起到非常重要的作用。钙参与了花生从种子萌发直至开花结果的全部过程。在缺钙的情况下，会影响细胞正常的有丝分裂，尤其是顶芽和根毛等生长最旺盛的部位。酸性土壤补钙可以选用石灰、钙镁磷肥等碱性肥料，中性、碱性土壤选用过磷酸钙等酸性肥料补钙。研究表明，增施钙肥（如蛎壳灰，含钙34.3%）显著抑制主茎高，侧枝长度变小，降低幅度达20%以上（吴文新等，2001）。宰学明等（2001）研究也表明，在高钙水平处理下花生幼苗器官的可溶性蛋白质含量均显著高于低钙处理。王媛媛等（2014）认为施钙促进花生营养器官对氮的吸收和再分配，增加了赖氨酸和蛋氨酸含量，避免了蛋白质组分中氮含量的不足。增施钙肥不但对籽仁中蛋白质的合成有利，而且脂肪中油酸/亚油酸（O/L）的比值也有所提升。张克朝等（2020）在棕壤土上增施钙肥试验表明，施用钙肥显著增加了总根长、根体积和根表面积，提高了叶片超氧化物歧化酶和过氧化物酶活性，降低了丙二醛含量，增加了荚果中氮和磷的吸收，结荚期叶片钾和钙含量显著增加，显著增加了花生荚果产量，其增产原因主要是增加了单株饱果数、出仁率和荚果重。另外，增施钙肥显著提高了氮肥利用率和氮肥农学利用效率（表4-2）。

表4-2　钙肥不同用量对花生肥料利用率的影响　（张克朝等，2020）

品种	钙肥处理（kg/km^2）	氮素利用效率（%）	氮肥偏生产力（kg/kg）	钙肥利用率（%）
	0	0.33	42.08	**
花育22	75	0.38	46.04	0.05
	150	0.35	42.71	0.01
	0	0.23	32.71	**
白沙1016	75	0.29	41.25	0.03
	150	0.25	33.25	0.02

在常规施肥基础上合理配施微量元素是提高花生产量和改善花生品质的有效措施。钼是作物生长发育必需的微量元素，参与硝酸还原、生物固氮等氮代谢，促进花生叶绿素的合成和根瘤的形成。花生缺钼会导致根瘤发育不良，影响花生固氮能力；会使花生植株矮小，各器官不发达。钼是硝酸还原酶和固氮酶的组成因子，这两种酶在氮素代谢中具有核心作用。红壤旱地施用钾肥、钼肥已经成为高产优质花生的重要措施。陶其骧（1995）研究表明，施用钼肥显著增加了花生籽仁中亚油酸、亚麻酸、棕榈酸等脂肪酸类含量，而降低硬脂酸、粗脂肪的含量。对于钾肥和钼肥配施研究表明，钾肥、钼肥配施增加了花生籽粒中亚麻酸、山芋酸等脂肪酸含量。

　　硼也是一种作物生长发育必需的营养元素，在碳代谢、蛋白质合成、糖类合成与运输以及授精结实等方面起到重要作用，在作物体内具有不可代替的功能。硼对作物生长发育的影响也同样起到了多种促进作用，如对作物生长点和花芽分化、花粉管伸长和萌发、种子受精及发育、碳水化合物的合成与运输以及种子的充实程度都有着重要作用。蒋春姬等（2017）在常规氮、磷、钾肥基础上配施钙、钼、硼肥试验表明，增施氧化钙（75kg/km^2）、钙钼肥配施（氧化钙75kg/km^2+钼酸铵7.5kg/km^2）可有效促进小粒型花生品种农花5号的生长发育，增加了主茎高、侧枝长和单株叶面积，促进了各器官干物质积累量增加，提高了籽粒粗脂肪、蛋白质含量，而降低了可溶性糖含量（表4-3）。刘娜等（2020）进一步分析表明，增施钙肥和钙钼肥配施使花生在结荚期以后能够维持较高的叶绿素含量，开花下针期和结荚期叶片的净光合速率、蒸腾速率、气孔导度以及群体光合势显著增强，单株百果重、百仁重、饱果率及饱果数量增加，提高了荚果产量（图4-6）。

表4-3　不同钙钼硼配比对花生籽仁品质的影响　　　　　　　（蒋春姬等，2017）

处理	脂肪（%）	蛋白质（%）	油酸（%）	亚油酸（%）	油亚比
CK	50.53	20.47	43.73	35.07	1.247 1
T1	52.77	20.90	42.73	36.37	1.175 1
T2	53.00	21.55	42.37	35.90	1.180 2
T3	51.67	20.80	42.47	35.50	1.196 3

　　注：CK为磷酸二铵+硫酸钾；T1为磷酸二铵+硫酸钾+氧化钙；T2为磷酸二铵+硫酸钾+氧化钙+钼酸铵；T3为磷酸二铵+硫酸钾+氧化钙+钼酸铵+硼酸。不同肥料施用量，磷酸二铵和硫酸钾均为150kg/hm^2，氧化钙为75kg/hm^2，钼酸铵为7.5kg/hm^2，硼酸为22.5kg/hm^2。

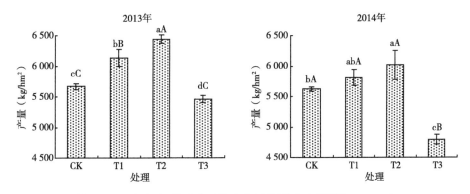

图4-6　不同钙钼硼配比对花生产量的影响（刘娜等，2020）

　　注：CK为不施钙钼硼肥；T1为氧化钙75kg/hm^2；T2为氧化钙75kg/hm^2+钼酸铵 7.5kg/hm^2；T3为氧化钙75kg/hm^2+钼酸铵7.5kg/hm^2+硼酸22.5kg/hm^2。小写字母表示0.05水平差异显著性，大写字母表示0.01水平差异显著性。

铁是植物生长发育的必需微量元素之一，在生物化学中起着至关重要的作用，是作物生长发育的一个重要微量营养物质。铁是植物血红蛋白和细胞色素的重要成分，也是过氧化氢酶、过氧化物酶等多种活性氧清除酶的主要成分，作为重要的辅酶参与光合作用、蛋白质、核酸等氮的代谢和碳素代谢等许多重要的生理生化过程。作物缺铁时会表现出叶片黄化、产量降低和品质变差等现象，甚至植株死亡。研究表明，铁营养直接参加了花生根瘤固氮过程，增加铁营养显著地增加了根瘤数量、根瘤干重，单株固氮酶活性和根瘤固氮酶活性显著增加，提高了植株地上部含氮量和总吸氮量（左元梅等，2002）。贾红霞等（2021）针对不同类型铁肥施用效果研究表明，施用铁肥可以有效改善花生缺铁现象，显著提高了叶片叶绿素含量，增加了物质积累量，提高了花生饱果率、饱仁率，增加了荚果产量，其中施用黄腐酸铁（Fe-FA，单体铁含量10%，黄腐酸含量60%）肥料效果较好。

锌元素是作物体内许多合成酶的重要成分，通过影响作物体内各种酶的合成、分配与活性，进而影响作物光合作用、新陈代谢、营养吸收、物质合成等生理活动，增施锌肥也可以促进花生的生长发育。花生植株缺锌会导致生育后期加剧植株器官衰老，导致植株生长发育缓慢，产量降低。

大量元素与微量元素或微量元素之间配施对促进作物生长发育、改善籽粒品质起到重要的作用。丛惠芳等（2008）指出适量配合施用硼肥（11.25kg/km^2）和锌肥（7.5kg/km^2）提高了花生第一对侧枝长、根瘤数量、叶面积和单株荚果数量，产量分别显著增加8.2%和5.2%。利用磷肥与锌肥配施对花生养分吸收与分配的研究表明，在锌用量相同的情况下，施磷提高了地上部、果壳和籽粒中磷含量和积累量，但也降低了锌含量，减少了磷锌收获指数和荚果磷利用率；在磷肥用量相同的情况下，增施锌肥显著增加了花生苗期和开花下针期地上部、成熟期果壳和籽粒的磷积累量、磷收获指数和磷利用率（索炎炎等，2020）。

六、注重耕地的用养结合

在花生生产中，适宜的耕作方式、栽培技术措施对改善土壤水、肥、气、热平衡，创造适宜花生生长发育的环境条件极为重要。秸秆还田可增加氮素供给源和土壤氮素有效性，抑制土壤水分无效蒸发，达到蓄水保墒、提高水分利用率的效果。土壤质量不仅影响水土保持、土壤养分循环、土壤结构和稳定性，而且影响农业可持续性。Zhao等（2021）针对黄淮海平原小麦花生轮作系统中不同耕作和秸秆管理方式对土壤质量指标和花生产量的影响研究表明，麦秸还田翻耕（MPS）模式可以增加土壤孔隙度、含水量，提高了土壤养分浓度，促进大团聚体形成，增加土壤团聚体稳定性，改善土壤理化性质，促进了作物养分吸收、利用和转运，提高了产量。因此，

MPS模式是小麦花生轮作系统中改善土壤质量，提高花生产量的适宜农业管理方法。

在低温条件下，秸秆还田还能增加土壤温度，缓解作物低温冷害，保障作物正常生长发育。深松不但可以打破犁底层，增加耕层厚度，改善土壤结构，而且促进作物根系生长，是建立合理耕层结构的有效措施。张鹤等（2020）在辽宁西北部地区寒地花生玉米轮作中，对玉米秸秆还田、深松对土壤肥力和花生生长及产量的影响研究表明，秸秆还田配套深松显著增加了0~40cm土壤孔隙度，降低了土壤容重，土层土壤含水量显著增加；有机质、全氮、碱解氮和速效钾的含量显著增加；根系生长良好，根系活力增加，植株饱果数、百果重、百仁重和产量显著增加。

春播花生生长周期长，种植要注意耕地用养结合，麦套花生要统筹小麦—花生周年施肥，夏直播花生要适时深翻，减少秸秆对花生生长发育的影响。更好的氮肥管理对提高作物生产力和减少氮损失至关重要。在小麦/花生套作中，氮肥（300kg/km^2）采用小麦种肥：小麦孕穗：花生开花期按照35%：35%：30%进行分期施用，可显著提高花生氮素吸收量，促进^{15}N向荚果转移分配，显著提高了花生氮肥利用效率、氮回收效率和氮农艺利用效率，减少氮损失，提高了花生产量（Liu et al.，2020）。

第三节　花生施肥方法

近年来花生高产栽培实践证明，花生根瘤固氮只能满足其需氮量的50%左右，另有一半以上的氮需从土壤和肥料中获得。而单一的施肥方式和过少的肥量不仅不能满足花生的固氮需求，还容易降低土壤肥力，造成土壤养分流失。通过不同种类与数量肥料的施用，能提高土壤养分含量，肥料在土壤中释放并被植物根部吸收参与养分循环，从而增加植物可吸收养分在土壤中的含量和有效性，间接增加花生产量。传统的撒播施肥在供给肥料的同时非常容易残留过量化肥造成面源污染，而通过地膜覆盖与膜下滴灌模式施用不同种类与数量的化肥，将依据花生不同时期的生长需要，把水分和养分定量、定时、定点的按比例统筹供给作物根部，可以有效地节水、节肥，提高肥料的利用效率，保持土壤均衡的温度和良好的通气性，不降低土壤肥力，还可以增加产量，减少面源污染。

一、分层施肥

花生的根系与结荚层在土壤中的分布不同，荚果一般分布于表土层5~12cm处，而根系相对分布较深，一般主要集中于10~30cm处。播种施肥时应注意，施肥位置在种子位置下方，两者要有5～8cm间距，防止种子与肥料距离过近，导致烧苗，一般施肥深度10～20cm，播种深度3～5cm。也可采用分层施肥方式，于6～10cm、10～20cm分层施肥。张彩军等（2020）研究表明，分层施肥和分层减量施肥可显著增加花生叶面积指数、叶绿素含量，增加根、茎、叶等营养器官和荚果物质积累量，显著提高植株荚果数、籽粒质量，且三层施肥（0～15cm混施、15cm条施、25cm条施）效果比二层施肥（0～15cm混施、25cm条施）效果好。

二、全程可控施肥

山东省农业科学院花生栽培与生理生态团队创建了花生多层包膜专用肥、速效肥与缓释肥共同造粒的制肥技术，并结合花生生长发育需肥规律和特性，研发了全生育期可控施肥技术，即以速效肥外层、以缓释肥的多层包膜肥料内层达到花生全生育期的持续供肥效果。该技术可概括为"起爆氮、中补钙和后援氮"。"起爆氮"即在花生生育前期提供速效氮肥，促进植株前期生长和根瘤形成；"中补钙"即在生育中期以钙肥供应为主，充分发挥根瘤固氮作用为植株供氮，进而促进荚果发育；"后援氮"即在生育后期以缓释氮肥和钾肥为主，使花生荚果更充实饱满（万书波和李新国，2022）。

张佳蕾等（2016）研究表明，增施钙肥可以增强根系活力，显著提高饱果期和成熟期叶片叶绿素含量、净光合速率、抗氧化酶活性，显著降低叶片丙二醛含量，延缓花生植株衰老，有利于后期叶片维持较高光合速率并延长光合时间，显著增加了单株荚果数量、双仁果率和籽仁饱满度，显著提高了荚果产量。

三、滴灌及水肥一体化

姜淼等（2018）对我国耕地农药化肥用量进行调查，发现当前我国有1/5以上的耕地面积受到严重污染。一些化肥中的有毒有害金属和污染物等成分随着施肥过量积累在土壤中，这是农田土壤污染的主要来源。而滴灌施肥能精确定点定量，节省水肥，从而有效地减轻面源污染。宋丹丽等（2011）指出，肥料要到达作物根系表面被根吸收，通常要经过3个过程，即截获、扩散和质流。通过滴灌施肥，能够极易完成质流和扩散过程，从而加强截获的能力，提高作物的产量。利用喷灌或滴灌系统在灌水的同时进行施肥（简称灌溉施肥）技术具有很多优越性。滴灌施肥作用到根部，能使作物更集中和有效地吸收水分与随水施入的肥料，因而具有省水、省工、省肥和增产等优点。运用滴灌施肥能够显著的增加作物的产量，节水省肥的同时还能增加效益，避免过量施肥，提高肥料利用率，显著减轻因肥料过量而造成的面源污染。滴灌施肥与地膜覆盖形成的花生种植方式，通过施用不同种类与数量的液体肥料，不仅节约了水资源，还节肥高效高生产。

水肥一体化技术从以色列引进，该技术使水与肥料相融合，通过可控管道滴灌浸润作物的根系，降低土壤湿润深度和面积，进而减少水分下渗淋溶量和蒸发量，可以充分提高水分利用效率，可使灌水均匀度提高80%～90%，节约用水30%～40%，显著提高了肥料利用率，实现了节水、节肥、增产、增效的统一。风沙土的营养固定能力较差，但滴灌施肥从根系出发，精确施肥，使养分停留在被根部吸收的部分，减轻花生对土壤养分的需求，加强花生对贫瘠沙土的耐受能力，能在不降低土壤肥力的基础上获得高产。刘宝勇等（2020）试验研究表明，沙壤土采用水肥一体化技术可显著提高表层土壤过氧化氢酶、蔗糖酶、脲酶活性，促进了土壤速效磷、全磷含量，且蔗糖酶与速效氮呈显著正相关，而脲酶与土壤有机质、速效磷和钾含量呈极显著正相关，而与碱解氮呈负相关，促进了花生增产。张艳艳等（2021）通过对比起垄、起垄+水肥一体化、起垄覆膜、起垄覆膜+水肥一体化4种花生种植方式发现，水肥一体化技术显著增加了生育后期单株绿叶面积，提高了光合效率，显著增加了干物质积累量，百果重、出仁率显著增加。对比起垄+水肥一体化方式与起垄方式下的荚果产量和籽仁产量，分别增加了8.5%和12.2%；而起垄覆膜+水肥一体化与起垄覆膜相比，则增加了6.4%和7.1%。

四、有机肥替代

东北地区花生产区多为风沙土，土壤瘠薄，养分低，保水保肥能力差，适量增施有机肥能改善土壤结构，增加土壤有机质含量，补充花生所需要养分，提高土壤保水保肥能力。推广应用商品有机肥、生物有机肥，鼓励种植大户、专业合作社集中堆肥，以有机肥替代部分化肥。一般商品有机肥推荐用量约为3 000kg/km²，发酵腐熟堆肥用量为7 500～15 000kg/km²，以有机肥替代部分化肥，减施化肥，配方施用化肥，高肥力地块可适度调减氮肥用量20%～30%。王慧新等（2017）针对辽宁省阜新市风沙土开展的有机肥、无机肥配施试验表明，有机、无机肥配施均可显著增加花生产量，单因子产量作用为磷酸二铵、有机肥、硫酸钾；两因子交互作用对花生产量影响（图4-7）分析发现，各因子之间交互作用对产量影响效应呈抛面状，随着两因子投入量的增加，花生产量呈现先增加后减少的趋势，符合报酬递减规律；有机肥19 252.5kg/km²+磷酸二铵309.0kg/km²+硫酸钾237.0kg/km²可显著增加花生产量，降低化肥投入，增加收益。

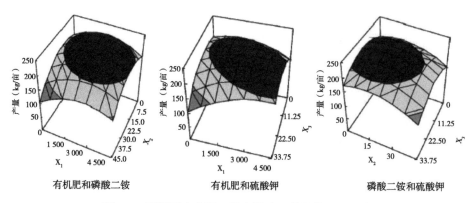

图4-7 双因子响应面三维立体（王慧新等，2017）

五、根瘤菌剂

有益微生物可有效缓解连作花生障碍，其机理主要包括有益微生物可以分解化感物质、优化花生根际土壤微生物区系结构、提高花生结瘤生物固氮能力和花生养分吸收及利用、增加植株抗病抗虫能力等方面。根瘤菌（Rhizbium）是一类革兰氏阴性杆菌，广泛存在于植物根系土壤中，与豆科作物之间存在共生作用，不仅能够提高豆科作物的产量，而且对下茬作物亦有一定的提升，且根瘤菌对其周边生态环境并无影响。研究表明，土壤中氮素含量的减少能够促进花生生长环境中土壤微生物的活性，提升生理生化作用，提高花生根际土壤中微生物的种类，同时提高微生物的竞争力。根瘤菌的增加，能够有效提升其生物固氮量，减少对花生生长环境中土壤以及肥料中氮素的依赖程度，减少肥料投入，有效增加氮素的利用率。在生茬地及病害发生较轻的连作地块，结合配方肥（化肥）施用，推广应用根瘤菌剂拌种技术，增强根瘤固氮能力，可适度调减氮肥用量20%~30%。章孜亮等（2020）比较了不施氮肥（N0）、常规施氮（N100%）、减氮20%+接种根瘤菌（N80%+Ri）、减氮50%+接种根瘤菌（N50%+Ri）处理对风沙土花生生长发育的影响，结果表明，适量减施氮肥（20%）配合接种根瘤菌可显著促进花生生长，显著增加花生根瘤量、分枝数、单株荚果数，显著提高氮素吸收量、氮肥利用效率和经济效益，比常规施肥增产5.8%~7.1%。贾宇（2021）在棕壤土上进行了蒸馏水、富思德专用根瘤菌剂（水剂）和Mame-Zo根瘤剂（粉剂）对比试验，证明根瘤菌剂显著促进根瘤固氮，提高了花生各器官氮素积累量、氮代谢相关酶活性和土壤中相关酶的活性；显著提高了花生各器官中磷、钾素的吸收以及转运；叶片净光合速率增加，有效改善了花生的光合作用；增加了单株百果重、饱果率，提高了产量。

第四节 花生测土配方施肥技术

一、测土配方施肥的原理

测土配方施肥是以土壤测试和田间试验为基础，根据作物需肥规律、土壤供肥性能和肥料效应，在种植前科学提出施用氮、磷、钾及微量元素等肥料的养分比例及数量，促进农业高产、优质和高效的一种科学施肥方法。通过田间试验及土壤养分测定值，建立养分丰缺等级指标，建立养分丰缺不同等级适宜施肥数量，针对不同花生产区土壤养分测定值，对照等级确立肥料施用量。采用三元二次回归"3414"设计对辽宁花生产区测土配方施肥研究表明，辽宁花生产区测土配方施肥主要参数为100kg花生经济产量需肥量N为4.69kg、P_2O_5为1.13kg、K_2O为1.81kg；土壤营养成分校正系数N为0.82、P_2O_5为0.31、K_2O为0.30，氮肥利用率为35.76%，磷肥利用率为10.68%，钾肥利用率为25.78%（娄春荣等，2011）。根据效应方程可以计算出最佳产量施肥量、最高产量施肥量。

二、如何做到测土配方施肥

花生测土配方施肥技术体系是在有机肥与无机肥配施基础上，把肥料的氮、磷、钾三要素科学配比，搭配合理，防止偏施某一种肥料，出现施肥效果差甚至产生副作用。高华援等（2012）按照"最佳模拟配合法"的技术要求，以密度（X_1）、氮肥（X_2）、磷肥（X_3）和钾肥（X_4）4个因素为决策变量，荚果产量（Y）为目标函数，构建了荚果产量函数模型（表4-4）：$Y = 5\ 165.38 + 142.63\ X_1 + 97.75\ X_3 + 101.25\ X_4 - 149.66\ X_1^2 - 247.16\ X_2^2 - 288.97\ X_3^2 - 202.91\ X_4^2$。4个因素对花生荚果产量影响的顺序为密度（$X_1$）>施钾量（$X_4$）>施磷量（$X_3$）>施氮量（$X_2$）。花生垄作栽培条件下，提高种植密度是获得高产的首要因素，肥料对产量的影响大小顺序首先是钾肥，其次是磷肥，最后是氮肥。在实际生产中，要根据土壤肥力情况，适当调整氮、磷、钾肥用量，才有利于花生获得高产。通过对模型进行最高产量栽培措施分析得出，花生最高产量达5 165.4kg/hm²的栽培措施为：密度12万穴/hm²、氮肥120kg/hm²、磷肥15kg/hm²、钾肥150kg/hm²，N∶P_2O_5∶K_2O = 1∶1.25∶1.25。研究结果与单因素对产量影响最高值效应相同。

试验因素	单因素数学模型	农艺措施	最高产（kg/hm²）
密度	$Y_1=5\,165.38+142.63\,X_1-149.66\,X_1^2$	12万穴/hm²	5 199.27
施纯N	$Y_2=5\,165.38+8.38\,X_2-247.16\,X_2^2$	120kg/hm²	5 165.38
施纯P	$Y_3=5\,165.38+97.75\,X_3-288.97\,X_3^2$	150kg/hm²	5 165.38
施纯K	$Y_4=5\,165.38+101.25\,X_4-202.91\,X_4^2$	150kg/hm²	5 165.38

表4-4　各因素对产量影响的效应分析　　　（高华援等，2012）

通过对模型进行目标产量4 500kg/hm²高产栽培农艺措施的频数分析中，得出垄作条件下高产栽培措施模式为：密度10.77万～14.73万穴/hm²、平均12.75万穴/hm²，氮肥（N）97.8～142.2kg/hm²、平均120.0kg/hm²，磷肥（P_2O_5）70.42～92.96kg/hm²、平均81.7kg/hm²，钾肥（K_2O）160.65～219.3kg/hm²、平均190.0kg/hm²。

三、化肥减量增效技术施肥建议

（一）土壤施肥

春播花生生长期长，产量较高，施肥以底肥为主，氮、磷、钾、钙肥随基肥施入或种肥同播种一起施入。春播花生集中在山坡地中低产区，土壤肥力中等或偏低，应重视有机肥施用，建议基施商品有机肥3 000kg/hm²左右或发酵腐熟有机肥7 500～15 000kg/hm²。常规化肥用量可减少20%～30%，施肥量依据土壤养分状况而灵活把握。

花生田要视土壤丰缺状况巧施钙、硫、锌等中微量元素肥，缺乏地块每亩可底施钙肥10～20kg、硫肥2～4kg、锌肥1～2kg。偏酸性土壤建议施用石灰或钙镁磷肥，偏碱性土壤建议施用过磷酸钙进行土壤调理和补钙，以提高根瘤菌的固氮能力，改善氮素营养，促进荚果发育，减少空壳和烂果。对于肥力较低的沙土、轻壤土和生茬地，每亩增施花生根瘤菌肥2～3kg，增强根瘤固氮能力。长期连作土壤养分平衡性差、土传病害较重，可在施用有机肥的基础上，每亩增施功能微生物菌肥1～3kg或土壤调理剂50～80kg。化肥一次性施肥时，建议施用缓释（控释）肥料，高肥力地块可将氮肥用量调减5%～10%。土壤追肥可结合实际采用机械深施或开沟条施覆土的方法，施肥深度宜为10～20cm，也可结合灌溉进行追肥。灌溉追肥时注意控制水分用量，避免养分流失。

（二）叶面施肥

一般肥力水平较低的花生田，于花生生长发育初期，叶面喷施尿素溶液，快速补充养分。中后期则根据长势进行叶面补肥，促生长、防早衰。结荚后期，为增强叶片活力、延长叶片功能期和提高饱果率，可每隔10～15d，叶面喷施0.1%～0.3%磷酸二氢钾溶液或2%～3%的过磷酸钙澄清液和1%～2%的尿素混合水溶液，共喷2～3次。喷施要在晴天下午进行，肥液要随配随用。饱果期喷施钙、锌等水溶性中微量元素肥料，促进吸收。

叶面追肥应大力推广药肥同喷三遍药模式，以喷施含锌、硼、铝等的微量元素为主，叶面喷肥以结荚期喷施效果较好，每隔7～10d喷施1次，连喷3次，喷施方法是在无风天气下的10：00以前或16：00以后将液肥均匀地喷洒于叶片正反两面，若喷施后遇雨，翌日应重新喷施。

第五节　科学施肥知识科普

一、花生需肥有哪些特点？

花生出苗前所需的营养物质主要由种子本身供给，幼苗期由根系吸收一定量的氮、磷、钾等营养物质满足各个器官的需要。这个时期氮素、钾素集中在叶片，磷素集中在茎部。

开花下针期，是花生需肥量最大的时期。花生植株生长迅速，营养生长和生殖生长同时进行，氮素仍然集中在叶片上，而钾素从叶片转移到了茎部，磷素则由茎部转向果针和荚果。

结荚期是营养生长的高峰期，也是重点转向生殖生长的时期，这时氮素、磷素集中在幼果和荚果，钾素仍然在茎部，这一时期是对钙吸收量最大的时期。

饱果成熟期的根、茎、叶基本停止生长，是生殖生长时期，吸收的各种营养逐步转移到荚果中去，促进荚果的成熟饱满。氮素、磷素集中在荚果，钾素仍然集中在茎部。

二、如何确定花生的施肥量？

花生的施肥量是根据土壤的肥力条件和产量水平决定的。

1. 高肥水地块

根据花生产量每亩500kg荚果对氮、磷、钾主要营养元素的吸收量和肥料的吸收利用率，由于土壤中的氮素营养丰富，采用氮减半、磷加倍、钾全量的施肥比例，即每亩实际施氮（N）14.8kg、磷（P_2O_5）11kg和钾（K_2O）16kg，折合成优质圈肥5 000kg、尿素13kg、过磷酸钙72kg、硫酸钾22kg。

2. 中等肥力田块

要实现花生每亩500kg的目标，采用氮、钾全量，磷加倍的施肥比例。即每亩实际施用氮27kg，折合成优质圈肥10 000kg、尿素26kg，其他的施肥量相同。酸性土壤要增施钙肥，施用石膏或磷石膏30kg。

三、花生有几种施肥方法？

1. 基肥

施用基肥是结合耕整地进行的。在耕整地前，将要施用的有机肥和化肥，按照有机肥的全部、化肥总量的2/3，均匀地撒在地表，通过旋耕机施入土层中。

2. 种肥

种肥是随花生播种时施用的，一般为化肥总量的1/3。施肥播种要确保施肥管和排种管通顺，种肥施入垄中间隔10cm以上。

3. 追肥

花生一般不需要追肥，主要是根据田间的花生长势确定，追肥时间一般在开花下针期后期和结荚期，追肥的种类以氮肥、钙肥为主。

四、施用有机肥对花生生长发育有什么好处？

（1）有机肥含有氮、磷、钾等多种营养元素，是一种养分全面的完全肥料。有机肥肥效高、肥效长、肥效稳、可以源源不断的供给花生一生所需的营养。

（2）有机肥是由动物、植物生命活动中所产生的排泄物和残体组成，这些物质在发酵分解中产生热量，提高了地温，促进了微生物和根瘤菌的活动，加快了土壤熟化，有利于根系生长和根瘤菌的活动。

（3）长期施用有机肥，可以改良土壤结构，调节土壤酸碱度，提高土壤蓄水保墒保肥能力。

（4）有机质通过微生物分解，能够合成腐殖质和分解产生氮、磷、钾等元素、产生二氧化碳，增加碳素营养。碳素不仅可供根系直接吸收利用，而且有助于矿物质肥料的分解转化。

（5）有机肥和化肥混合施用，可以充分发挥化肥的作用。如过磷酸钙中的钙素容易被土壤中的铁、铝氧化物固定，采用圈肥与过磷酸钙混合堆沤15～20d，使磷素在有机肥的作用下释放出来，圈肥中易散失的氮、磷变成氮磷化合物，起到"促磷保氮"的作用，也可以防止和克服因单一施用化肥而产生的如土壤板结、茎叶徒长等"化肥病"。

五、为什么施足基肥对花生非常重要？

基肥也叫底肥，结合深耕整地时施于土壤，然后播种花生的一种肥料施肥方法。基肥一般是以厩肥、堆肥等有机肥为主，适当配合速效氮、磷、钾、钙、微量元素等组成。基肥的用量一般占施肥总量80%以上。花生花芽分化早，营养生长和生殖生长并进时间长，而且花生生长前期根瘤菌固氮能力弱，中后期果针入土后又不便于追肥，因此，施足基肥对花生生长十分重要。一方面基肥养分齐全，肥效有快有慢，有长有短，能全面和源源不断地满足花生对各种营养元素的需要，既满足花生前期需要，又防止后期脱肥；另一方面基肥以有机肥为主，起到改良土壤、全面提高地力和增加肥效的作用，也有利于根瘤的形成与发育，提高固氮能力，既养苗又养地。

六、什么叫根际施肥？花生什么时期根际追肥效果好？

根际施肥是施于花生根部附近的一种肥料施肥方法，肥料被根系吸收后输送到各器官，参与体内生物化学过程，是花生最基本最主要的施肥方法，包括基肥、种肥、苗期追肥、花期追肥等。从肥料种类来说，包括各种有机肥、化学氮肥、磷肥、钾肥等。

1. 幼苗期追肥

幼苗健壮是花生花多、花齐、果多、果饱的基础。如果土壤肥力低或基肥用量不足，就会引起幼苗生长不良，根瘤也不能正常发育，势必会影响主要结果枝的生育和前期有效花花芽的分化。因此，苗期应在始花前后根据幼苗长势确定适宜的追肥数量，时间越早越好，氮、磷、钾并重。一般每亩施尿素11~22kg，过磷酸钙10~15kg。

2. 开花下针期追肥

花生始花后，植株生长旺盛，有效花大量开放，大量果针陆续入土，对养分需求急剧增加，如果基肥、苗肥不足，则应根据花生长势长相，及时追肥。但此时花生根瘤菌固氮能力较强，固氮量基本可以满足自身需求，而对磷、钾、钙肥需求较多。因此，氮肥用量不宜过多，避免引起花生徒长，应以磷、钙肥为主。氮肥参考苗期用量，每亩追施过磷酸钙10~20kg。

七、什么叫根外追肥？花生如何通过叶面追肥实现增产增收？

根外追肥也称叶面追肥，一般是将肥料稀释成一定浓度的溶液，用喷雾器喷洒于作物的叶面或叶背上，被叶片吸收后，输送到各器官，参与体内生物化学过程。

花生在开花下针期末期至结荚期后期前进行叶面追肥，能有效地提高花生的光合效率，增加干物质含量，促进花多、荚多、荚大、粒饱，改善荚果品质，增产增收。

（1）尿素。叶面喷施0.1%~0.2%的尿素水溶液，平均增产10%以上。

（2）过磷酸钙。叶面喷施2%~3%的过磷酸钙浸出溶液，能增强花生开花、结荚能力，平均增产7%以上。

（3）磷酸二氢钾。叶面喷施0.2%~0.3%的磷酸二氢钾，可预防早衰，增加饱果数，提高百粒重，增产效果显著。

（4）钼酸铵。叶面喷施0.1%的钼酸铵水溶液，能促进花生根瘤固氮作用，协调营养生长和生殖生长，促进荚果饱满，增产10%以上。

（5）硼肥。一般在始花期和盛花期分别喷施0.2%硼砂或硼酸水溶液，能促进花粉萌发，有利于授粉受精，提高花生结果率；同时还能增加叶绿素含量，促进光合作用，增加果重和饱果率。在缺硼土地上施用增产15%以上。

（6）硫酸亚铁。在开花期用0.3%~0.5%的硫酸亚铁水溶液喷施，可增产10%以上，防止缺铁性黄叶、白化症等。

八、如何辨别与防治花生缺氮症？

1. 缺氮症状

花生缺氮时，叶片细小直立，与茎的夹角小，叶色淡绿，严重时呈淡黄色。失绿的叶片色泽均匀，一般不出现斑点或花斑。因为花生体内的氮素化合物具有较高的移动性，能从老叶转移到幼叶，所以缺氮症状通常先从老叶开始，逐渐扩展到上部幼小叶片。

2. 防治措施

氮肥可以用作基肥、追肥单独使用，也可以与磷、钾肥配全施用。在施用一定数量的基肥基础上，在花生苗期每亩追施尿素11~22kg。在花生结荚期至饱果期每亩叶面喷施0.1%~0.2%的尿素水溶液2~3次。

九、如何辨别与防治花生缺磷症？

1. 缺磷症状

花生植株中磷的临界值为0.2%，如低于该值，缺磷症状明显。花生缺磷时，生长延缓，植株矮小，分枝减少，叶片呈暗绿色，缺乏光泽，有时叶片上出现紫红色斑点或条纹，严重时叶片枯死脱落。缺磷症状首先表现在老叶上，逐渐向上部发展。根系形态发生变化，根半径减小，根和根毛增加，根冠比增加，根瘤固氮能力下降。花生苗期，在天气寒冷的情况下，往往出现严重缺磷症状，但当天气转暖，根系扩展后，缺磷症状一般消失。

2. 防治措施

磷肥多用于基肥施用。每亩基肥施过磷酸钙15～25kg与有机肥混合施入土壤中，在苗期可以追施过磷酸钙10～15kg。

十、如何辨别与防治花生缺钾症？

1. 缺钾症状

花生缺钾会影响光合作用及光合产物的运输与转化，因而直接影响花生仁中脂肪的形成。花生缺钾时，植株生长缓慢、矮化。由于钾在植物体中流动性很强，能从成熟叶和茎中流向幼嫩组织再行分配，通常在花生生长发育的中后期才表现出来。严重缺钾时，花生植株首先在下部老叶上出现脉间失绿，沿叶缘开始出现黄化或有褐色斑点、条纹，并逐渐向叶脉间蔓延，最后发展为坏死组织，影响光合作用与物质运转。

2. 防治措施

花生缺钾并不常见。如果土壤表层含钾量过高，会抑制果针和荚果对钙的吸收而降低花生产量和品质。若在花生田间发现缺钾现象时，在开花下针期后期至结荚期叶面喷施0.2%～0.3%的磷酸二氢钾水溶液或0.2%～0.3%的硫酸钾水溶液2～3次。

十一、如何辨别与防治花生缺钙症？

1. 缺钙症状

花生缺钙，严重影响其生殖生长。缺钙时，花生植株矮小，生长后期保留深绿色叶片；花量增多，但大多败育；地上部生长点枯萎，顶叶黄化有焦斑，根系弱小、粗短而黑褐。缺钙导致荚果萎缩、种仁内伤、胚芽变黑、荚壳腐烂等，影响花生产量。

2. 防治措施

酸性土壤一般每亩用石灰50kg，结合耕地时撒施作基肥；作追肥时，可在初花期结合中耕培土浅施于花生棵结荚区内。在微酸性土壤施用石灰，应2～3年轮施一次，不可年年施用，以防土壤板结。石膏一般在偏碱性土壤中施用，在盐碱土中还有调节酸碱度、减轻盐碱对花生根系的毒害作用；在中性和微酸性土壤上也可施用石膏，一般每亩施5～7.5kg。

十二、如何辨别与防治花生缺镁症？

1. 缺镁症状

花生缺镁的突出表现是叶绿素含量下降，并出现失绿症。缺镁时，植株矮小，生长缓慢，首先在老叶上，叶肉变黄而叶脉仍保持绿色，并逐渐由淡绿色转为黄色或白色，还会出现大小不一的褐色或紫红色斑点或条纹，严重缺镁时，整个叶片出现坏死现象。花生缺镁会导致根瘤中糖类供应量下降，从而降低固氮率。

2. 防治措施

选择镁肥种类要根据土壤的酸碱度决定，中性或微碱性土壤，选用硫酸镁或氯化镁为好，而酸性土壤选用钙镁磷肥为宜。施用镁肥，用作基肥与农家肥配合施用效果好于单一施用，也可以用0.5%的硫酸镁溶液叶面喷施。

十三、如何辨别与防治花生缺硫症？

1. 缺硫症状

缺硫时，形成层的作用减弱，不能进行正常生长。硫是许多酶不可缺少的成分。硫对叶绿素形成有重要影响。虽然硫不是叶绿素的组成成分，但叶绿素的形成少不了硫。缺硫时，叶绿素含量降低，叶色变黄，严重时变黄白，叶片寿命缩短。硫还能促进根瘤形成，增强子房柄的耐腐烂能力，使花生不易落果和烂果。花生缺硫与缺氮难以明显区别，所不同的是缺硫症状首先表现在顶端叶片。

2. 防治措施

花生补充硫以硫酸盐最好，如含硫的硫酸铵或含硫的过磷酸钙、硫酸钾、石膏等。硫肥最好用作基肥，适宜施用量每亩为0.3~1.0kg。一般认为含硫酸盐的肥料宜施于中性或微酸性土壤中。在沙性土壤中，施用石膏优于其他的硫肥，虽相对难溶，但可在土壤中保持较长时间，以满足花生整个生育期内对硫的需求。在植株出现缺硫症状时，叶面喷施0.1%~0.2%的硫酸钾或硫酸亚铁等硫酸盐溶液1~2次，可取得矫正作用。

十四、如何辨别与防治花生缺铁症？

1. 缺铁症状

花生缺铁先从幼叶开始，典型症状是叶片的叶脉间和细网状组织中出现失绿症，叶脉深绿而脉间黄化，黄绿相间相当明显。严重缺铁时，上部新叶全部变白，叶片上出现坏死斑点，叶片逐渐枯死。氮素代谢和蛋白质的合成受阻，根瘤固氮能力减弱，限制对氮、磷的吸收。与花生缺氮、缺锌等引起的失绿比较，花生缺铁症状的特点突出表现在叶片大小无明显改变，失绿黄化明显；而缺氮引起的失绿常使叶片变薄变小，植株矮小；缺锌使叶片小而簇生，出现黄白小叶症。鉴定植株是否为缺铁黄化症，可用0.1%的硫酸亚铁溶液涂于叶片背面失绿处，若经5～7d转绿，可确认为缺铁性黄化病。

2. 防治措施

通过基肥或叶面喷施铁肥对花生增产都十分明显。作基肥用，每亩施用硫酸亚铁3～4kg，结合秋春整地，与有机肥或过磷酸钙混合施用，防治花生黄白叶病害有明显效果。作追肥用，在花生开花下针期和结荚期用0.2%～0.3%的硫酸亚铁溶液30～50kg，均匀喷洒叶面，每隔5～7d喷施1次，连喷3～4次。

十五、如何辨别与防治花生缺硼症？

1. 缺硼症状

缺硼影响荚果和籽仁的形成。缺硼时，花生结果受到严重抑制，会出现大量子叶内面凹陷的"空心"籽仁。花生展开的心叶叶脉颜色浅，叶尖发黄，老叶色暗，分枝多，呈丛生状，植株矮小瘦弱，开花很少，甚至无花，最后生长点停止生长，以至枯死；根容易老化，侧根很少，根尖端有黑点，易坏死。

2. 防治措施

植株含硼量以苗期最多，占全生育期总量的46.9%，因此硼肥需要早施。常用的硼肥种类有硼砂和易溶性的硼酸。可作基肥、追肥或叶面喷施。作基肥用，一般每亩用200～250g硼砂，与有机肥或常用化肥混匀后施用。作追肥用，每亩用硼酸50～100g，混在少量腐熟的有机肥料中，于开花前追肥。叶面喷施，在苗期、始花期和盛花期，喷施0.2%～0.3%的硼酸或硼砂水溶液各1次。

十六、如何辨别与防治花生缺钼症？

1. 缺钼症状

花生缺钼时，植株生长不良、矮小，叶脉间失绿，叶片生长畸形，整个叶片布满斑点，甚至发生螺旋状扭曲，老叶变厚、焦枯以致死亡；根瘤发育不良，根瘤小而少，固氮能力下降。缺钼症状与缺氮症状相似，但与缺氮不同的是缺钼先表现在新生叶片上。

2. 防治措施

土壤中有效钼含量低于2mg/L就应补施钼肥。常用的钼肥为易溶于水的钼酸铵和钼酸钠。一般用于拌种、浸种或叶面喷施。拌种用，每亩用钼酸铵10~15g，先用少量热水溶解后再二次稀释到3%和种子一起混拌，晾干后播种。钼酸铵也可与根瘤菌混合拌种。浸种用，每亩用钼酸铵10~15g，稀释浓度为0.05%~0.25%，种子与溶液比1:1，浸种12h后，晾干播种。叶面喷施浓度为0.1%，每亩用钼酸铵15g，兑水15L，于花生苗期和花期各喷施1次。

十七、如何辨别与防治花生缺锌症？

1. 缺锌症状

花生缺锌时，生长受阻，植株矮化，叶片发生条带式失绿或白化，有时叶片不能正常展开。严重缺锌时，花生整个小叶失绿。

2. 防治措施

在肥力较低的石灰性沙土中，有效锌低于0.5~1.0mg/L时就应补施锌肥。含锌肥料主要有硫酸锌、氯化锌、氧化锌。花生生产上以施硫酸锌比较普遍。作基肥使用，整地时，一般每亩施用硫酸锌1~2kg，加细土20~25kg，混合均匀后，于播种前随耕翻施入土壤中。作种子处理用，播种前用0.1%~0.15%的硫酸锌溶液浸种12h，捞出后晾干播种；或用作拌种，每千克种子用硫酸锌2~6g，加适量水溶解后拌种，晾干后播种。叶面喷施用，在花生开花下针期，每亩用0.1%~0.15%的硫酸锌溶液50~70L叶面喷施。

十八、如何辨别与防治花生缺锰症？

1. 缺锰症状

花生缺锰时，幼嫩叶片上失绿、发黄，并出现杂色斑点，但叶脉和叶脉附近保持绿色。严重缺锰时，叶面发生黑褐色细小斑点。叶片边缘发生褐斑，开花和成熟延迟，荚果发育不良。

2. 防治措施

锰肥可以作基肥施于土壤中，也可以叶面喷施。作基肥时一般每亩用硫酸锰1~2kg与农家肥或其他化肥混合施用。作种子处理用，播种前用0.05%~0.1%的硫酸锰溶液浸种8h，捞出后晾干播种；或每千克种子用硫酸锰4~8g，加适量水溶解后拌种，晾干后播种。叶面喷施，从花生始花后到饱果期，每亩用0.1%~0.2%的硫酸锰溶液50~70L叶面喷施2~3次。

十九、花生根瘤菌是怎样形成的？

花生和其他豆科作物一样，根上长有瘤状结构，称为根瘤。根瘤的形成是由于土壤中的根瘤菌侵入根部组织所致。根瘤菌自根毛侵入，存在于根皮层的薄壁细胞中。根瘤菌在皮层细胞中迅速地分裂繁殖，同时皮层细胞因根瘤菌侵入的刺激，进行细胞分裂，导致在这一区域内的皮层细胞数目增加，体积膨大，形成瘤状突起。花生根瘤菌属于豇豆族根瘤菌。除花生外，还可与豇豆、绿豆、小豆等豆科作物共生。花生根瘤圆形，直径一般1～5mm，多数根瘤着生在主根的上部和靠近主根的侧根上，在胚轴上亦能形成根瘤。根瘤的大小、着生部位、内部颜色等都与固氮能力有关，主根上部和靠近主根的侧根上的根瘤较大，固氮能力较强。

第五章　群体结构理论与技术

花生群体是由花生个体组成的统一整体，也是一个有自动调节能力的系统，体现在生长发育过程中的诸多方面。依据作物产量形成的"源、库"理论，实现花生的增产需要提高其群体质量。一般来讲，花生群体需具有较高的光合生产能力和较强的干物质积累能力，从构建适宜的群体光合叶面积、提高光合强度、通过栽培措施延长光合时间、减少呼吸消耗、提高经济系数等方面入手都可以提高花生产量。花生群体结构的合理与否，与其光能利用效率高低、干物质生产能力的大小密切相关。合理的高产群体，既要求单位面积上有数量适宜的群体，又要求个体的生产潜力得以适度的发挥，整个群体稳健发展发育良好。因此，在一定土壤肥力、水分条件的基础上，建立一个密度适宜、个体生育良好、群体结构良好的群体结构，是花生高产、高效栽培的中心环节。

花生产量构成因素包括单位面积株数、每株荚果数、百果重，各因素之间既存在矛盾又相互联系。单株饱果数与单株荚果数、成果率呈显著正相关，单株荚果重与单株总荚果数、单株饱果数、百果重、百仁重呈显著正相关，而单株荚果数与成果率、百果重、百仁重呈显著负相关。若单株生产力过低，虽有较多的株数而总果数不多，不一定高产；反之，若株数过少，虽有较高的单株生产力，亦不能高产。花生产量及其构成因素受品种遗传特性、土壤质地、耕作方式、栽培措施、肥料施用种类及方式、灌溉措施、病虫害防治等方面影响，生产上要从多方面统筹调控。

第一节　合理群体结构

合理的群体结构是花生获得高产的前提条件和基础，而合理密植则是合理群体结构的重中之重。合理密植是花生产量最为重要的技术措施。合理的高产群体不但要求单位土地面积上有适宜数量的群体，而且要求每棵植株都具有良好的发育，实现群体整齐平衡。合理密植首先要充分利用光能，在适宜的密度范围内，随着密度的增加，光合生产效率因群体叶面积的增加而呈降低趋势，而群体光合产物下降的程度，低于因密度增加而增加的叶面积产生的光合产物，光能利用效率仍然提高，总光合量增加，产量也可以提高。同时，合理密植也可以增加有效结果分枝数。在合理密植条件下，随密度的增加，单株分枝数相应减少，但单位面积内群体有效结果分枝数增加，提高了群体产量。不同花生品种、不同生态与生产条件、不同土壤环境和不同种植方式、栽培方式，对合理密植的要求不同。明确密度改变对产量的调节效应是准确掌握合理密植的关键。

一、花生合理密植的原则

花生合理种植的密度应根据品种类型、地力、光、温、水、气以及栽培管理措施综合考虑。在密度一致条件下，品种类型、土壤肥力条件、光照、温度、水分等是影响产量的主要因素。土壤肥力高、氮肥施用量过大、温度过高、降水量偏大、光照条件差时，花生容易营养生长过旺，茎变细，发生徒长和倒伏现象；反之光照太强、温度偏高、降水量少、春旱伏旱严重时，花生植株生长发育会受抑制。然而，当环境条件保持一致时，植株长势、分枝数量、叶面积指数等是决定群体产量的主要因素。合理密植的密度范围应以结荚期花生植株封垄为宜，花生长相则要求"肥地不倒秧，薄地能封垄"。种植的密度应综合考虑品种类型、栽培措施、土壤肥力、气候因子、综合效益等情况。

（一）品种类型及特性

花生不同类型品种之间，植株形态存在较大差异，适宜种植的密度差异也较大。各类型品种生长习性不同，其种植密度也不同。原则上匍匐型或半匍匐型品种宜稀，而直立型品种宜密；生育期短、开花早且集中、分枝少、结荚范围紧凑的品种应适量密植，而生育期较长、花期长、结荚范围大的品种应稀植。邓丽等（2021）对直立疏枝、大粒型品种开农70的产量及构成因素可视化分析表明，单株生产力与荚果产量呈极显著正相关关系，结果枝数、单株结果数、百果重、百仁重、出仁率和生育期与荚果产量呈显著正相关关系，而主茎高、侧枝长、总分枝数、饱果率与荚果产量呈负相关关系，适于密植，生产中应注重通过强化田间灌溉、合理追肥等栽培措施提高单株生产力，提高产量；而中间小粒型品种开农1760的产量及构成因素可视化分析表明，饱果率与产量呈极显著正相关关系，对产量提高具有重要作用，而主茎高、侧枝长、百果重、百仁重、单株生产力和结果枝数与产量呈显著正相关关系，应适当稀植进而增加结果枝数和总分枝数，促进产量提高（邓丽等，2021）。

（二）气候因素

气候因素对花生生长发育影响较大，因此，种植密度要因地制宜。孙瑞（2021）利用正阳县1959—2018年的主要气象因素与夏花生的相关分析表明，开花下针期降水量与产量间存在极显著负相关关系，而苗期及开花下针前期降水量、开花下针期总日照时数、平均气温与产量间存在极显著正相关关系。可见，一般在高温、降雨较充足的地区花生植株生长比较旺盛，种植密度应适量减少，而低温、干旱或高温、干旱地区花生植株生长较矮，种植密度可适量增加。

（三）肥水条件

花生的生长发育受土壤肥力影响，种植密度应掌握"肥地宜稀，薄地宜密"的原则，即在高肥力土壤条件下，花生植株生长比较旺盛，根系发达，植株较高，分枝较多，为避免群体光合竞争，种植密度应适量减小；而在土层较浅、低肥力条件下，花生生长发育会受到一定限制，表现为植株矮小，分枝较少，应适当增加种植密度。不同肥力水平及种植密度交互试验表明，在不同肥力条件下，随着肥力水平的提高，花生分枝数、侧枝长、结果枝数、荚果数、饱果数和百仁重均呈现下降趋势，而百果重和出仁率呈现增加趋势，单株叶面积和群体叶面积均增加，且在适宜肥力下最高。随着种植密度的增加，花生分枝数、结果枝数、荚果数、饱果数、百果重和出仁率呈下降趋势，单株叶面积随密度增加而减小，而群体叶面积系数随密度增加而增大。肥力和密度的交互作用表明，株型紧凑的珍珠豆型中花16以中高等肥力（600kg/hm²+75kg/hm²）、低密度（16 667株/亩）产量较高（陈志德等，2015）。

（四）种植方式

在适宜密度范围内，起垄种植较易建立合理的群体结构，实现高产。垄作增加了光接收面积，与平种相比地温更高，有利于苗全、苗壮。垄作下活土层厚度增加，结实层土壤松暄，利于果针入土、后期结荚和充实。垄作便于中耕，防止埋苗压枝，利于灌溉和排涝，减少后期烂果。垄作下花生结实更早、结果量更多，一般比平作增产10%~25%。汤丰收等（2012）研究表明，垄作下土壤的通透性增加，改善了田间生态环境，促进了根系生长，增加了根系活力，增产15%以上。司贤宗等（2016）采用大田裂区随机区组试验表明，垄作种植花生产量比平作种植株高、侧枝长、分枝数、结果枝高，饱果数、百果重和出仁率增加，增产12.0%（表5-1）。

表5-1 耕作方式对花生产量及相关性状的影响 （司贤宗等，2016）

耕作方式	饱果数（个/株）	百果重（g）	出仁率（%）	产量（kg/hm²）
平作	13.8	158.6	71.9	4 628.5
垄作	15.2	163.6	72.1	5 183.4

（五）管理水平

花生种植密度与管理水平存在密切关系，一般来讲，生产水平高的宜稀些，生产水平低的宜密些，提高田间管理水平有利于实现增产。在花生生长过程中，加强水分、营养管理是比较重要的工作。夏桂敏等（2022）研究表明，灌溉方式和生物炭用量存在显著互作效应，膜下滴灌施用10t/hm²生物炭显著增加花生的根长、根表面积和根体积，促进根系生长，显著提高表层土壤有效磷含量，促进植株磷素吸收积累量，实现增产。另外，施用土壤调理剂可提高花生产量，平作和垄作增产幅度分别达7.4%～18.6%和5.6%～25.6%。不同土壤调理剂对花生增产的大小顺序为秸秆灰分>生物炭>腐殖酸，施用秸秆灰分增加花生饱果数、百果重和出仁率，其次为生物炭和腐殖酸（司贤宗等，2016）。

综上所述，花生采用合理的种植方式和适宜的密度，创建结构合理的群体，保持生育后期冠层、中下部合理的光分布和气体交换，可以延缓花生叶片衰老，提高群体光能利用率，是提高花生群体产量的重要途径。

二、花生合理密植增产的原因

（一）充分利用光能

在适宜的密度范围内，随着密度的加大，群体叶面积指数增加，冠层叶面积系数提高，虽然增长的群体叶面积降低了植株光合生产率，但群体光合产物仍然呈增加趋势，所以合理密植提高了群体光能利用率，增加了群体总光合量，产量亦能相应提高。刘俊华等（2020）通过比较不同播种方式和密度对花生冠层结构的影响发现，随着密度的增加，冠层叶面积系数、叶片干重显著增加，而降低了花生冠层中下部的透光率，但单粒精播下透光率显著高于双粒播种；花生主茎高、侧枝长和单位面积荚果数显著增加，而单株荚果数减少，且单粒精播高于双粒播种；随着密度的增加，产量呈先升高后降低的趋势。可见，单粒精播合理密植下，花生冠层中下部透光率增加，叶面积指数提高，侧枝多、饱果率高，实现了花生高产。

（二）增加有效结果枝数、荚果数、饱果率

实践证明，在合理密植的情况下，随密度的增加，单株的无效分枝数目相应有所减少，群体结果总枝数增加，单位面积内群体的第一次分枝的总数，特别是有效结果分枝的总数则随密度的增加而增多，单位面积内荚果数量增加，进而增加了产量。合理密植优化了群体根系结构，单位面积内根系分布更加均匀，减少了水肥流失，提高了养分、水分利用效率，提高了转化效率，实现增产。梁晓艳等（2016）研究发现，大粒型品种花育22和小粒型品种花育23均在中密度（22.5万株/hm² 和 25.5万株/hm²）时产量最高，适宜种植密度显著提高了花生生育后期叶片中碳氮代谢水平，提高了单株结果数、荚果饱满率、荚果重，同时籽粒品质改善。

第二节　群体优化种植技术

东北地区花生生产以垄作为主，播种方式主要包括垄上单行种植、垄上小双行交错种植、大垄双行种植、地膜覆盖种植、花生带状间（轮）作种植。不同的种植方式，花生群体结构依自动调节和人工调节构建合理群体结构的机制，种植方式和种植密度很大程度上影响花生群体根系生长与分布、分枝数量、叶面积指数、光合特性，进而影响花生干物质积累和产量。种植密度决定群体结构大小，而种植方式决定群体的均匀性，因此，合理的群体结构需要合理的种植模式与适宜的种植密度相匹配，才能构建高产的群体。

一、垄上单行种植

垄上单行种植主要分为两种，即双粒穴播和单粒精播。花生单行双粒穴播为传统播种方法。花生有无限生长的特性，具有较大的单株生产潜力，但由于种子贮藏过程中易受潮变质、播种后种子易受病虫为害和播种技术落后等问题，为保证全苗，长期以来生产者习惯每穴播种双粒或多粒。双粒穴播可提高出苗率，有效防止出现缺苗、断垄现象的发生，是花生早期生产的主要播种方式。但此播种方式不仅用种量大、成本高，而且在高密度条件下植株个体与群体结构矛盾更为突出，每穴的两个植株中必然有一株生长发育受到较大影响，种内竞争激烈，群体结构易于郁闭，难以进一步提升产量。

为了有效解决花生传统生产中用种量大、投入大、产量潜力发挥不足等问题，山东省农业科学院花生栽培与生理生态创新团队根据竞争排斥原理，建立了花生单粒精

播高产栽培技术。该技术可以节约大粒花生品种124.5～159kg/hm^2，中小粒花生可节约108.0～126.0kg/hm^2。花生良好的群体结构主要包括叶面积指数和峰值持续时间，提高和维持较高的光合作用和持续时间是花生取得高产的重要指标。花生种植密度过高，其群体冠层中部、下部光能利用效率较低，单株养分吸收能力降低，生育后期容易出现早衰，产量降低；如果花生种植密度过低，虽然植株个体获得了充分的生长，但不能充分发挥群体的增产效应，很难获得高产。因此，单粒精播下适宜的种植密度必须结合品种特性、区域气候特点、栽培措施等因素。单粒精播促进花生根系发展，细根增加，单株根系总长度、总体积和吸收面积显著提高，增加了水分和养分吸收面积，促进了地上部生长，植株同化效率提高，干物质积累增加（冯烨等，2013）。

对花生群体光合有效辐射（PAR）的影响研究发现，在一定范围内，大粒型花生品种单粒精播下较高的种植密度可以增加群体光合叶面积，能够弥补单位土地面积群体数量的不足（赵长星等，2013）。梁晓艳等（2015）研究表明，单粒精播模式能显著提高花生植株中部和下部叶片的叶绿素总量和类胡萝卜素含量，叶片光合活性及光合转化速率更高，叶片光合同化能力增强。张佳蕾等（2018）关注了花生田间微环境变化，证明单粒精播可以使植株分布更加合理，不但改善了群体冠层结构，而且通过影响水、热、气等微环境改善了作物与环境的相互作用，促进了群体的生长发育，提高了产量。单粒精播在山东省高产地块适宜密度约为20.8万株/hm^2，而中产地块适宜密度为27.8万株/hm^2。与双粒穴播相比，单粒精播可以充分发挥花生单株干物质生产的潜力，提高群体干物质的最大积累速率6.0%以上，实现干物质的快速积累。单株及群体对氮、磷、钾、钙的吸收和积累增加，促进了氮和磷优先向荚果分配，提高了养分利用效率。单粒精播增加了单株饱果个数和百果重，进一步实现了群体增产8.4%～27.8%（王建国等，2022）。

杨富军等（2016）在高纬度生态区吉林省以吉花4号（珍珠豆型）和吉花19（普通型）为材料，研究了不同单粒精播密度对花生生长发育的影响，结果表明，吉花4号和吉花19的主茎高和侧枝长随密度增加而增加，高密度处理下主茎最高、侧枝最长。分枝数随种植密度的增加呈逐渐降低的趋势。随着密度的增加，单株结果数和荚果产量则呈降低趋势，而饱果率、单株果重、荚果产量和经济效益则呈先增加后降低的趋势。吉花4号和吉花19在密度18.0万穴/hm^{2}时，荚果产量最高，比每穴2粒播种（密度11.25万穴/hm^2）分别显著增产7.7%和8.1%，且节种约20%；在密度15.75万穴/hm^{2}和18.0万穴/hm^{2}下，总效益比每穴2粒播种分别显著增加11.1%和11.7%。密度与产量的数学模型推算可知，珍珠豆型吉花4号当密度为18.69万穴/hm^{2}时产量最高，达4 744.2kg/hm^2，而普通型吉花19当密度为19.19万穴/hm^{2}时产量最高，达5 982.0kg/hm^2，较吉花4号高产、高效、耐密（图5-1）。

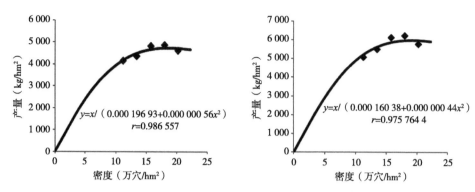

图5-1　吉花4号和吉花19产量与密度的关系（杨富军等，2016）

二、垄上小双行交错种植

东北地区与山东省、河南省、河北省等地区不同，由于积温不足、无霜期短等自然因素限制，生产中主要以早熟珍珠豆型花生品种为主。受传统小垄裸地种植习惯影响，以及原有配套机械等限制，多数地区仍采用小垄、裸地进行双粒播种，限制了东北地区花生产量和品质的提升。针对东北地区花生播种质量差、密度低、群体结构不合理、产量不高等问题，沈阳农业大学花生研究所研发了花生单垄小双行交错布种单粒精播技术。该技术的特点是其中一行的播种穴位置与另一行相邻两个播种穴的中心位置相对应。每垄交错种植2行，小行距7.0～10.0cm，播深3～5cm，单粒精量播种。小粒型花生每行穴距12.0～14.0cm，种植密度27万～33万株/hm²；大粒型花生每行穴距15.0～17.0cm，种植密度24万～27株穴/hm²。

花生单垄小双行交错布种单粒精播技术不但协调了花生植株个体与群体结构、行间与株间的结构布局，而且可以提高群体叶面积指数，增加了群体对光能、水分、营养、热量的利用效率，进而提高产量。对小粒型花生品种农花19和大粒型花生品种冀花16进行的单行每穴双粒播种、单行单粒精播和单垄小双行交错布种单粒精播3种不同播种方式的比较试验研究表明，单垄小双行交错布种单粒精播下花生开花下针期和饱果期干物质积累量显著增加，且单垄小双行交错布种单粒精播>单行单粒精播>单行每穴双粒播种。单垄小双行交错布种单粒精播下的农花19叶绿素含量增加20.3%，光合速率提高10.9%，叶面积指数达4.2以上，群体光合能力显著增强。单垄小双行交错布种单粒精播和单行单粒精播下单株荚果数、饱果重增加，百粒重、出仁率显著增加。与单行每穴双粒播种相比，单垄小双行交错布种单粒精播下农花19和冀花16的产量分别提高了13.6%和30.0%，单行单粒精播下农花19和冀花16的产量分别提高了11.2%和22.0%（表5-2）。

表5-2　播种方式对花生产量及相关性状的影响　　（沈阳农业大学花生研究所，待发表）

品种	处理	产量（kg/hm²）	荚果数（个）	百果重（g）	百粒重（g）	出仁率（%）
农花19	单行单粒精播	4 685.6	25.9	122.2	53.6	64.4
	单行每穴双粒播种	4 214.0	26.3	140.8	59.9	62.2
	单垄小双行交错布种单粒精播	4 787.3	23.1	148.1	65.5	63.4
冀花16	单行单粒精播	5 876.7	28.4	134.6	54.1	63.1
	单行每穴双粒播种	4 586.7	26.9	117.0	52.3	59.7
	单垄小双行交错布种单粒精播	5 977.0	28.7	118.7	56.6	68.7

三、大垄双行种植

花生大垄双行种植栽培技术可以充分利用土地，合理利用光、热、水、肥等自然资源，而且增加了种植密度和单株生产力，进而增加了产量。东北地区花生大垄双行种植一般垄距80～90cm，垄面宽55～60cm，垄上小行距27～30cm，种植密度一般22万～27万株/hm²。蒋春姬等（2014）在高产田上采用小垄单行、大垄双行、大垄三行3种种植方式，设置密度30万株/hm²，通过对花生生长发育相关指标比较分析发现，大垄双行种植下花生叶面积指数最高，群体干物质积累量、叶绿素相对含量、净光合速率、蒸腾速率、气孔导度均显著高于小垄单行和大垄三行；群体叶面积指数、群体干物质积累量、群体光合势、中下部透光率和群体生长率均显著增加；百粒重、百果重和出仁率、产量等方面均表现为大垄双行>小垄单行>大垄三行，且显著高于大垄三行（表5-3）。可见，在中等或高肥力地块大垄双行种植田间配置更有利于花生高产。

表5-3　不同田间配置方式对花生产量构成因素和产量的影响　　（蒋春姬等，2014）

处理	百粒重（g）	百果重（g）	出仁率（%）	单株饱果数（个）	产量（kg/hm²）
小垄单行	72.4 ± 1.6	164.4 ± 8.27	70.4 ± 6.1	19.5 ± 4.1	4 415.7
大垄双行	75.5 ± 2.1	167.1 ± 2.44	71.4 ± 2.3	22.2 ± 3.8	4 541.5
大垄三行	67.3 ± 3.4	161.7 ± 3.53	69.5 ± 3.3	16.5 ± 4.9	4 287.4

四、地膜覆盖种植

花生地膜覆盖栽培技术是近些年从日本引进的高产稳产措施之一。东北地区覆膜方式主要有边播种边覆膜和先覆膜后播种两种，且以前者为主。花生地膜覆盖种植相关技术要点参见本书第一章第四节。

不同地膜材质对花生生长发育、水分利用效率和土壤含水量具有一定的差异。王晓光等（2017）比较分析了普通白膜、黑色地膜、液态地膜等不同材质地膜覆盖对花生生长发育的影响发现，液态地膜处理下花生田土壤含水量最高，其次为白膜、黑膜；白膜和黑膜覆盖处理下单株饱果数、百果重、百仁重均显著高于液态地膜和裸地种植，地膜覆盖增加了花生产量，其增产效果为黑膜>白膜>液态膜>裸地。地膜覆盖下花生株高、水分利用效率显著高于不覆膜处理，花生叶面积指数、干物质积累量和产量显著增加，且黑膜覆盖处理显著高于白膜覆盖（刘晓光等，2021）。

地膜覆盖下，花生苗期一般不需要浇水，但是播种时土壤含水量不仅要确保出苗，而且要能满足苗期生长所需要的水分。因此，覆膜花生播种时应确保土壤具有较好的墒情，如墒情不好应造墒播种，生育中后期应根据墒情适量灌溉。夏桂敏等（2015）对辽宁省西部半干旱地区春播花生膜下滴灌条件下不同补灌定额、补灌次数研究表明，膜下滴灌显著提高浅层土壤含水量，而对深层土壤含水量影响较小；补灌量越少，花生耗水量相对亦较少。在降水量300mm左右的干旱年份，要进行适当的灌溉补充，一般补灌定额45mm，补灌6次，其水分生产率可达2.28kg/m³，增产达40.5%，显著高于裸地种植。

五、花生带状间（轮）作种植

花生带状间（轮）作是保障粮油安全、农民增收、落实"藏粮于地、藏粮于技"战略的重要措施，有效解决了粮油争地、人畜争粮、种地与养地不协调的矛盾。目前，东北地区已经发展了花生与玉米、高粱、谷子、油葵等作物带状间（轮）作技术。《"十四五"全国种植业发展规划》明确指出，北方地区重点集成推广"玉米花生宽幅间作"技术。花生带状间（轮）作已逐渐成为东北地区的主要种植模式之一，有关其相关技术要点参见本书第一章第四节。

花生有根瘤菌共生，能增进土壤肥力，促进后茬作物的生长。同时，花生具有抗旱、耐瘠等特性，在作物间（轮）作中具有重要地位。花生与禾本科作物带状间作、轮作实现了物种间氮素的互补性，可在减施氮肥的情况下大幅度提高土地生产力。从生态位互补角度看，由于花生根系在空间和时间上的分布特征导致了种间的促进作用，通过改变根系生长，改变根系空间分布，缓解了"氮阻遏"现象，延缓根系衰老和提高根系活性，进而提高氮肥利用效率，增加了产量（Guo et al.，2021）。花生与玉米、高粱、谷子等禾本科作物间作促进了花生根瘤发育，增强根瘤固氮能力，并且氮素向禾本科作物转移，促进了氮素利用效率，增加了生物固碳量（Shi et al.，2021）。此外，玉米花生间作可以缓解花生连作障碍。李庆凯等（2019）研究表明，花生根系分泌的酚酸类物质对土壤微生物群体结构、酶活性、养分含量均存在显著的化感抑制作用，而且浓度越高抑制作用越强。对连作花生土壤添加玉米根系分泌物增加了酚酸类物质处理后土壤的呼吸作用、酶活性、微生物种群结构、养分含量，削弱了酚酸类物质对土壤各项指标的化感指数。可见，玉米根系分泌物可以有效缓解酚酸类物质对土壤微生态环境的化感作用。同时，玉米花生间作下花生根际土壤脲酶等固氮酶活性增强，根瘤及根物质量显著提高，根系固氮基因 nifH 显著增强，植株氮含量、地上部生物量及产量显著增加。研究表明，玉米花生 8∶8 带状间作下，玉米根际土壤细菌和真菌的多样性和丰富度降低，而间作花生根际土壤真菌的丰富度增加。*RB41*、*Candidatus udaeobacter*、球盖菇属（*Stropharia*）、镰刀菌属（*Fusarium*）和青霉菌属（*Penicillium*）与土壤过氧化物酶活性呈显著正相关，与土壤蛋白酶和脱氢酶活性呈显著负相关（图5-2）。间作还丰富了花生根际细菌群落的功能多样性，减少了病原菌的数量（Zhao et al.，2022）。

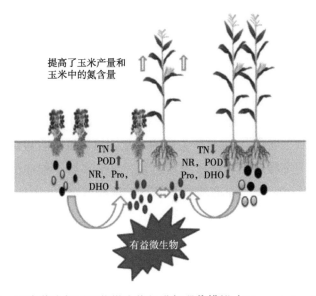

图5-2　玉米花生根系互作微生物促进氮吸收模拟（Zhao et al.，2022）

第三节　群体优化施氮技术

肥料和密度是影响花生产量的重要栽培措施，合理密植可以提高花生群体叶面积指数和群体生物量，增加群体产量。但是，如群体密度过高，群体中下层光透性减弱，叶片光照条件变差，不利于植株个体发育，群体光合能力反而降低。适宜的肥料水平可以改善群体质量，增加群体养分及干物质积累量，促进高产。适量施肥能增强花生叶片光合作用，植株健壮，但施肥过量会导致徒长，降低肥料利用率，造成环境污染、土壤板结酸化等问题。适宜的施肥水平、合理的种植密度可改善作物群体质量，提高肥料利用效率和花生产量。研究表明，肥料和密度对花生增产具有显著作用，在一定范围内，增施肥料和增加种植密度均可实现增产，但二者也呈现负向交互效应关系。施肥与密度对产量呈现互补作用，在地力较低、施肥量不高的地区，可以适当增加种植密度，提高产量，而当种植密度不足时，也可以通过适当增施肥料促进增产。

一、花生氮素需求规律

作物主要依赖于根系从土壤中吸收氮素以满足作物生长和发育的需求。豆科作物的根系可以与土壤中根瘤菌等固氮微生物存在共生关系，形成独特的固氮根瘤，将空气中的氮转换为铵被豆科作物吸收和利用（Oldroyd and Downie，2004）。充分发挥豆科作物的共生固氮作用，为农业生态系统提供更多的氮素营养，已成为未来农业可持续发展的重要措施。豆科作物生长发育过程中，氮素也扮演着重要的作用，它是植物体内蛋白质的重要组成成分，也是影响花生籽粒品质的关键因子。花生氮素主要来源于根瘤固氮、土壤和人工施肥，三者之间既相互关联又互相制约（Wang et al.，2016）。郭佩（2021）通过[15]N试验研究表明，花生植株氮吸收量随施氮量的增加而呈现抛物线趋势，结荚期根瘤植株吸收氮素总量，50%来源于根瘤固氮，30%来源于土壤，其余的20%来源于肥料。在高施氮水平下土壤残留更多，损失量更大，而在低施氮水平下，土壤残留量较小，可见，植株总氮中来源于肥料的氮是有限的，施入过多的氮肥并不会促进根系吸收，反而造成肥料浪费、损失。因此，通过合理施肥或合理栽培措施提高花生自身固氮已逐渐成为现代绿色农业发展的趋势，也为减少化肥过量投入和提高农田化肥利用效率开辟了一条新途径。

二、密度对氮素吸收效率的影响

不同类型花生品种适宜的施肥量、种植密度也不相同。郑亚萍等（2007）采用大粒型花生品种花育22和小粒型花生品种鲁花12不同密度及氮肥施用量的二次饱和D-最优设计研究表明，密度效应大于肥料效应，肥料与密度间呈负向交互效应。大粒型花生品种对肥料的敏感程度高于密度，而小粒型花生对密度的敏感程度高于肥料（图5-3）。当肥料施用量较大时，应适当降低密度，而当肥料施用量少或地力低时，应适当增加密度，才能获得更高的理想产量。因此，大粒型花生具有较高的产量潜力，对密度要求不是十分严格，而对肥料需求量大，单位肥量增产效率高，生产中应注重发挥肥料的增产作用；反之，小粒型花生相对产量潜力小，应选择耐密类型，充分发挥密度的增产作用。

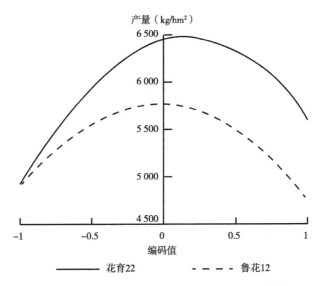

图5-3　不同类型花生品种肥料与产量的关系（郑亚萍等，2007）

　　氮肥和密度对花生植株性状和生长发育具有重要的影响。刘俊华等（2020）对氮肥与密度两因素裂区研究表明，随着密度的增加，花生单株根长、根表面积、根体积及根干重呈降低趋势，而单位面积上的根长、根表面积、根体积及根干重则呈增加趋势。氮肥与密度互作显著影响群体单位面积上的根长、根表面积。随密度的增加，荚果产量增加，但增加到一定程度后不再增加。花生主茎叶片数、侧枝数、第一节间粗随密度增加呈现逐步降低趋势。可见，合理密植有利于减少花生无效分枝，增加有效枝数。荚果产量随氮肥水平增加的变化趋势因年份的不同而存在差异，而同一施氮水平，荚果产量随密度的增加而呈现增加的趋势。方差分析结果表明，种植密度显著影响花生荚果产量，而氮肥、氮肥与密度互作对产量影响不显著。

第四节　群体优化知识科普

一、构成花生产量的三要素是什么？

　　花生的产量三要素是指单位面积株数、单株结果数和果重，三者之间既相互联系、又相互制约，组成了多种产量结构和产量水平。其中，单位面积株数起主导作用。在一定的栽培条件下，随着单位面积株数的增加，单株结果数逐渐减少，但单位面积总果数则在密度较小的一定范围内，随着株数的增加而增加；达到一定密度后，出现转折点，再增加株数，总果数也不再提高或提高很少。若以饱果数计算总果数，达到转折点后，总果数则随株数的继续增加而下降，果重也随着单位面积株数的增加而下降。在三要素中，单株结果数和果重是两个主要调节因素，在一定范围内可有效调节产量，使产量提高。其中，结果数是产量构成的基础，若单位面积荚果数量不足，即使单株荚果大，也不会获得理想的产量。

二、影响单位面积株数形成的因素有哪些？

花生产量构成因素中单位面积株数是基本因素，在花生产量形成中起重要作用，主要受播种方式、播种量、出苗率和成株率等因素影响。单位面积株数不仅影响单株荚果数和果重，而且直接影响产量。因此，将单位面积株数控制在一个适宜范围内是花生高产的基础。单位面积株数过大时，单株生产力低，不能增产；株数过少时，虽有较高的单株生产力，仍不能高产。当因增加密度而增加的群体生产力超过单株生产力下降的总和时，密度则是合理的；当密度超过一定的范围，单位面积因株数增加增长的生产力，抵消不了单株因密度过大而减少的生产力时，产量则随密度的增大而降低。播种量因品种、气候条件、土壤条件和栽培管理水平而异。出苗率受种子质量、土壤含水量、耕作条件、气候条件和播种质量等因素影响，是影响单位面积株数的主要因素。成株率受自然条件、栽培措施和管理水平等因素的影响，从出苗到成熟会有部分植株衰败、枯死，使成株率低于出苗率，导致单位面积株数减少。

三、影响单株结果数形成的因素有哪些？

在栽培条件、自然环境相同的情况下，单株果数主要由单位面积株数决定，两者呈显著负相关关系，而果重对单株结果数影响很小。花生单株结果数具有较大的潜力，如果给予充分的生长空间和生育条件，许多品种单株结果数可达到100个以上。在实际生产中，正常密度范围内，单株结果数一般不到20个。在适宜的密度范围内，尽量增加单株果数是花生高产的有效途径之一。从花生生育过程看，花生单株盛花期前的花量是单株结果数的基础，结荚期以前采取有效的栽培措施，有利于提高单株荚果数。单株荚果数主要受第一对、第二对侧枝发育状况、花芽分化情况、受精成功率和结实率影响，并与苗期、花针期和结荚期的光照、温度、水分、营养等条件有关。

从出苗前后花芽开始分化起，花芽数不断增加，到始花期分化的花蕾数即与开花总数大体相当。为了增加开花前的花芽数，须选用活力强、粒大的种子，在适期早播的基础上培育壮苗。在开花期要早开花，并及早进入盛花期，使开花期集中，早开的花有效果针率高，有效果数多。

四、影响荚果重形成的因素有哪些？

荚果重主要由单位面积株数和单株荚果数两个因素决定。栽培条件相同的情况下，荚果重与单株荚果数呈负相关，但在一定范围内，荚果重与单位面积株数呈正相关，适当增加密度，有利于提高荚果重。决定荚果重形成的因素主要是荚果内种子的粒数和粒重。荚果粒数多少由胚珠受精率和受精胚珠发育率共同影响，只一个胚珠受精并发育的荚果称为单仁果，而两个或两个以上胚珠受精并发育的荚果称为双仁果和多仁果，其荚果重有所差异。胚珠的受精率和受精胚珠发育率受开花下针期和结荚期的田间环境影响较大。盛花期至饱果成熟期是提高荚果重的关键时期。粒重是从种子形成到发育成熟过程中干物质不断吸收、积累的结果，并且与果针入土时间、结荚期和饱果期养分供应状况密切相关。因此，荚果重从果针入土后子房横卧后便开始逐渐增加。果针入土6d后，荚果重迅速增加，开始主要是果壳干物质的不断积累；入土30d后果壳重不断增加，籽粒重不足壳重的50%，此后荚果重缓慢增加；入土约40d时，因为籽粒增重短时间停顿，荚果重增加也随之停止，这可能是籽粒生长中心转移的特征；在此之后，籽粒干重进入第二个快速增长时期，荚果重也随之增长，但增长速度没有第一时期快；再经过20d后，增长缓慢且趋于停止。影响荚果重的因素很多，在单株荚果数形成过程中，饱果数和双仁荚果数以及其他因素，如果针入土时间、结荚期及饱果期养分供应情况等都对荚果重有着直接或间接的影响。此外，荚果发育期气候条件也直接影响着荚果重。

五、什么是花生合理的群体结构？

花生合理的群体结构是指花生群体的大小（单位面积株数、单株结果数、果重、叶面积系数、根系发达程度等）、分布、长相及其动态变化等。生产上依据花生品种本身特性和种植区域的生态条件、生产条件，通过耕作制度和栽培技术变革，来确定花生适宜的种植密度和植株田间配置方式，创造良好的地上部冠层结构，调节地上部与地下部、个体与群体以及光合产物生产与分配之间的关系，充分发挥优良品种的生产性能，达到优质、高产、稳产，提高光能利用率。

六、怎样建立花生合理的群体结构?

1. 合理密植, 扩大群体绿色面积

花生一生中叶面积指数 (LAI) 的消长基本呈抛物线变化。幼苗期LAI因苗小而增长缓慢, 进入开花下针期后, 随着植株叶片的增加、光合速度加快, LAI迅速上升, 在结荚期前后达到高峰; 高峰期过后, 随着中下部叶片的不断脱落, LAI也随之下降, 收获时只达到峰值的1/2。密度是影响群体结构的重要因素。一般LAI在3.6~5.0范围内较合理。生产上通过合理的植株配置方式, 扩大群体绿色面积, 构建群体适宜的LAI, 并延长其持续功能期。

2. 加强苗期管理, 蹲苗促早发

适时深松浅锄, 及时清除杂草, 促进幼苗发育, 确保全苗, 早发棵增加绿色面积。

3. 加强水肥管理, 控旺防倒伏

适时深松扶垄培土, 促进田内早封垄, 使群体的叶面积指数达到3.6~5.0, 缩短生长中心转移时期。

4. 防治病虫害, 保叶防早衰

保护绿色叶片, 喷施磷酸二氢钾等营养元素, 促进光合产物的合成与运输, 提高经济系数。

七、高产花生群体结构有什么特点?

花生获得高产, 既要有一个合理的群体密度, 更要有一个合理的群体结构。通常讲, 高产花生合理的群体结构具备下面3个特点。

（1）有一个强大的根系或吸收层, 根群发达, 深度和广度达30~40cm, 根瘤多而大。

（2）有一个坚韧的茎皮层或支持层, 植株矮壮、坚韧挺直, 不徒不倒, 主茎高不超过50cm, 分枝6个以上。

（3）有一个合理的叶层或光合层, 前期叶面积增长较快, 中期稳生稳长, 最大叶面积指数为5.0~5.5, 后期青叶多, 寿命长, 不早衰, 收获时主茎青叶数8片以上。

八、花生合理密植的原则有哪些?

1. 根据生育期长短确定播种密度

珍珠豆型等早熟花生品种, 生育期较短, 分枝少, 株型紧凑, 开花早而集中, 密度宜大些; 普通型或中间型晚熟大花生, 生育期长, 分枝多, 密度宜小些。中熟品种

种植密度介于早熟品种和晚熟品种之间。

2. 根据植株形态确定播种密度

直立型花生株型紧凑，结果范围小，单株生产力低，密度宜大些；匍匐型（蔓生型）花生，茎枝匍匐于地面，分枝多而长，结果范围大，单株生产力高，密度宜小些；半匍匐型（半蔓生型）花生其生育习性介于直立型和匍匐型花生之间，种植密度也宜介于二者之间。

3. 根据气候条件确定播种密度

生育期内气温较高、降水较多的地区，适宜花生的生长发育，密度过大，容易引起旺长倒伏，因此密度宜小些；低温干旱或高温干旱地区，由于水分供应不足，不利于花生生长发育，植株矮小，光能利用率低，密度宜大一些。

4. 根据土壤条件确定播种密度

土层浅、肥力低、土壤结构差、蓄水保肥能力弱，单株生长受到限制，个体长势弱，只有充分利用群体的优势，才能提高光能和热能的利用率，增加单位面积的产量，因此应适当加大密度；土层深厚、肥力较高，花生个体发育有保证，植株长势旺，个体发育好，群体间光竞争上升为主要矛盾，则应宜适当减小密度。同等土壤条件下，在不同的施肥范围内，施肥量多，浇水条件好，个体发育旺盛，密度宜小些；施肥量减少，浇水条件差，个体发育较弱，密度应适当大一些。

5. 根据耕作制度确定播种密度

春播花生，地块前茬为玉米等禾本科作物，当年收获后便于秋季或翌年春季整地、施肥、起垄、播种等作业进行，有利于培育壮苗，发挥个体优势，可根据品种特性确定适宜密度。间作的花生应根据间作作物种类、带宽等综合考虑，确定适宜的密度。

九、花生合理密植增产的主要原因有哪些？

实践证明，花生的栽培密度与产量呈抛物线关系，即密度过小或过大产量都不高，只有合理的密植才能高产，主要原因如下。

1. 有效协调密度与产量构成因素之间的关系

花生单位面积产量是每亩株数、每株果数和果重3个因素构成。在一般情况下，随着密度增加，单株果数和果重相应下降，但并不是简单的成比例关系。当增加密度而提高的群体生产力超过单株生产力降低的总和时，密植是合理的；当密度超过一定范围，单位面积上因株数增加而增长的生产力抵偿不了单株因密度过大而减少的生产力总和时，产量则随密度的增大而降低。

2.合理密植可以充分利用环境资源

合理密植可以充分利用光能，群体光合作用总量与群体密度大小密切相关。群体密度不足时，群体总叶面积低，光合总量少，导致产量降低。在适宜的密度范围内，随着密度的加大，群体叶面积指数增加，冠层叶面积系数提高，虽然增长的群体叶面积降低了植株光合生产率，但群体光合产物仍然呈增加趋势，所以合理密植提高了群体光能利用率，增加了群体总光合量，产量也能相应提高。

3.合理密植可增加有效结果枝数

花生基部第一对、第二对侧枝是决定花生产量的最主要因素。实践证明，在一定密度范围内，随着密度的增加，单株的分枝数目相应有所减少，但在单位面积内群体第一次分枝的总数，特别是有效分枝的总数则随密度的增加而增多。由此可见，合理密植在单位面积内所减少的分枝多数为无效的第三次分枝和高节位分枝，而增加的却是开花早、结果多、位于植株基部的第一次分枝和第二次分枝，使单位面积内群体的结果数增加，因而获取较高的产量。

十、花生合理密植需要注意事项有哪些？

群体密度是构成花生产量的主导因素。在目前的生产条件下，珍珠豆型品种为27万～33万株/hm²，普通型品种为24万～27万株/hm²。具体的群体密度应根据花生品种特性、种植区域自然条件、耕作栽培措施、田间管理水平等因素确定。生育期长、植株株高较大、分枝性较强、匍匐型（蔓生型）的花生品种宜稀些，反之宜密些；温度高、降雨多、阳光充足的地区宜稀些，反之应密些；土壤肥沃、水肥充足、栽培管理水平高的田块宜稀些，反之宜密。此外，群体密度的确定还应考虑采用什么样的种植方式，不同的种植方式群体密度不同，采用适宜的种植密度才能发挥该种植方式的增产作用。

十一、花生的行株距过大或过小对花生的生长发育和产量有什么影响？

花生的行距指花生植株行与行之间的距离，即播种时植株间左右距离；花生的株距指花生植株株与株之间的距离，即同一行上的植株前后距离。花生合理密植的田间配置由行距、株距决定，它关系到植株间对水分、养分、光能的竞争与利用，与植株个体发育密切相关，也直接影响群体的光能和土地利用率。行距过宽、株距过大时，单株所占的空间大，水分、养分、光能、空气充足，促进了个体发育，使得植株提前分枝，植株生长健壮，单株生产力高，长势整齐。但是，由于单位面积上的株数不足，群体密度过低，因此群体光能和土地利用率降低，难以获得高产。相反，植株行距过窄、株距过小，植株田间分布过密，种内竞争激烈，个体间对水分、养分、光能、空气等资源竞争激烈，容易产生强、弱苗现象，使得群体长势不整齐，分枝慢、少，而且柔弱，单株荚果少，也不能获得高产。可见，合理的行株距对花生的个体生长发育和群体产量具有重要的作用。

十二、什么叫边行优势？如何利用花生的边行优势？

边行优势是指边行植株生长发育好于中间植株的现象，表现为茎枝叶旺盛，分枝早，分枝多，生长健壮，开花多，结果多，单株产量高。边行优势表现为：一是生长空间和营养面积比中间行至少多1/4，有利于其根、茎、叶的生长。二是边行植株的光合面积大，光合作用强。边行花生荫蔽度比中间行小1/2以上，光合面积增加，尤其中后期中下部叶受光面积增加，加上边行通风透光条件好，阳光充足。二氧化碳供应充分，有利于光合作用，光合强度大，干物质积累多。三是边行花生的温度、水分等条件也较好，有利于花生的生长发育。

充分发挥和利用花生边行优势，有利于提高花生产量。一是根据边行优势原理，目前主要通过大垄双行裸种或地膜覆盖种植措施利用花生边行优势。二是注意做好边行培土。边行土壤易被雨水冲刷而流散，应及时将流散的泥土培回植株基部，保证边行植株正常生长和下针入土结荚。

十三、什么是花生的生物产量、经济产量和经济系数？

花生的生物产量是指花生在生育过程中积累的干物质总量，即整个植株（一般不包括根系）总干物质的收获量。

花生的经济产量是指同一花生植株或单位面积花生植株的荚果收获量。

经济系数也称收获指数，是指生物产量转化为经济产量的效率，通常为经济产量与生物产量的比值。

在花生生产过程中，提高花生自身的生物产量，是提高经济产量的基础。在获得充足的生物产量基础上，提高收获指数是取得群体高产的关键。

十四、花生苗期主要特点是什么？要求哪些主要田间管理措施？

从50%幼苗出土展现2片真叶到50%的植株第一朵花开放，是花生的幼苗期。其主要特点是：出苗前主根长逐渐伸长，并出现一级侧根；当出现3片真叶时，第一对侧枝分生；当主茎有4片真叶时，主根长和侧根长生长迅速；当出现5～6片真叶时，第三对、第四对侧枝开始分生。当第一对侧枝高于主茎时，主茎基部节位开始开花。当气温为20～22℃，土壤田间最大持水量45%～55%最适宜幼苗生长。苗期管理目标是培育矮壮苗，增加有效分枝。主要田间管理措施如下。

1. 施足基肥

花生大面积高产栽培，应坚持有机肥为主、化肥为辅的原则。所有肥料，结合起垄一次性作底肥施入。每公顷产量4 500kg指标下，一般一次性施用优质土杂肥30 000kg、三元复合肥（N：P_2O_5：K_2O=20：15：10）750kg，施肥深度12～15cm。

2. 破膜引苗

对于地膜覆盖种植方式，采用起垄、播种、覆膜、压土一体化播种作业的地块，在幼苗顶土、刚露绿叶时，在膜上开"十"字花小孔，引子叶节升出膜面，并把伸入膜下的分枝引出。采用起垄、覆膜、扎眼、播种、压土一体化播种作业的地块，如花生出苗前遇雨造成膜上覆盖土结块出现裂缝，在幼苗出土后，对个别子叶节仍在膜下的，要及时将幼苗周围的覆土撒回垄沟内，引出膜下剩余的分枝。

3. 中耕除草

露地花生播种覆土后，用芽前除草剂喷施地面，封闭杂草。露地花生进入苗期后中耕两次，第一次中耕在花生齐苗后进行，利用犁钩子深松垄沟，不带土，深度20cm；第二次中耕15d后进行，浅锄刮净垄面杂草，再用小犁铧深松垄沟，少量带土到垄沟内，深度20cm。

4. 控水炼苗

在土壤墒情充足的条件下播种的花生，一般幼苗期不需浇水，适当的干旱可以促进根系生长，提高抗旱、耐涝能力，同时也有利于缩短第一、第二节间间距，便于果针下扎，提高饱果率。

5. 防治虫害

防治以蛴螬为主的地下害虫，用40%毒死蜱乳油或50%辛硫磷乳油等药剂，按有效成分1.5kg/hm²拌土，于土壤湿润时将药剂集中且均匀地撒于植株主茎处的表土上，以此防治取食叶片或者到根围产卵的成虫，同时也可以防治其他地下害虫。防治蚜虫，用10%吡虫啉可湿性粉剂2 000倍液叶面喷施防治。

十五、花生开花下针期特点是什么？要求哪些主要田间管理措施？

花生下针期是从50%植株开花到50%植株出现鸡头状幼果，其主要特点是：叶片快速增加，叶面积迅速增大，根系显著增粗，根瘤快速形成，固氮能力快速增加，第一对、第二对侧枝上逐渐出现二次分枝。当主茎有12～14片真叶时，叶片变大，叶色由深色转为淡色，第一对侧枝8节以内的有效花全部开放，单株开花量达到旺盛期。适宜开花下针期生长的气温是22～28℃，土壤含水量为田间最大持水量的60%～70%。开花下针期管理目标是促花防旺长、增加有效花针。主要田间管理措施如下。

1. 水肥齐花

开花下针盛期至结荚初期是花生水分需求最敏感的时期，也是花生一生中需水量最多的关键时期，此时期干旱胁迫对产量影响最大。当植株叶片出现萎蔫现象时，应及时浇水。也可以通过中耕调节土壤及花生周围小环境，调控水分状况。适时叶面喷施0.2%～0.3%硼砂水溶液，提高受精率和结实率；适时叶面喷施0.3%～0.5%硝酸钙；缺铁地块叶面喷施0.2%～0.3%硫酸亚铁水溶液；低温寡照天气多时，叶面喷施0.2%硫酸锌水溶液。

2. 培土迎针

在开花下针末期，群体接近封垄、大批果针入土之前，进行第三次中耕，用中耕型深趟垄沟，断须根、锄杂草、上肩土，在垄间穿沟培土，培土要做到沟清、土壤松弛、垄腰宽、垄顶凹，利于果针及时入土结实。做到"深锄断根不伤入土果针，刮草上土不伤结果枝条"。

3. 防病治虫

选用合适的高效低毒杀菌剂，预防叶斑病等叶部病害，在开花下针末期、播种后70d左右，开始第一次叶面喷药，每隔10～15d喷1次，连续喷3次。选用高效低毒杀虫剂防治食叶类害虫，抢在害虫3龄前叶面喷洒施药，或利用黑光灯诱杀成虫，降低田间虫口密度。

十六、花生结荚期特点是什么？要求哪些主要田间管理措施？

从50%植株出现鸡头状幼果到50%植株出现饱果，是花生结荚期。其主要特点是：根系快速增重，根瘤量增加，固氮能力增强，主茎和侧枝生长量达到高峰，多数果针入土形成荚果。结荚期是花生生长最旺盛的时期。适宜结荚期生长的气温为25～33℃，土壤田间最大持水量为65%～75%。当结实层土壤含水量高于85%时，容易烂果，而当结实层土壤含水量低于30%时，容易出现秕果。结荚期管理目标是促果控棵、防控倒伏、排涝防旱。主要田间管理措施如下。

1. 合理化控

当植株生长至30～35cm、第一对侧枝8～10节的平均长度大于5cm时，对出现旺长植株采用适宜的生长调节剂进行化控，但要严格按照使用说明方法、施用量进行喷施，喷施量不足则不能起到控旺作用，而喷施量过多则会使植株叶片出现早衰。生长调节剂一般于10：00前或15：00时后进行叶面喷施。

2. 轻浇润灌

结荚后期至饱果初期，遇干旱胁迫应及时小水轻浇、润灌，防止植株出现早衰和黄曲霉菌感染现象。浇水时间应选择在早晨或傍晚时段进行，田间不能积水，否则容易出现烂果，也不应用低温的井水进行大水漫灌，容易导致土壤温度显著降低，土壤酶活下降，养分分解速度慢、有效供给不足，限制根系生长，根系活力降低，导致整株生理功能降低，使地上部植株生长受到显著抑制，限制荚果发育，导致荚果数量减少，荚果重降低。研究表明，用4℃左右冷水浇灌的花生，荚果减产幅度可达20%以上。

3. 排涝保果

到高温多雨季节，出现较大降水量时，要及时排除垄内积水，保持结果层干燥，防止烂果。

十七、花生饱果期特点是什么？要求哪些主要田间管理措施？

饱果成熟期是从50%植株出现饱果到绝大多数荚果饱满成熟的时间，其主要特点是：主茎出现4～6片真叶，根瘤基本停止固氮，部分根瘤老化破裂并在土壤中分解。此时期荚果重量出现3个明显的变化：一是如营养生长过早、过快衰退，则干物质积累不足，荚果较轻；二是营养生长虽然不下降，干物质积累不减少，而干物质向荚果转化、运输较少，果重增长速度慢；三是营养生长衰退缓慢，植株持绿时间长，保持较强的光合功能，积累更多的干物质并运移给荚果。当气温18～20℃、土壤田间最大持水量40%～50%时最适宜饱果期生长。然而，当结实层含水量高于60%时，果实充实速度会减缓；当含水量低于40%时，产生干旱胁迫，茎叶早衰、枯死，饱果率降低。饱果期的田间管理目标是养根保顶叶、促进果饱粒重。主要田间管理措施如下。

1. 喷肥保顶叶

从结荚期后期开始，叶面喷施2%～3%过磷酸钙和1%～2%尿素水溶液，每隔10～15d喷一次，共喷2～3次，增强顶部叶片活力，延长功能时间，提高饱果率。

2. 湿润增饱果

当0～30cm耕层土壤含水量低于田间最大持水量的40%时，应及时轻浇润灌饱果水，以养根护叶，维持功能叶片的活力，提高饱果率，这是确保花生高产的关键技术措施。如果此时降雨过多，田间排水不良，易引起根系腐烂，饱果率降低，甚至出现烂果，因此，应特别注意疏通沟渠，排除田间积水。

3. 防病不早衰

在开花下针期开始防病的基础上，继续防治叶部病害，确保植株不早衰。

十八、花生为什么会出现花多果少、秕果多饱果少的现象？

当花生幼苗侧枝长出2~4片真叶时，花芽就开始分化，团棵期是花芽大量分化的时期，此时分化的花芽多是能结成饱满荚果的有效花。花生一生中花针率占开花总数的50%~70%，但花果率仅占15%~20%，饱果率仅占10%~15%，产生这种花多果少、秕果多饱果少的现象，根本原因是由花生本身特征决定的，也与气候不良、养分不足、管理粗放等有一定关系。

花生属无限花序作物，花期长，花量大，不孕花多，有效花少。珍珠豆型花生品种，从始花到终花需60d左右，单株花量50~100朵，多的达200朵以上；普通型花生品种，花期达100~120d，单株花量100~200朵，多的达1 000朵以上，其中不孕花占总花量的30%左右。由于不孕花多，盛花期以后开的花多为无效花。

花生是地上开花、地下结果的作物，每个荚果从开始膨大到饱满成熟均需要60d以上。开花受精后必须形成果针并伸长入土才能结荚，结荚时间很不一致，早入土的早结荚，发育时间充分，早成熟，多为饱果，晚入土的发育不充分，结荚时间短，晚成熟，常为秕果或幼果，甚至还是果针。

十九、如何防止花生空壳？

花生空壳是指成熟的花生荚果掰开后里面没有果仁的一种现象。在花生生产中一旦发生无法逆转，要提前采取措施预防。

1. 中耕培土

在花生基本齐苗后，开始第一次中耕除草，采用犁钩子在原垄沟深松一犁，起到疏松土壤、打破犁底层、提温保墒的作用，同时也清除了早春杂草；根据花生长势在10d后进行第二次中耕，用小犁铧在原垄沟深趟一犁，小上土，起到开浅沟、除杂草的作用；在花生盛花期后期、花生田间封垄前，进行第三次中耕，起到培土起垄、扶垄迎针、开沟蓄水、清除杂草的作用。结合第三次中耕，根际追施钙肥。

2. 抗旱防涝

开花下针期植株生长发育快，温度高，叶面蒸腾作用旺盛，是花生一生中需水量最多的时期，此时遇到干旱，必须及时浇水，保持土壤湿润，促进开花结果。如遇到连续降雨，应及时清沟排水，防止茎叶徒长和发生烂果。

3. 叶面施肥

在花生结荚期后期开始，采用0.2%～0.3%磷酸二氢钾和1%～2%尿素水溶液进行叶面喷施，每隔7～10 d喷一次，共喷2～3次，防止叶片早衰。同时，也可喷施0.3%～0.5%硝酸钙，满足花生对钙肥需求。低温寡照天气多时，叶面喷施0.2%硫酸锌水溶液，增加花生抗性。

第六章 病虫草害防控理论与技术

东北早熟花生产区，栽培制度为一年一熟。近年来，随着花生种植面积的不断扩大，种植模式的不断变化，栽培技术的不断革新，农民外引品种数量的增加以及气候变暖的影响，花生病虫草害的发生种类日趋复杂多样，为害日趋严重，已成为威胁花生产业安全的主要因素之一。东北花生产区位于高纬度地区，与国内其他花生产区发生的病虫草害种类不尽相同，防控策略差异较大，明确本地区花生病虫草害种类及为害优势种类，对有效制定防控措施，减少病虫草为害意义重大。

第一节 病虫草害种类调查

一、花生病虫草害调查方法

病虫草害的调查是植物保护研究及病害防治的重要基础性工作，了解病虫草害发生的种类、严重程度和发生规律对农作物安全生产以及病虫草害的防治具有重要意义。病虫草害的调查和监测是防治病害发生的首要任务，其调查研究的方法因病虫草害的种类和调查目的的不同而异，一般应遵循以下原则：明确调查的目的、任务、对象及要求；拟订调查计划，确定调查方法；所获调查资料数据真实，且反映客观规律；了解调查相关的有关情况。根据调查目的及深入程度不同，花生病虫草害调查方法可分为以下3个类别。

一般调查：又称为普遍性调查，是针对某一局部地区花生种植上发生的病害、虫害以及草害发生的种类、分布和严重程度进行的基本情况调查。

重点调查：在一般调查的基础上，将为害范围广、对花生减产严重的病虫草害作为重点调查对象，深入了解其分布、发病率、损失、环境影响和防治效果等。重点调查的次数要多一些，要求对发病率的计算更为准确。

调查研究：在一般调查和重点调查的基础上，针对在病虫草害上发生的某一重点问题进行深入的科学研究。调查研究和试验研究互相配合，逐步提高对一种病害的认识，为病害的防控提供更多的理论基础。

根据病虫草害研究对象的不同，花生病虫草害调查方法还可以分为病害调查、虫害调查以及草害调查。

（一）病害调查方法

花生病害按照病原物的生物学分类主要有真菌类病害、细菌类病害、病毒类病害以及线虫类病害等。病害的传播途径可分为种子传播、土壤传播、风传播以及依靠昆虫传播等。根据病原生物、发病广度以及传播途径的不同，在调查方法上通常有所区别，目前主要的病害调查方法有以下几种。

1. 直接统计法

直接统计法是一种比较简单的方法，通过调查发病田块、植株或器官的数目，计算发病百分率，从而对某一地区的发病情况有所了解。傅俊范等（2013）对辽宁省主要花生产区进行了详细调查，鉴定出辽宁省花生生产的10种主要病害，并确定花生网斑病、褐斑病和疮痂病是辽宁省为害最严重的前3种病害。林秋君等（2017）对辽宁省主要花生产区进行了实地调研，发现辽宁省花生产区的7种主要病害。陈小姝等（2007）针对吉林省主要花生病害的分布范围和为害程度进行了系统调查，得出网斑病和果腐病等11种为害吉林省花生生产的主要病害。

直接统计法具有操作简单、统计效率高和节省时间的特点，但是该方法需要对病害的症状具有详细的了解，能够对田间发病植株的病害类型作出准确的判断才可以使用，对于一些彼此之间病害表型在视觉观察上无法作出准确判断的病害不能使用，容易对病害发生造成误诊的现象。这种方法对于病害发病程度的信息量较少，仅能够得出发病植株的个体数目和百分率，但是无法明确个体单株之间发病程度上的差异，因此这种方法适合对于表型便于区分且仅需要初步明确发病情况的调查。

2. 分级计数法

同一种病害在不同花生植株上发病程度不同，这与病原是否处在适宜发病或病斑扩展的气候条件以及花生品种的抗病性有关。植物保护工作者按照不同花生植株上病症发生的严重程度，将病害划分为不同等级，病害调查时记录每个等级发病的田块数量或者平均发病率（表6-1）。目前东北地区花生病害调查多采用此种评价方式，如周如军等（2016）采用五点取样法，对辽宁省不同产区及不同花生品种的褐斑病进行了调查，得出不同年份之间辽宁省主要花生种植地区褐斑病的发病范围和严重程度。傅俊范等（2013a）对辽宁省主要产区网斑病发生地点和严重程度进行了调查，并得出不同地区主栽品种的发病严重程度。针对吉林省，研究人员采用随机取样、分级计数和实地估测法，对花生苗期病害的发生概况进行了调查，得出不同病害在吉林省发生的为害面积和严重程度（张伟等，2016）。

表6-1　花生疮痂病分级标准　　　　　　　　　　　　（方树民等，2007）

病级	代表值	分级标准
0	0	全株无病
Ⅰ	1	分枝上有少数病斑，叶片能正常展开
Ⅱ	2	分枝上病斑较多，叶片明显皱缩；或某一茎节病斑连成条状
Ⅲ	3	新抽出叶片纵卷，病斑占叶面积1/3左右；或有两个茎节密布愈合
Ⅳ	4	新梢嫩叶畸形卷皱，叶柄扭曲，病斑占叶面积1/2左右；或有3个茎节病斑密布愈合
Ⅴ	5	分枝明显矮化，顶叶枯死或叶缘枯焦，部分叶片脱落；或多数茎节病斑呈木栓化粗糙愈合
Ⅵ	6	分枝枯死

分级计数法不仅可以对花生病害的发病范围进行比较全面的描述，也对不同花生植株的发病程度进行了区分，为花生病害的流行传播研究和花生抗病性育种提供了重要的表型依据。目前不同发病程度植株的等级划分方法已经应用于花生抗病基因的表型鉴定中，并获得了花生叶斑病、黄曲霉以及青枯病等主要病害的抗病基因（朱晓峰等，2017）。

3. 病情指数法

分级计数调查法能够对相同病害侵染后不同发病植株的严重程度进行划分，但不同级别的划分还是基于多个表型观察后的整合，虽然比直接统计法更为细致，但是基于观察的等级划分还是在某些临近等级上区分较为困难，这样容易造成对不同植株发病程度和发病进程的错误判断。因此，植物病理学家根据长期的试验调查和研究，得出用病情指数来更为细致的表示发病程度，即将不同等级的病害程度用发病程度的连续性数值来代替，具体公式如下：

$$病情指数 = \frac{各级病株（叶）数 \times 发病级别之和}{调查总株（叶）数 \times 最高级别} \times 100\%$$

病情指数在病害调查中应用最为广泛，目前在东北地区的主要病害调查中均采用病情指数来代表发病严重程度，如花生网斑病、褐斑病、疮痂病和白绢病等（傅俊范等，2013；周如军等，2014；赵杰锋，2017；晏立英等，2017）。随着植物病理学家的深入研究，基于病情指数的计算方法通过不断的改进已经衍生出应用于病害调查更加细化的病情指数计算方法，用于计算病害的发生模型和高通量的作物发病诊断（蒋金豹等，2007；李建强等，1999；阙友雄等，2008）。

（二）虫害调查方法

花生虫害指的是有害的昆虫对花生生长造成的伤害，相比于花生病害，在致病因素、发生症状、发生分布和传播途径上均存在差异。在致病因素上，病害是由致病因子导致的，而虫害是由动物伤害造成的；在发病症状方面，病害根据真菌、细菌和病毒等微生物对花生植株进行微观的侵染，具有不同的分泌物，在植株症状上表现为水浸、萎蔫、颜色改变、腐烂或出现脓状物等，而虫害主要表现为物理伤害，表现为叶片和荚果等器官的啃食，叶片发黄卷曲等症状。东北地区虫害按照对花生为害方式的不同主要分为刺吸式口器害虫（蚜虫和叶螨等）、地下害虫（蛴螬、蝼蛄、金针虫、地老虎等）和食叶害虫（棉铃虫、甜菜夜蛾、斜纹夜蛾、银纹夜蛾等）。

由于昆虫具有移动性且活动范围广，花生虫害在田间存在一定跳跃性，因此在调查方法上与病害调查存在一定差异，调查范围较病害调查更广，调查样点需要更加注意代表性。根据调查的深入程度，虫害调查分为普通调查和详细调查。

1. 普通调查

普通调查，又称为概括调查，一般是在花生田间设置好主要调查路线，选择具有代表性的样点，分别调查田间发生虫害的植株，采集害虫代表性样品进行统计分析。虫害按照为害程度分为不同的等级，如食叶害虫以花生枝被害1/3以下为轻，1/3～2/3为中等，2/3以上为严重；蚜虫类感染株数在5%以下为轻微，5%～10%为中等，10%以上为严重，并需注明被为害花生植株的分布状况。对于发生为害的植株进行调查，要记载虫害发生的分布状态，如单株、成团、成片（0.25～0.5hm²）、大片（0.5hm²以上），此外还应记录为害植株的数量和分布状况。相对于地下害虫，普通调查主要是了解花生地下害虫的种类和分布情况，可结合农艺性状、土壤调查进行，利用土壤调查研究挖剖面作为调查坑，注意害虫种类和栖居深度，以便详查时确定样坑深度。普通调查要准确记载以下因子：调查日期、调查地点、田间情况、调查总面积、被害面积、害虫种类等。

2. 详细调查

详细调查也称为准确调查，是在普通调查的基础上，为进一步了解害虫发生和为害的详细情况而进行的调查。一般是在害虫发源地上选择有代表性的地段，分别对食叶、刺吸式口器害虫和地下害虫设立标本田块进行。标准地面积一般为0.25hm²。不同调查目的，可在不同花生田中设标准地，如为了解害虫造成的损失，可在有代表性的地区设立；若了解地形和海拔高度等因素与害虫发生的关系，可同样按照调查目的而加以选设。根据主要目标害虫类型的不同，采用不同的调查准则。

（1）食叶害虫调查。食叶害虫调查除记载田间概况外，着重对主要害虫虫期、虫口密度和为害情况进行调查。花生田间各虫期密度调查可于标准地内选择标准植株30~50株进行调查。虫害发生不严重时，可采用全株调查；当虫口较密，发生严重的虫害，可以分别针对植株的代表性部位进行调查，如植株上部、中部和下部。花生植株上茧和卵的调查，除直接统计外，必要时还可分段取样统计。落叶层和表土层中越冬幼虫和蛹的虫口密度调查，可在标准田块植株下，统计20cm深度内主要害虫虫口密度。调查要准确记载以下因子：调查日期、调查地点、标准地号、田间概况、害虫种类及调查中主要虫态、害虫数量以及害虫虫卵分布等。

（2）刺吸式口器害虫调查。此类害虫特点是体积小，在植株上分布密度大，数量多不容易统计，这种类型的害虫可以统计发病植株个数，或者采取代表性植株作为样品，取回进行统计。划分标准地块，详细统计健康株数和被害株数，并在被害株数中选取5~10株统计健康植株和为害植株数目，准确记载以下因子：调查时间、调查地点、标准地号、简单调查因子、调查株数、被害株数、害虫主要种类、虫害发生部位、发生时间和植株上的分布。

（3）地下害虫调查。主要是调查蛴螬、地老虎等根部害虫。通常在每公顷造林地面积上挖取样坑15个，苗圃地挖取样坑30个，样坑大小一般为1m×1m的范围，深度则按调查所了解到的害虫栖居浓度而定。样坑选设在有代表性的地段，在不同坡度、坡向上按对角线或棋盘式平均分布。调查时记载地面植物种类、覆盖度，然后每10~20cm分层取土捣碎，仔细检查主要害虫种类及数量，并记载各层土壤的酸碱度以及土壤机械组成等。

（三）草害调查方法

农田草害一直是阻碍花生生产的重要因素，田间杂草不但能直接影响花生的产量和品质，同时还是许多病虫害的中间宿主和寄主（王忠武，2006），田间杂草的防治一直是保证花生生产的重要任务。近年来，东北花生产区受生产方式改变、耕作制度调整以及除草剂选择等诸多因素的影响，田间杂草种类和草害发生强度逐年增加（董海，2011）。因此针对草害种类和分布的调查对检测草害动态以及花生安全生产至关重要。花生草害的调查方法主要有样方计数法和七级目测法两种方式。

1. 样方计数法

针对草害发生的严重时期，选择具有代表性的地区，面积要求大于1亩的10块田地，采用"Z"形或者"W"形进行取样调查，每个点调查$0.25m^2$，进一步记录样方中所有杂草的种类和数量。

计算方法：对样方取样数据进行处理时，运用平均密度、相对频度和相对多度3个参数计算。平均密度＝（全部样方的某一物种数）/样方全部面积，频度＝某一物种在调查样方内出现的频率，相对频度＝频度/总频度（各物种频度之和），相对多度＝每一物种数（全部样方中）/全部样方总物种数。

2. 七级目测法

对样方计数法进行调查的田块，同时采用7级目测法进行调查，每块田为单位样方，由10个单位样方构成1个样点，以杂草的相对高度、相对盖度和多度为综合指标，记录每块麦田中所有杂草的种类及其优势度级数，并记录麦田的地形地貌、土壤类型、耕作制度及除草剂的使用情况。

计算方法：用如下公式处理各样点每种杂草的优势度级数，将其转化成杂草综合草情指数，根据综合草情指数和发生频率的大小，确定杂草群落的优势种和主要为害性杂草。

综合草害指数＝∑（该优势度级出现的样方数×该优势度级代表值）/（调查的总样方数×最高为害级数）（T级赋值0.5，0级赋值0.1）。

（四）病虫草害调查取样方法

花生病害调查的取样对病害调查至关重要，样品量的多少、分布及是否具有代表性决定着调查的准确性，取样应该遵循可靠且可行的原则。

1. 取样数目

样本的数目要看病虫草害的性质和环境条件，取样不一定要太多，但一定要有代表性。一般来讲发病程度较为复杂、分布较广，为害程度相差较大或调查的目标病害、虫害或草害较多时，取样的数目应尽量大些；相反，病害毒力变异范围较稳定，病害分布较为集中，病害程度较为一致，调查的目标病害种类较少的病害样品量可以少些。

2. 取样方法

病虫田间调查常用取样方法如下。

（1）5点取样法。适用于密集的或成行的植株、病害分布为随机分布的种群，可按一定面积、一定长度或一定植株数量选取5个样点。此法适宜于分布均匀病害的调查，尽量做到随机取样，调查数目占总体的5%左右。

（2）对角线取样法。适用于密集或成行的植株，病虫害分布为随机分布的种群，有单对角线和双对角线两种。适用于条件基本相同的近方形地块的病害调查。样点定在对角线上取5～9个点调查，调查数目不低于总数的5%。

（3）棋盘式取样法。适用于密集的或成行的植株，病害分布为随机或核心分布的病原类型。

（4）平行跳跃式取样法。此法适宜于分布不均的病害，间隔一定行数进行取样调查。

（5）"Z"字形取样。此法适于狭长地形或复杂梯田式地块病害的调查，按"Z"字形或螺旋式进行调查。

3. 样本类别

样本可以是整株花生，也可以是一部分花生的组织器官，根据病害种类可以有针对性地确定采样类别，样品单位的选择应该做到简单且能够正确反应发病情况和采样目的，如叶部病害以叶片为主，果腐病以果为主，对病原物分离鉴定需要采集病健交接处，反应病害严重程度则采集发病严重的植株等。

4. 取样时间

调查取样应选取合适的时期，且事先初步了解病害的发生规律。采样地点的气候条件以及土壤条件，选择病害发病最为严重的时期进行取样。

二、东北花生病虫草害种类

近年来植物保护工作者对东北花生产区的田间病害、虫害以及杂草种类进行了较为详细的调查，初步探明了东北花生产区的主要病虫草害类型、分布以及为害程度。

（一）东北花生产区病害种类

吉林省和辽宁省是东北主要的花生产区，近年来科研工作者对两省的病害种类、主要发病地区、为害程度和为害特点等方面分别进行了调查。吉林省花生的主要病害有11种，为害严重的主要病害有网斑病和荚果腐烂病、黑斑病和褐斑病（表6-2）。辽宁省花生的主要病害有14种，其中网斑病、褐斑病和疮痂病为害最重（表6-3）。两省的病害种类比较接近，均主要以叶部病害为主，如褐斑病、网斑病和疮痂病等，而从发病程度来看两省发病程度最大的两种病害均为黑斑病和褐斑病。

表6-2　2011—2015年吉林省花生病害调查结果　　　　（陈小姝等，2017）

序号	病害名称	病原拉丁名	主要为害部位	连续5年主要发生地区	连续5年发生程度
1	立枯病	*Rhizoctonia solani* Kuhn	种子、茎、根部	扶余、前郭、洮北、双辽、梨树	＋
2	黑斑病	*Phaeoisariopsis personata*（Berk. & Curt.）V. Arx.	叶片、叶柄、茎、荚果	扶余、前郭、洮北、双辽、梨树	＋＋（2011、2012、2014）＋＋＋（2013、2015）

（续表）

序号	病害名称	病原拉丁名	主要为害部位	连续5年主要发生地区	连续5年发生程度
3	褐斑病	*Cercospora arachidicola* Hori	叶片、叶柄、茎	扶余、前郭、洮北、双辽、梨树	++（2011、2012、2014） +++（2013、2015）
4	网斑病	*Phoma arachidicola* Marasas Pauer & Boerema	叶片、叶柄、茎	扶余、前郭、洮北、双辽、梨树	++（2011） +++（2013） ++++（2012、2014、2015）
5	焦斑病	*Leptosphaerulina crassiasca*（Sechet）Jackson & Bell	叶片	扶余、前郭、洮北、双辽、梨树	+
6	锈病	*Puccinia arachidis* Spegazzini	叶片、叶柄、茎、果柄、果壳	扶余、前郭、洮北、双辽、梨树	+
7	茎腐病	*Diplodia gossypina*（Cke）McGuire & Cooper	子叶、根、茎	扶余、前郭、洮北、双辽、梨树	+（2011、2013、2015） ++（2012、2014）
8	疮痂病	*Sphaceloma arachidis* Bitancourt & Jenkins	叶片、叶柄、茎	双辽 （2013—2015）	+
9	条纹病毒病	Peanut stripe virus，PStV	叶片	扶余、前郭、洮北、双辽、梨树	+
10	根结线虫病	*Meloidogyne arenaria*（Neal Chitwood）	根、果针、荚果	扶余、前郭、洮北、双辽、梨树	++
11	荚果腐烂病	*Pythium myriotylum* Dreschler	荚果	扶余、前郭、洮北、双辽、梨树	++（2011） +++（2012、2013） ++++（2014、2015）

表6-3　辽宁省花生病害种类调查结果 （王熙等，2016）

序号	病害名称	拉丁学名	为害部位	主要分布地区	为害程度
1	网斑病	*Phoma arachidicola*	叶片、茎秆	沈阳、阜新、锦州、葫芦岛、铁岭	++++
2	褐斑病	*Cercospora arachidicola*	叶片、茎秆、荚果	铁岭、沈阳、锦州、阜新	++++
3	花生焦斑病	*Leptosphaeru linacrassiasca*	叶片	沈阳、阜新、锦州、葫芦岛、昌图	++
4	花生疮痂病	*Sphaceloma arachidis*	叶片、茎秆	阜新、锦州、葫芦岛	++++

（续表）

序号	病害名称	拉丁学名	为害部位	主要分布地区	为害程度
5	花生黑斑病	*Cercosporium personatum* Deighton	叶片、茎秆	沈阳、锦州、阜新	+
6	花生纹枯病	*Rhizoctonia solani* Kuhn	叶片、茎秆、果针	沈阳	+
7	花生白绢病	*Sclerotium rolfsii* Sacc	茎基部、根、荚果	葫芦岛	+
8	花生菌核病	*Rhizoctonia solani* Kuhn	茎基部、根、荚果	沈阳	+
9	花生灰霉病	*Botrytis cinerea* Fries	叶片、托叶、茎	葫芦岛、沈阳	+
10	花生灰斑病	*Phyllosticta arachidishypogaea* Vasant	叶片	沈阳	+
11	花生冠腐病	*Aspergillus niger* Van Tiegh	茎基部、根、荚果	阜新	++
12	花生条纹病毒病	PStVS	叶片	沈阳、阜新	+++
13	花生黄花叶病毒病	CMV-CA	叶片	阜新、沈阳、锦州、葫芦岛	++
14	花生镰孢菌根腐病	*Fusarium solani*（Mart.）App.et Wr.	根、茎、果实	葫芦岛、沈阳	++

（二）东北花生产区虫害种类

吉林省花生的主要虫害有13种，其中地下害虫、花生蚜和双斑长跗萤叶甲发生较重（表6-4）。辽宁省花生的主要虫害有10种，为害较严重的为蛴螬和双斑萤叶甲，大灰象甲和斜纹叶蛾也有严重发生的趋势（表6-5）。与病害相比，两省在虫害上存在较大差异，仅棉铃虫和甜菜夜蛾在两省均有发生。

表6-4 2011—2015年吉林省花生虫害调查结果 （陈小姝等，2017）

序号	害虫名称	拉丁学名	主要为害部位	连续5年主要发生地区	连续5年发生程度
1	蚜虫	*Aphis craccivora* Koch	幼茎、叶片、花萼管、果针	扶余、前郭、洮北、双辽、梨树	+（2011—2013、2015）++（2014）

（续表）

序号	害虫名称	拉丁学名	主要为害部位	连续5年主要发生地区	连续5年发生程度
2	斜纹夜蛾	*Spodoptera litura* Fabricius	叶、花及果实	扶余、前郭、洮北、双辽、梨树	+（2011） ++（2013、2014） +++（2015）
3	甜菜夜蛾	*Spodoptera exigua* Hubner	叶片、花	扶余、前郭、洮北、双辽、梨树	+（2011、2012、2014） ++（2013、2015）
4	小造桥虫	*Anomis flava* Fabricius	叶片、花	扶余、前郭、洮北、双辽、梨树	+
5	双斑萤叶甲	*Monolepta hieroglyphica* Motschulsky	叶片	扶余、前郭、洮北、双辽、梨树	++（2011） +++（2012） ++++（2013—2015）
6	大灰象甲	*Sympiezomias velatus* Chevrolat	叶片、幼茎	扶余、前郭、洮北、双辽、梨树	+（2011、2012） +++（2013—2015）
7	蛴螬	*Holotrichia diomphalia* Bates	种子、根、茎、幼苗、荚果	扶余、前郭、洮北、双辽、梨树	++（2011） +++（2012、2013） ++++（2014、2015）
8	细胸金针虫	*Agriotes subvittatus* Motschulsky	种子、根、茎、荚果	扶余、前郭、洮北、双辽、梨树	+
9	小地老虎	*Agrotis ypsilon* Rottemburg	幼茎、幼根	扶余、前郭、洮北、双辽、梨树	+
10	华北蝼蛄	*Gryllotalpa unispina* Saussure	根系、荚果	扶余、前郭、洮北、双辽、梨树	+

表6-5 辽宁省花生虫害种类调查结果 　　　　　　　　　（王熙，2016）

序号	害虫名称	拉丁学名	主要为害部位	主要分布地区
1	华北蝼蛄	*Gryllotalpa unispina*	根	沈阳、阜新、铁岭、锦州、葫芦岛
2	短额负蝗	*Alractomor pha sinensis* Bol var	叶片	沈阳、阜新、铁岭、锦州、葫芦岛
3	中华蚱蜢	*Acrida cinerea*	叶片	沈阳、阜新、铁岭、锦州、葫芦岛
4	中华稻蝗	*Oxya chinensis*	叶片	沈阳、阜新、铁岭、锦州、葫芦岛

（续表）

序号	害虫名称	拉丁学名	主要为害部位	主要分布地区
5	蚜虫	*Aphis medicaginis* Koch	嫩芽、嫩叶、花柄	沈阳、阜新、铁岭、锦州、葫芦岛
6	棉铃虫	*Helicoverpa armigera* Hubner	幼叶	沈阳、阜新、铁岭、锦州、葫芦岛
7	暗黑鳃金龟	*Holotrichia parallela* Motschulsky	果柄、嫩果	沈阳、阜新、铁岭、锦州、葫芦岛
8	云斑鳃金龟	*Polyphylla laticollis* Lewis	根、茎	沈阳、阜新、铁岭、锦州、葫芦岛
9	大造桥虫	*Ascotis selenaria* Schiffermüller et Denis	子叶、嫩叶、嫩茎、根	沈阳、阜新、铁岭、锦州、葫芦岛
10	铜绿异丽金龟	*Anomala corpulenta* Motschulsk	根、茎、叶	沈阳、阜新、铁岭、锦州、葫芦岛
11	沙潜	*Opatrum subaratum* Faldermann	根	沈阳、阜新、铁岭、锦州、葫芦岛
12	双斑长跗萤叶甲	*Monolepta hieroglyphica*	叶	沈阳、阜新、铁岭、锦州、葫芦岛
13	甜菜叶蛾	*Spodoptera exigua*	嫩叶、茎、根	沈阳、阜新、铁岭、锦州、葫芦岛

（三）东北花生产区田间杂草种类

吉林省花生的主要草害有15种，以禾本科杂草为主，其次为苋科、藜科、菊科等（表6-6）。辽宁省为害花生的主要草害共有10余种，分属10余科，以禾本科杂草为主，其发生量占花生田杂草总量的60%以上；其次为菊科、苋科、藜科、大戟科杂草和苘麻、马齿苋等，均为一年生草本。具体草害名称、为害部位、为害程度等见表6-7。

表6-6　2011—2015年吉林省花生草害调查结果　　　　（高华援等，2016）

序号	杂草名称	拉丁学名	连续5年主要发生地区	连续5年发生程度
1	稗草	*Echinochloa crusgalli*（L.）Beauv.	扶余、前郭、洮北、双辽、梨树	++（2011—2013）+++（2014、2015）
2	马唐	*Digitaria sanguinalis*（L.）Scop	扶余、前郭、洮北、双辽、梨树	++

（续表）

序号	杂草名称	拉丁学名	连续5年主要发生地区	连续5年发生程度
3	狗尾草	*Setaria viridis*（L.）Beauv.	扶余、前郭、洮北、双辽、梨树	++
4	苍耳	*Xanthium sibiricum* Patrin ex Widder	扶余、前郭、洮北、双辽、梨树	++
5	小蓟	*Cirsium setosum*（Willd.）MB.	扶余、前郭、洮北、双辽、梨树	++
6	凹头苋	*Amaranthus lividus* L.	扶余、前郭、洮北、双辽、梨树	++
7	藜	*Chenopodium album* L.	扶余、前郭、洮北、双辽、梨树	++
8	铁苋菜	*Acalypha australis* L.	扶余、前郭、洮北、双辽、梨树	++++
9	苘麻	*Abutilon theophrasti* Medicus	扶余、前郭、洮北、双辽、梨树	++
10	马齿苋	*Portulaca oleracea* L.	扶余、前郭、洮北、双辽、梨树	++

表6-7　辽宁省花生草害种类调查结果　　　　　　　　　　　　（王熙，2016）

序号	杂草名称	拉丁学名	主要为害时期	主要分布地区	为害程度
1	稗草	*Echinochloa crusgalli*	花生整个生育期	沈阳、阜新、铁岭、锦州、葫芦岛	++++
2	狗尾草	*Setaria viridis*	花生整个生育期	沈阳、阜新、铁岭、锦州、葫芦岛	+++
3	反枝苋	*Amaranthus retroflexus*	花生整个生育期	沈阳、阜新、铁岭、锦州、葫芦岛	++
4	马齿苋	*Portulaca oleracea*	花生整个生育期	沈阳、阜新、铁岭、锦州、葫芦岛	+
5	打碗花	*Calystegia hederecea* Wall	花生整个生育期	沈阳、阜新、铁岭、锦州、葫芦岛	+++
6	田旋花	*Convolvulus arvensis* L.	花生整个生育期	沈阳、阜新、铁岭、锦州、葫芦岛	++
7	牛繁缕	*Malachium aquaticum*（L.）Fries ［*Stellaria aquatica*（L.）Sop.］	花生整个生育期	沈阳、阜新、铁岭、锦州、葫芦岛	+

（续表）

序号	杂草名称	拉丁学名	主要为害时期	主要分布地区	为害程度
8	刺菜	*Cirsium setosum*	花生整个生育期	沈阳、阜新、铁岭、锦州、葫芦岛	++++
9	酸模叶蓼	*Polygonum lapathifolium* L.	花生整个生育期	沈阳、阜新、铁岭、锦州、葫芦岛	+
10	苘麻	*Abutilon theophrasti*	花生整个生育期	沈阳、阜新、铁岭、锦州、葫芦岛	++++
11	鸭跖草	*Commelina communis*	花生整个生育期	沈阳、阜新、铁岭、锦州、葫芦岛	++++
12	龙葵	*Solanum nigrum* L.	花生整个生育期	沈阳、阜新、铁岭、锦州、葫芦岛	+
13	苣荬菜	*Sonchus brachyotus* DC.	花生整个生育期	沈阳、阜新、铁岭、锦州、葫芦岛	++
14	苍耳	*Xanthium sibiricum* Patrin ex widder	花生整个生育期	沈阳、阜新、铁岭、锦州、葫芦岛	+
15	藜	*Chenopodium album*	花生整个生育期	沈阳、阜新、铁岭、锦州、葫芦岛	++

第二节　病害防控技术

一、花生主要病害农业防治技术

农业栽培措施是花生病害防治的有效手段，目前在花生的多个病害防治方面取得了一定成效。根据病害的发病规律，采用正确的栽培措施，加强农田管理，对一些病害的发生具有重要作用。如花生白绢病易于在高温潮湿的条件下发病，因此在夏季温度较高的花生产区应注意田间水分，雨水大的时期注意田间排水；花生果腐病易发生于多年重茬种植的地块，若结荚期雨水较多发病更加严重，该病主要是腐霉菌真菌土传病菌的感染，其次是土壤缺钙，应在生产上采用异地换种的方法，降低病害的发生，并进行轮作倒茬和平衡施肥，适量增施氮、磷、钾、钙肥，对花生生长及抗病性均有提高；花生病毒病的发生经常通过蚜虫的传播导致，采用银灰色地膜对趋避蚜虫具有一定的作用（侯素美，2021）。一些病害容易通过田间的病残体传播，一旦发现发病植株应该立即拔除。不同的花生病害都存在一定的寄主范围，许多病害无法在禾本科作物上进行侵染，因此可以采用玉米和花生两年以上轮作的方式来改善花生田间病害，减少病害与宿主的侵染概率。因此，需要了解不同花生病害的发生、传播和侵染规律，采用正确有效的农业栽培措施，能够有效地降低田间花生病害的发生。

二、花生病害化学防治技术

化学防控是防治花生病害的最主要手段，目前针对不同类型的病害，植物保护工作者制定了不同的农药用量和用药时期。针对不同的病害合理选择正确的用药时期和浓度是保证花生病害防治和确保花生安全生产的重要环节。褐斑病发生较早，约在初花期即开始在田间出现；黑斑病发生较晚，大多在盛花期才在田间开始出现；花生网斑病则是一种针对花生发作的真菌性病害，主要为害花生的叶片和茎部。造成花生叶部病害发生及流行的主要因素与花生生长不同阶段的降水量、田间湿度和气象温度有直接关系（李绍伟等，2002）。生产上3种病害往往交替混合发生于同一植株甚至同一叶片上，至收获前20d达到高峰，造成叶片大量脱落，籽粒不饱满，一般减产20%左右，发病严重时可减产40%以上，并严重影响花生品质。

根据叶部病害的侵染循环规律，控制初侵染源和再侵染源是化学防控的主要依据。使用不同杀菌剂对叶部病害均有一定防治效果，但防治效果大小各异（表6-8），且不同的施用次数对叶部病害的防治效果也不尽相同（杨富军等，2015）。对花生的土壤类病害可以采用种子包衣剂等方式，拌种前可将种子先浸湿，土壤真菌类病害可以使用40%三唑多菌灵或45%三唑酮福美双可湿性粉剂按种子质量的0.3%拌种，密封24h后播种。

表6-8　不同杀菌剂处理的叶斑病防治效果　　　　　　（杨富军等，2015）

杀菌剂	有效成分	每公顷施用剂量	药前病指	第一次喷药后		第二次喷药后		第三次喷药后		第四次喷药后		药害等级
				药后病指	防治效果	药后病指	防治效果	药后病指	防治效果	药后病指	防治效果	
凯润	250g/L吡唑醚菌酯	300.0mL	0.30	0.37	89.92	0.89	79.34	1.10	78.88	1.93	73.22	—
百泰	60%唑醚·代森联	750.0mL	0.38	0.38	91.54	0.49	90.81	0.85	88.62	1.38	86.76	—
欧博	125g/L氟环唑	187.5mL	0.55	0.71	87.74	2.49	68.09	3.14	64.19	7.64	42.54	—

（续表）

杀菌剂	有效成分	每公顷施用剂量	药前病指	第一次喷药后		第二次喷药后		第三次喷药后		第四次喷药后		药害等级
				药后病指	防治效果	药后病指	防治效果	药后病指	防治效果	药后病指	防治效果	
阿米妙收	325g/L嘧菌酯·苯醚甲	187.5mL	0.59	0.60	90.95	2.33	72.75	3.04	69.31	4.65	69.71	-
世隆	300g/L苯甲·丙环唑	187.5mL	0.51	0.64	86.51	2.70	63.63	3.58	57.43	6.28	50.07	+
福星	400g/L氟硅唑	75.0mL	0.51	0.69	85.80	3.03	59.95	4.50	47.29	7.94	37.36	-
可杀得	46%氢氧化铜	187.5g	0.51	0.50	81.90	3.64	50.21	5.77	28.89	9.89	19.22	-
领库	430g/L戊唑醇	100.5mL	0.63	0.75	87.10	3.12	66.30	6.43	38.64	9.76	36.98	-
外尔	32%丙环·嘧菌酯	375.0mL	0.42	0.43	90.43	1.39	77.61	2.07	70.11	3.75	63.49	-
代森锰锌	70%代森锰锌	750.0g	0.51	0.58	85.81	2.11	71.15	5.08	37.55	7.73	36.83	-
卫福	400g/L（萎锈灵200g/L+福美双200g/L）	375.0mL	0.65	0.90	81.12	3.40	64.87	6.32	43.12	10.57	34.94	+
赞米尔	400g/L戊唑·咪酰胺	187.5mL	0.38	0.73	89.03	2.16	63.02	4.06	38.95	5.66	40.21	-
多菌灵	50%多菌灵	1 500.0g	0.57	0.74	83.02	2.67	67.57	5.58	39.79	8.70	37.49	-
清水			0.51	6.33		7.30		8.15		12.22		-

三、选用抗病性品种

选用抗病品种防治病害是目前对花生最安全且利于生态环境的方法。目前我国研究人员针对花生资源抗病性已经进行了广泛的筛选，为花生的抗病遗传改良奠定了基础。姜慧芳等（1998）针对5 700份花生种质资源进行了多个农艺性状及抗病性的筛选，筛选出高抗锈病种质92份，高抗早斑病种质77份，高抗晚斑病种质53份，高抗根结线虫资源 3 份，高抗青枯病资源102份，抗锈病兼抗早斑病资源58份，抗锈病兼抗晚斑病资源49份，抗锈病兼抗早、晚斑病资源45份，抗青枯病兼抗根结线虫资源2

份，抗青枯病兼抗锈病资源1份。傅俊范等（2015）采用东北地区分离出的褐斑病和网斑病分离物对辽宁省花生主栽品种进行了抗病性筛选，获得了能够抵御辽宁省病害致病类型的品种资源。但整体而言，东北地区开展的抗病性鉴定评价工作相比于其他花生产区偏少，应针对东北地区花生病害致病类型，广泛搜集花生资源进行抗病性鉴定筛选，为花生抗病性育种和病害防治提供材料。

四、花生病害综合防治技术

在花生病害防治过程中，仅通过某一方面的措施很难有效控制病害，因此对于花生病害的防治应该实施预防为主，综合防治的策略。综合防治的策略即在了解花生病害发病规律和生物学特性的基础上，整合栽培措施、化学药剂和抗病品种等方法防治病害。如花生果腐病，在多年重茬种植的地块结荚期遇到雨水较多的年份，发病会更加严重，染病地块轻则减产20%，重则减产50%以上（李术臣等，2010）。近年来，随着大量外地调种，该病害在吉林省花生产区频繁发生，呈现蔓延趋势，已对花生产量和品质构成严重威胁，但发病原因尚不明确。王传堂等（2010）通过果腐病病原分子诊断，认为镰刀菌极有可能是花生果腐病的主要病原。李术臣等（2011）认为花生果腐病是由茄镰刀菌和群结腐酶复合侵染引起。Sun等（2012）则认为是侵脉新赤壳菌侵染所致。花生果腐病是世界范围内普遍发生的土传病害，为害严重，难于治理，对花生果腐病的防治，主要是采用种植抗性品种、实行起垄地膜覆盖种植、强化排涝降渍、及时防治田鼠和适时收获等农业措施。生产上多采用种衣剂拌种，发病前期药剂灌根和淋喷，减轻其为害，但效果有限。可以使用生物菌剂，通过有益微生物定植、繁衍来遏制病原菌种群扩大，进行防治。建议生产上尽量选择抗病效果较好的花生品种。

第三节　虫害防控技术

以"预防为主，综合防治"为方针，理化诱控技术为重点，科学用药为保障，有效控制花生虫害。

一、理化诱控技术

主要是利用害虫的一些生活习性对其进行防治。杀虫灯是利用害虫的趋光性，在害虫盛发期傍晚开灯诱捕金龟子、地老虎和蝼蛄等地下害虫（曹欢欢等，2006）。色板诱集是利用害虫趋色性，田间挂置害虫偏好颜色的粘虫板以诱集害虫（张纯胄和杨捷，2007）。光脉冲干扰技术是利用光脉冲抑制害虫的正常发育，以达到防虫目的（张纯胄和杨捷，2007）。有色材料避虫是利用害虫对一些有色材料的忌避性来防治害虫（杨菁，2003）。糖醋液诱杀是利用地下害虫对糖醋液的趋化性进行诱杀（陈建明等，2004）。人工捕杀是利用地下害虫成虫的假死性进行人工捕捉（王光全和孟庆杰，2004）。

此外，还可以利用昆虫信息素和引诱剂对害虫进行诱杀，具有高效、无毒、无污染、不伤天敌等优点。鞠倩等（2010）以寄主植物榆树叶提取液为核心，制备金龟甲类害虫的食诱剂诱芯，在金龟甲越冬成虫羽化活动时即开始使用，将诱芯悬挂在金龟甲诱捕器下方收集袋内，金龟甲诱捕器下方收集袋距离地面高度为2m，从18：30至翌日凌晨，置于花生田间，每个诱捕器间隔60m，单日可引诱金龟甲雌雄虫最高达133头，且对雌雄成虫均引诱效果显著，诱到的金龟甲成虫雌雄比例（1∶1.05）符合其自然种群的性比（图6-1、图6-2）。徐斌艳等（2018）应用生物食诱剂对花生田棉铃虫进行防治。使用食诱剂诱捕器和食诱剂茎叶滴洒对雄虫和雌虫均有诱杀效果。

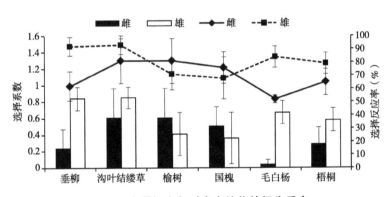

图6-1　大黑鳃金龟对寄主植物的行为反应

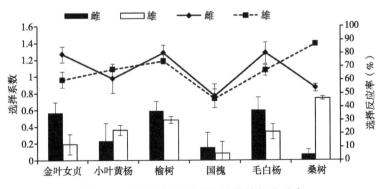

图6-2　暗黑鳃金龟对寄主植物的行为反应

二、科学用药防治技术

目前对害虫的防治仍以化学防治为主，高毒农药在生产上占很大比例，不仅污染环境，而且危害人、畜，长期使用也容易使害虫产生抗药性问题（刘小民等，2010）。科学的使用低毒、低残留的新型高效杀虫剂更有利于花生品质的提高。

（一）新型杀虫剂

目前新型杀虫剂主要以神经毒性杀虫剂和昆虫生长调节剂为主，神经毒性杀虫剂分为新烟碱类杀虫剂（如噻虫啉、噻虫嗪等）、多杀菌素（对鳞翅目害虫有特效）、埃玛菌素、粉蝶霉素、吡唑类杀虫剂、Bifenazate、茚虫威（对鳞翅目害虫有特效）、吡蚜酮等；昆虫生长调节剂是专一性地干扰昆虫的某一生长和发育阶段，包括保幼激素类似物、蜕皮激素以及那些在昆虫蜕皮期干扰新表皮合成的化合物，如几丁质合成抑制剂、二苯甲酰肼类杀虫剂等（黄剑和吴文君，2004）。

李晓等（2013）首次使用苏云金杆菌工程菌株3A-SU4灌根防治暗黑齿爪鳃金龟幼虫，防虫效果和保果效果分别为53.9%和31.2%，与6%毒辛颗粒剂和5%二嗪磷颗粒剂药效相当。同时，各药剂在花生荚果中的残留量均低于日本肯定列表和中国限量要求。王磊等（2011）研究了几种新型低毒杀虫剂对花生田主要地上害虫蚜虫和棉铃虫的防治效果，并且筛选出了适宜生产使用并且低毒的组合。

（二）杀虫剂混配种衣剂

不同种类农药混配存在增效或增毒作用，即混合药剂对同一种生物的毒力比各单剂的毒力之和大，这种增效作用往往随配比的改变而变化（陈立等，2000）。植物生长调节剂与杀虫剂混配，能显著提高其药效，并延缓抗药性出现，且能够通过调节作物生长来抵御药剂过量或高毒产生的药害，弥补因此造成的损失。实际生产上多数混配发生药害的原因是农民为了操作方便，在不确定是否合理的情况下，随意将植物生长调节剂与化肥、杀虫剂、杀菌剂等混用，以期一喷多效，但往往会因混合不当出现药害。

选用适宜浓度的杀虫剂混配种衣剂具有良好的安全性、防虫效果和增产效果，且两者复配经济、简单、易操作。杨富军等（2016）选择适宜浓度的赤霉素和氯虫苯甲酰胺复配，发现混配处理的出苗率均高于氯虫苯甲酰胺800倍液单剂。氯虫苯甲酰胺高效广谱，与适宜浓度的赤霉素混配后无药害不良效果产生，且防治效果增强，但当赤霉素浓度过低或过高时，防治效果则明显降低。

（三）种衣剂

种衣剂是应用防治作物地下害虫、土传病害、调节植物生产的种子处理剂，通过拌种的方法形成种子包衣，在土壤中遇水膨胀透气而不被溶解。具有药力集中、利用率高、对大气和土壤无污染、不伤天敌等特点。现有花生种子包衣剂种类繁多，每年因包衣剂使用不当造成药害的情况时有发生，科学地使用花生种衣剂有利于花生种子的发芽及病虫害的防控。

东北花生产区多年连作现象严重，花生根腐病、果腐病及蛴螬等病虫害的发生和为害逐年加重，严重影响了花生的产量和品质。花生种子包衣处理对花生具有多种功效，一方面能有效地防治苗期病虫害，死苗率和缺穴率；另一方面还能提高花生出苗率，促进植株生长和根系发育，而且具有明显的增产作用。可以根据花生田病虫害发生情况，有针对性选择1～2种种衣剂，按规定浓度配制好药液，对花生种子进行播前拌种或包衣。

第四节　草害防控技术

花生草害是指在花生田内与花生共同生长的杂草所造成的花生产量降低和品质下降。我国花生田杂草种类繁多，数量较大，发生普遍，与花生争光、争肥、争水，直接影响花生的产量和品质。杂草在花生整个生育期均发生为害，北方春播花生田一般有两个出草高峰，第一个高峰在播后10～15d，出草量占总草量的50%以上，是出草的主高峰；第二个高峰较小，在播后35～50d，出草量占总草量的30%左右（李儒海和褚世海，2015）。杂草还是病虫害的寄主，可以助长病虫害的发生蔓延。为有效地控制杂草为害，就要了解杂草的种类及发生为害的特点，准确把握防治适期，科学防治，才能收到良好的防除效果。

一、花生播后苗前土壤处理

在花生播种后将除草剂均匀地喷洒到土壤上形成一定厚度的药层，被杂草种子的幼芽、幼苗及其根系接触吸收后起到杀草作用。选择土壤处理的除草剂时，既要考虑除草剂对花生的安全性，又要考虑其持效期长短，对后茬作物是否有药害。覆膜栽培的花生田一般采用土壤处理剂，当花生播种后，接着喷除草剂，然后立即覆膜。没有覆膜栽培的花生田，花生播种后，花生尚未出土，杂草萌动前处理即可。盐碱地、风沙干旱地、有机质含量低于2%的沙壤土、土壤特别干旱或水涝地最好不使用土壤处理，应采取苗后茎叶处理；要慎用普施特、氯嘧磺隆等长残效除草剂，后茬不能种植敏感作物（万书波，2003；徐秀娟，2009）。

单剂90%乙草胺乳油1 080～1 350g（a.i.）/hm²（孙惠娟和刘小三，2015；方越等，2012；陆兴涛，2009）、96%金都尔乳油864g（a.i.）/hm²（孙惠娟和刘小三，2015）、24%乙氧氟草醚乳油180g（a.i.）/hm²（陆兴涛，2009）对花生田马唐、牛筋草、稗草、反枝苋、马齿苋等多种一年生杂草的防效显著，无药害。72%异丙甲草胺乳油1 080～1 620g（a.i.）/hm²于花生播后苗前施用，药后15～35d对花生田主要禾本科杂草、阔叶杂草株防效和鲜重防效均达95.0%以上（高越等，2011）。

二元混剂40%乙氧氟草醚·乙草胺乳油660～720g（a.i.）/hm²（陆兴涛，2009；郭亚军等，2010；张田田等，2011）、50%异丙甲草胺·特丁净乳油2 250g（a.i.）/hm²（陆兴涛，2009；陆兴涛等，2009）、30%扑草净·乙草胺可湿性粉剂675g（a.i.）/hm²（陆兴涛，2009）对花生田马唐、牛筋草、反枝苋、马齿苋、鸭跖草、狗尾草等多种一年生杂草均有很好的防除效果，鲜重防效均在90%以上。

三元混剂60.8%异丙甲草胺·乙氧氟草醚·扑草净乳油在花生播后苗前进行土壤处理，对马唐、鸭跖草、马齿苋、藜等具有很好的效果，药后对花生田杂草总体株防效和鲜重防效均在90%以上，并对花生安全，增产率14.9%～16.2%（张田田等，2012）。

杨富军等（2018）优化了土壤处理除草剂配施剂量，建立了以960g/L精异丙甲草胺EC、330g/L二甲戊灵EC和235g/L乙氧氟草醚EC施用剂量为变量，以杂草干重和荚果产量为目标函数的三元二次数学模型，优化除草剂配施方案。

二、花生苗后杂草茎叶处理除草技术

茎叶处理主要采取喷雾法，施药时期应控制在对花生安全而对杂草敏感的时期，应掌握在杂草基本出齐，禾本科杂草在2～4叶期、阔叶杂草在株高5～10cm时进行。以禾本科杂草为主的花生田，可以选用精喹禾灵、精吡氟禾草灵、高效氟吡甲禾灵等；以阔叶杂草为主的花生田，可以选用苯达松等；禾本科杂草与阔叶杂草混发的花生田，可以选择上述两类除草剂混用。针对禾本科杂草，在禾本科杂草3～4叶，5%精喹禾灵乳油37.5g（a.i.）/hm²（Mizukani et al.，1998）、15%精吡氟禾草灵乳油90～160g（a.i.）/hm²（Mizukani et al.，1998；葛燕芬，2008）、10.8%高效氟吡甲禾灵乳油50g（a.i.）/hm²（Mizukani et al.，1998；任冰如，1997）兑水均匀喷雾处理，对马唐、千金子、牛筋草等禾本科杂草均有很好的防效，且对花生安全。针对阔叶杂草，在花生1～2叶期，阔叶杂草2～5叶期，使用48%苯达松水剂1 080g（a.i.）/hm²、26%氟磺胺草醚·乙羧氟草醚喷雾处理对花生田阔叶杂草有明显的防除效果，处理后15d对杂草的株防效可达85.7%～94.2%，30d平均鲜重防效达86.3%～95.0%（郭兰萍等，2001）。针对禾本科杂草与阔叶杂草混发的花生田，可以使用8%精喹禾灵·乳氟禾草灵乳油100～240g（a.i.）/hm²，药后20d，总体株防效为96.5%～99.7%，鲜重防效为97.9%～99.8%，对花生田禾本科杂草马唐、牛筋草及阔叶杂草反枝苋、马齿苋等均有良好的防治效果（郭兰萍等，2006）。

第五节　病虫草害防治知识科普

一、花生褐斑病有什么特点？怎样防治？

花生褐斑病，又称花生早斑病，在全国各花生产区均有发生，是分布最广、为害最重的病害之一。感染病害的花生，往往是叶片上布满病斑，导致光合面积锐减、叶绿素受到破坏，光合作用效能下降，植株生物产量大幅降低。随着大量病斑产生而引起早期落叶，严重影响干物质积累和荚果饱满度和成熟度，空瘪果壳率增加。受害花生一般减产10%～20%，严重的达40%以上。

1. 症状识别

花生褐斑病主要为害叶片，严重时叶柄、茎秆亦可受害。病原菌侵染花生后，开始出现黄褐色小斑点，逐渐发展成近圆形或不规则形病斑，病斑边缘出现宽而明显的黄色晕圈。病斑在叶片正面呈黄褐色至深褐色，背面呈黄褐色。潮湿时，叶片正面的病斑上产生分生孢子梗和分生孢子，呈灰褐色霉层状。染病叶片提早枯死脱落，大发生时可导致茎秆上叶片落光，植株提早枯死。茎秆上的病斑褐色至黑褐色，长椭圆形，病斑多时，也致茎秆枯死。

2. 发病规律

病菌（子座、菌丝团或子囊腔）在花生病残体上越冬。翌年条件适宜，菌丝直接产生分生孢子，借风雨传播进行初侵染和再浸染。在5～36℃均可发生，最适温度为25～28℃，并需要高湿，在露水中产生分生孢子的量多。在土质肥沃、地势较低洼的地块容易发病。一般在植株生长繁茂嫩绿而又少见阳光的叶片上比较多见。在东北花生产区，花生褐斑病一般于7中下旬开始发生，8月中下旬为盛发期。

3. 防治措施

一是种植抗病或耐病中早熟高产花生品种，与玉米等非豆科作物轮作倒茬，避免选择使用长残效除草剂的前茬。二是适当控制群体、合理肥水调控、健株栽培，提高植株抗病力。三是当田间病叶率达到10%时，每亩用60%唑醚·代森联水分散粒剂60g，或325g/L苯甲·嘧菌酯悬浮剂35mL，或300g/L苯甲·丙环唑乳油20mL，间隔7~10d喷1次，共喷2~3次。可同时叶面喷施0.3%磷酸二氢钾溶液+1%尿素溶液混合液2~3次，延缓叶片衰老。

二、花生网斑病有什么特点？怎样防治？

花生网斑病是花生叶斑类病害中蔓延快、为害最重的病害之一，在东北花生产区发生普遍，给花生安全优质生产带来重大威胁。花生网斑病能导致花生生长后期大量落叶，严重影响花生产量，一般可减产10%~20%，严重的达30%以上，流行年份可造成20%~40%的产量损失。

1. 症状识别

以为害叶片为主，茎、叶柄也可以受害。一般先从下部叶片发生，通常表现两种类型。一种是污斑型，病斑较小，初为褐色小圆点，逐渐扩展成近圆形的黑褐色污斑，病斑边缘较清晰，周围有明显黄色晕圈，病斑可以穿透叶片，但在叶片背面形成的病斑比正面的还小，病斑坏死部分形成黑色小粒点，是病菌分生孢子器。另一种是网纹型，在叶片表面形成黑褐色病斑，病斑较大，不规则、边缘不清晰，似网状，周围无黄色晕圈，此病斑不穿透叶片，仅为害上表皮细胞。两种类型病斑能在同一个叶片上发生，两种类型病斑可相互融合，扩展至整个叶面。感病叶片很快脱落，田间病害发生严重时，植株叶片很快落光，造成光秆，对花生为害极大。茎秆、叶柄上的症状初为一个褐色斑点，后扩展成长条形或长椭圆形病斑，中央凹陷，严重时引起茎叶枯死。

2. 发病规律

病菌（菌丝、分生孢子器、厚垣孢子和分生孢子等）在病残体上越冬，为翌年的初侵染来源。花生种植密度大，田间郁闭，通风透光条件差，温度降低、湿度增高，有利于花生网斑病发生。连作年限越长病害发生越重。在东北花生产区，花生褐斑病一般于7月中下旬开始发生，8月中下旬为盛发期。在8月下旬后，常与褐斑病混合发生。

3. 防治措施

在发病初期，当田间病叶率达到5%以上时，及时喷洒药剂进行防治。每亩可选用80%代森锰锌可湿性粉剂60~75g，或50%多菌灵悬浮剂50~80mL，或50%咪鲜胺锰盐可湿性粉剂40~60g，或25%戊唑醇可湿性粉剂30~40g，或50%氯溴异氰尿酸可溶性粉剂40~80g，或25%丙环唑乳油30~50mL等，兑水40~50kg，均匀喷雾。也可选用75%百菌清可湿性粉剂600~800倍液，或80%硫黄水分散粒剂500~1 000倍液，或50%腐霉利可湿性粉剂800~1 000倍液，或10%多抗霉素可湿性粉剂1 000~1 500倍液，或10%苯醚甲环唑水分散粒剂1 000~2 000倍液，或40%氟硅唑乳油5 00~7 000倍液等，均匀喷雾，亩喷药液40~50kg。喷药时宜加入0.03%的有机硅或0.2%洗衣粉作为展着剂，间隔10~15d喷1次，连喷2~3次，药剂应交替轮换使用，可兼治其他叶斑病害。

三、花生焦斑病有什么特点？怎样防治？

花生焦斑病也称花生枯斑病、斑枯病、胡麻斑病，在我国各花生产区均有发生。花生焦斑病严重时田间病株率可达100%，在急性流行情况下可在很短时间内，引起大量叶片枯死，造成花生严重损失。

1. 症状识别

该病通常产生焦斑和胡麻斑两种类型症状。常见焦斑类型症状，通常病原菌自叶尖侵入，随着病原沿主脉向叶内扩展形成楔形大斑，斑扩展的周围有明显的黄色晕圈，偶尔也在叶缘部发生。早期病部枯死呈灰褐色，上面产生很多小黑点。该病常与花生褐斑病、黑斑病混生，把叶斑病病斑包围在楔形斑内。当病原菌不是自叶尖端或边缘侵染时，便产生密密麻麻小黑点，故名胡麻斑。胡麻斑类型症状产生病斑小（直径小于1mm），不规则至病斑近圆形，有时凹陷。分散的病斑出现在小叶片两个表面，但上表面更常见。当病斑多时会连成一片，使小叶片外观呈网状。

2. 发病规律

病原菌（花生小尖壳菌）以菌丝及子囊壳在病残株中越冬。花生生长季节，子囊孢子从子囊壳内释放出来，在晴天露水初干和开始降雨时达到扩散高峰，产生的病害潜育期15d后形成病斑，并经风雨传播后再侵染，出现多次发病高峰。花生田间低洼积水或田间湿度大、土壤肥力差或偏施过量氮肥、花生生长瘦弱或生长过旺，均会引起病害严重发生。病害在田间发生较早，通常在花生开花下针期即可发现。在花生黑斑病、锈病等病害发生严重的地块花生焦斑病发生也往往严重。

3. 防治措施

一是深翻土地，清除病残茎叶，增施磷、钾肥，使植株健壮生长，提高抗病力。二是种植抗病或耐病中早熟高产花生品种，与玉米等非豆科作物轮作倒茬。三是当田间病叶率达到10%时，每亩用60%唑醚·代森联水分散粒剂60g，或325g/L苯甲·嘧菌酯悬浮剂35mL，或300g/L苯甲·丙环唑乳油20mL，间隔7~10d喷1次，共喷2~3次。

可同时叶面喷施0.3%磷酸二氢钾溶液+1%尿素溶液混合液2~3次，延缓叶片衰老。

四、花生疮痂病有什么特点？怎样防治？

花生疮痂病在全国花生产区均有发生，是近年来东北地区发生的主要花生病害，可在整个生长期为害花生。该病害发生可减弱植株长势，引起提早落叶，影响花生成熟度，导致减产。一般病田减产10%~30%，严重病田减产50%。

1. 症状识别

小叶片两面出现大量圆形和不规则形病斑，或均匀分布于整个小叶，或成群分布在近叶脉处。小叶片上表面的病斑为淡棕褐色，中间凹陷，边缘突起。病斑经常被天鹅绒似的微灰橄榄绿子实体层层覆盖。在下部小叶片的表面，病斑较暗且边缘不突起。叶柄和分枝上的病斑数量多且大，外观比小叶上的病斑更不规则。叶柄和分枝上的病斑可发展为溃烂疮痂，使植株呈烧焦状。病斑几乎覆盖包括果针在内的植株所有部分。在病害发展的晚期阶段，植株生长受阻，茎变得扭曲，类似"S"状。

2. 发病规律

花生疮痂病菌主要是随遗落在田间的病残体越冬，成为翌年该病的初侵染源。感病品种果荚带菌率很高、传病效率高。该病初发期一般为6月中下旬，7—8月为盛发期。当旬平均气温>20℃，接二连三降雨时，就可能在田间出现零星的早期病株，迅速蔓延和大面积暴发成灾。降雨延迟，到9月上中旬，疮痂病仍可以侵染发病。该病菌只侵染花生，不侵染其他豆科植物。花生种植品种单一、抗性较低，多年连作重茬加重病害发生，不良的气候条件诱导病害流行成灾。

3. 防治措施

一是深翻土地，清除病株残茎果壳；增施磷、钾肥，使植株健壮生长，提高抗病力。二是种植抗病或耐病中早熟高产花生品种，与玉米等非豆科作物轮作倒茬。三是化学防治，每亩用10%苯醚甲环唑可湿性粉剂10g，或300g/L苯甲·丙环唑乳油20~25mL，或12.5%烯唑醇可湿性粉剂20~30mL，或25%吡唑醚菌酯乳油40~60mL等喷雾防治，从发病初期开始，视病情每7~10d施药1次，共施药2~3次。

五、花生茎腐病有什么特点？怎样防治？

花生茎腐病又称颈腐病、倒秧病、烂腰病，是我国花生栽培上一种比较常见病害。花生全生育期均有发生，以苗期为害最重，特别是重茬地块。发病地块一般减产30%左右，严重的可引起绝收。

1. 症状识别

该病害在花生全生育期均可发生，苗期和成株期是两个发病高峰。主要为害花生子叶、根和茎等部位，以根颈部和茎基部受害最重。幼苗期病菌从子叶或幼根侵入植物，使子叶变黑褐成干腐状，然后侵入植株根颈部，产生黄褐色水渍状病斑，随着病害的发展渐变成黑褐色。感病初期，地上部叶色变淡，午间叶柄下垂，复叶闭合，早晨尚可复原，但随病情发展，地上萎蔫枯死。在潮湿条件下，病部产生密集的黑色小突起（病菌分生孢子）。成株期发病多在与表土接触的茎基部第一对侧枝处，初期产生黄褐色水渍状病斑，病斑向上、下发展，茎基部变黑枯死，引起部分侧枝或全株萎蔫枯死，病株易折断，地下不实，或脱落腐烂，病部密生黑色小粒点。

2. 发病规律

病菌菌丝和分生孢子器主要在土壤病残株、果壳和种子上越冬，成为翌年初侵染来源。病株和粉碎的果壳饲养牲畜后的粪便，以及混有病残株的未腐熟农家肥也是病害传播蔓延的重要菌源。种子是花生茎腐病远距离和异地传播的主要初侵染来源。一般在6月初的5cm土壤温度稳定在20~22℃时出现病株，6月中下旬出现发病高峰，夏季高温季节不利于病害发生，8月中下旬可出现第二次发病高峰，一般发病较轻。该病害主要通过农事操作等人、畜、农具传播，在田间主要借流水、风雨传播。花生地的耕地水平、施肥特别是农家肥、品种及种子质量、播种期及温湿度均会影响病害发生。

3. 防治措施

一是种植抗病或耐病中早熟高产花生品种，与玉米等非豆科作物实行2~3年轮作。发病较重地块，每亩施钙肥100kg。在花生生长后期，加强田间排水降低土壤湿度。花生收获后，及时清除田间病株残叶，减少翌年病害的初侵染源。二是选用种子包衣剂处理种子，如35%噻虫·福·萎锈悬浮剂500mL种子包衣，或400g/L萎锈·福美双悬浮剂200mL拌种，或100g苗苗亲拌种。生长期间用56%甲硫噁霉灵20~25mL或30%精甲噁霉灵10mL或68%噁霉福美双15mL，兑水15kg喷雾。

六、花生白绢病有什么特点？怎样防治？

花生白绢病又名白脚病、菌核枯萎病、菌核茎腐病、菌核根腐病等。在全国花生产区均有发生。近年来，在东北花生产区发生有加重趋势，是花生生产上的重要病害。花生白绢病多发生在生长中后期，前期发病较少，主要为害花生根部、茎基部、果柄、荚果及种仁。一般地块发病率10%左右，重病地块发病率30%以上，花生减产50%以上甚至绝收。

1. 症状识别

在花生生长中后期,病菌从近地面的茎基部和根部侵入,受害病组织初期呈暗褐色软腐,环境条件适宜时,菌丝迅速蔓延到花生近地面中下部的茎秆以及病株周围的土壤表面,形成一层白色绢丝状的菌丝层,所以叫白脚病或棉花脚。后期在病部菌丝层中形成很多大小基本均匀一致、黄褐色至黑褐色的菌核,形状似白菜籽。受侵染病株地上部叶子萎蔫,随后枯死。病部腐烂,皮层脱落,仅剩下一丝丝的纤维组织,易折断。菌丝也会蔓延到荚果,严重侵染的荚果被白色菌丝簇完全覆盖并最终腐烂。

2. 发病规律

花生白绢病菌无性阶段为半知菌亚门、无孢菌目、齐整小核菌属真菌。病菌喜高温,生长发育的温度范围是13~38℃、适温为31~32℃。病菌以菌核或菌丝体在土壤中和病株残体中越冬。菌核在土壤3~7cm的表土层中可以存活5~6年,尤其在较干燥的土壤中存活时间更长;菌丝能在土壤中腐生。因此土壤中的病菌就成为病害发生的主要初侵染源。病菌也可以混入堆肥中越冬;果壳和果仁也可能带菌。一般田间6月下旬始见病斑,到7月中旬集中在茎的基部,发病比较缓慢,7月下旬后病害迅速发展,病斑逐渐扩展到茎的中下部,白色菌丝覆盖其上或地表面,至8月下旬达到发病高峰。酸性土壤、连作重茬、高湿高温的气候条件、品种及种子质量差等有利于病害发生。

3. 防治措施

一是种植抗病或耐病中早熟高产花生品种,与玉米等非豆科作物实行3年轮作。在花生生长后期,及时除尽杂草,防止草荒,及时化学控制株高45cm左右,加强田间排水,降低土壤湿度。田间发现花生感染白绢病后,及时拔除病株。花生收获后,及时清除田间病株残叶。二是一般在7月上旬白绢病发病初期,每亩用25%戊唑醇可湿性粉剂40mL,或240g/L噻呋酰胺悬浮剂60mL,每亩用药液150kg,喷淋浇灌花生根部。间隔7~10d施用1次,共施用2次,或选用苗苗亲种衣剂拌种。

七、花生锈病有什么特点?怎样防治?

花生锈病是一种世界性的叶部病害,在我国各花生产区均有发生。该病主要为害花生叶片,也可为害叶柄、托叶、茎秆、果柄和荚果。发病后,一般减产15%,重病年减产50%。该病除对产量影响外,出仁率和出油率也显著下降。

1. 症状识别

花生叶片受锈菌侵染后在正面或背面出现针尖大小的淡黄色病斑,后扩大为淡红色突起斑,随后病斑部位表皮破裂露出红褐色粉末状物,即病菌夏孢子。下部叶片先发病，渐向上扩展。当叶片上病斑较多时，小叶很快变黄干枯，似火烧状，但一般不脱落。叶柄、托叶、茎、果柄和果壳夏孢子堆与叶上相似，托叶上夏孢子堆稍大，叶柄、茎和果柄上的夏孢子堆椭圆形，长1~2mm，但夏孢子数量较少。

2. 发病规律

病原菌为花生柄锈菌属真菌。在我国南方花生产区，花生锈病于春花生、夏花生和秋花生以夏孢子辗转侵染。也可在秋花生落粒长出的自生苗上以及病残体、花生果上越冬，为翌年的初侵染源。我国北方花生区病菌越冬方式尚不清楚，北方花生产区的初侵染菌源可能来自南方。花生锈病的流行与菌源的数量、气候条件、品种的抗病性等有关。

3. 防治措施

一是选用抗病品种，适期播种，合理密植。二是深耕整地，与禾本科等作物实行2~3年轮作，起垄种植，增施磷、钾肥。三是在开花始期，当病株率达15%~30%时，每亩用75%百菌清可湿性粉剂100~120g，或12.5%烯唑醇可湿性粉剂20~40g，或25%戊唑醇水乳剂25~35mL等，兑水40~50kg，均匀喷施。

八、花生青枯病有什么特点？怎样防治？

花生青枯病是花生生产上为害最重、对花生生产威胁最大的病害之一，发病轻者花生减产20%~30%、重者减产50%~80%，甚至颗粒无收。我国此病主要分布在16个省（市），且以长江流域以南为发病严重区，近年来，在东北地区也零星发现，应引起高度重视。

1. 症状识别

花生青枯病是一种土传性维管束病害。在自然条件下，病菌从根部侵入花生植株，通过在根和维管束木质部增殖和一系列生化作用，使导管丧失输水功能，导致失水而突发死亡，刚发病的植株可保持绿色，根或茎基部横切面可溢出白色菌脓，这是花生青枯病的一大特征。发病后期，植株地上部枯萎，拔起病株，撕开根部，维管束发褐，表皮容易剥落。从发病至枯死，快则1~2周，慢则3周以上，感病品种几乎全部死亡。病株上的果柄、荚果呈黑褐色湿腐状，结果期发病的植株，症状不如前期明显。

2. 发病规律

病原菌为青枯假单胞杆菌属细菌，主要在土壤中、病残体上以及未充分腐熟的堆肥中越冬，成为主要的初侵染源。花生青枯病菌在土壤中能存活1~8年，一般3~5年仍能保持致病力。在花生播种出苗到生长期间，病菌主要靠土壤、流水、农具及人、畜和昆虫等传播。细菌接触植株的根部后，一般通过伤口或自然孔口侵入，通过皮层组织进入维管束系统，在其内繁殖扩展，并分泌果胶酶、毒素等物质，使寄主组织腐烂，出现萎蔫症状。腐烂组织的细菌散落在土壤中，又通过各种途径传播到健株根部进行再侵染，从而导致病害迅速扩展蔓延。花生收获后，病菌又在土壤、病残体等场所越冬。北方花生产区发病盛期在6月下旬至7月上旬。花生青枯病的发生主要受气候条件、耕作栽培管理以及品种抗性等因素的影响。

3. 防治措施

一是及时清除田间病残体，深翻整地。二是种植抗病或耐病中早熟高产花生品种，与玉米等非豆科作物实行3年轮作。三是加强花生生长期肥水管理，及时清沟排渍。四是花生播种前，按种子重量，可选用0.4%的50%琥胶肥酸铜可湿性粉剂，或0.5%~1%的20%噻菌铜悬浮剂，或0.2%~0.3%的3%中生菌素可湿性粉剂等拌种；在花生始花期或发病初期，每亩用77%氢氧化铜可湿性粉剂100~180g或20%噻森铜悬浮剂150~200mL等，兑水50~60kg，药剂灌根；或用20%噻菌铜悬浮剂3~5g，77%硫酸铜钙可湿性粉剂4~6g等，均匀喷雾，每亩喷药液50~60kg。浇灌花生根部，或喷淋花生茎基部，每穴浇灌药液0.2~0.3kg，7~10d喷灌1次，连续2~3次。

九、花生根结线虫病有什么特点？怎样防治？

花生根结线虫病又称花生线虫病、根瘤线虫病、地黄病等，是花生生产上为害最重的病害之一，也可以称为花生上一种具有毁灭性的病害。为害我国花生的根结线虫有两个种，即北方根结线虫与花生根结线虫。北方根结线虫主要分布于北方花生产区，是为害我国花生的主要根结线虫。受害花生一般减产20%~30%，严重的达70%~80%，有的甚至绝收。

1. 症状识别

受侵染植株的根、果针和荚果上常有虫瘿形成。花生播种后，当胚根突破种皮向土壤深处生长时，侵染期幼虫即能从根端侵入，使根端逐渐形成纺锤状或不规则形的根结（虫瘿），初呈乳白色，后变淡黄色至深黄色，随后从这些根结上长出许多幼嫩的细毛根。荚果也被侵染，并形成结或小瘤。果针和荚果在成熟时开始衰退。严重侵染的植株发育受阻且叶片失绿。所有种的根结线虫的侵染症状均相似。

2. 发病规律

花生根结线虫属垫刃线虫目，异皮线虫科，根结线虫属。花生根结线虫可以卵、幼虫在土壤中越冬，包括在土壤中、粪肥中的病残根上的虫瘿以及田间寄主植物根部的线虫，因此，病地、病土、带有病残体的粪肥和田间的寄主植物是花生根结线虫病的主要侵染来源。主要是由病残体、病土、病肥中及其他寄主根部的线虫经农事操作过程、工具和流水传播等方式在田间传播。干旱年份易发病，雨季早、雨水大，植株恢复快、发病轻。沙壤土或沙土、瘠薄土壤发病重。

3. 防治措施

一是及时清洁田园，清除田间病残体，深翻整地，增施有机肥。二是种植抗病或耐病中早熟高产花生品种，与玉米等非豆科作物实行2～3年轮作。三是加强田间管理，铲除杂草，修建排水沟，有秩序的田间灌水或排水。四是结合播种进行土壤处理，每亩选用10%灭线磷颗粒剂3～5kg或3%阿维·吡虫啉颗粒剂2～3kg等，加细土20～25kg拌匀制成毒土，撒施于播种沟内，覆土后播种；花生出苗后1个月，每亩选用20%噻唑膦水乳剂1～2L或25%阿维·丁硫水乳剂1 000～2 000倍液等灌根，每穴浇灌药液0.2～0.3kg，可兼治蛴螬、金针虫等地下害虫。

十、花生病毒病有什么特点？怎样防治？

花生病毒病是影响我国花生生产和发展的重要病害，为害我国北方花生产区的主要病毒包括花生条纹病毒（PStV）、黄花花叶病毒（CMV）和花生矮化病毒（PSV），它们分别引起花生条纹病害、黄花叶病害、普通花叶病害。主要为害叶片。一般年份引起花生减产5%～10%，大流行年份能引起花生减产20%～30%。

1. 症状识别

在田间，种传花生病苗通常在出苗后10～15d出现。花生条纹病毒病症状表现为叶片斑驳、轻斑驳和条纹，长势较健株弱，较矮小，全株叶片均表现症状。受蚜虫传毒感染的花生病株开始在顶端嫩叶上出现清晰的褪绿斑和环斑，随后发展成浅绿与绿色相间的轻斑驳、斑驳、斑块和沿侧脉出现绿色条纹以及橡树叶状花叶等症状。叶片上症状通常一直保留到植株生长后期。该病害症状通常较轻，除种传苗和早期感染病株外，病株一般不明显矮化，叶片不明显变小。花生黄花叶病毒病表现为花生病株开始在顶端嫩叶上出现褪绿斑、叶片卷曲；随后发展为黄绿相间的黄花叶、花叶、网状明脉和绿色条纹等各类症状。通常叶片不变形，病株中度矮；病株结荚数减少、荚果变小。

2. 发病规律

种子传播引起花生幼苗发病是花生条纹病毒、黄花花叶病毒两种病毒病害的主要初侵染源，由于种传率高，病害发生早，被蚜虫以非持久方式在田间传播，在田间扩散快。该病害属常发性流行病害，年度间流行程度受种子带菌率、蚜虫活动、品种抗性以及气象因素等影响。

3. 防治措施

一是选择抗病品种，从无病区引种或本地隔离繁种，减少种子带毒率。早期拔除种传病苗。选用地膜覆盖种植，清除田间杂草，减少介体昆虫的来源。二是播种时每100kg种子采用35%噻虫·福·萎锈悬浮剂500mL种子包衣，或30%吡虫·毒死蜱微囊悬浮剂1 500mL拌种防控蚜虫发生和为害。

十一、花生蚜虫有什么特点？怎样防治？

花生蚜虫属同翅目，蚜科，蚜属的一种昆虫。分布在中国各地，但受害程度不一，轻的减产20%～30%，严重的达60%以上。花生蚜虫又是花生病毒病的传毒介体。以虫群形态集中在花生嫩叶、嫩芽、花柄、果针上吸汁，致叶片变黄卷缩，生长缓慢或停止，植株矮小，影响花芽形成和荚果发育，造成花生减产。

1. 为害症状

花生自苗期到收获期，均可受到蚜虫为害。在花生幼苗顶盖尚未出土时，花生蚜虫就能钻入土缝内在幼茎、嫩芽上为害；花生出土后，躲在顶端心叶及幼嫩的叶背面吸取汁液。开花后为害花萼管、果针。受害花生植株矮小，叶片卷缩，严重影响开花下针和结果。蚜虫猖獗时，排出的大量蜜露黏附在花生植株上，引起霉菌寄生，使茎叶发黑，甚至整株枯萎死亡。

2. 形态特征

有翅胎生雌蚜，体长1.5～1.8mm，黑色、黑绿色或黑褐色。复眼黑褐色。触角淡黄色。翅基、翅柄和翅脉均为橙黄色，后翅具中脉和肘脉。腹节背面有条纹斑，第一节、第七节各有1对复侧突。腹管漆黑色，圆筒形。尾片细长，基部缢缩，两侧各有刚毛3根。

无翅胎生雌蚜，成虫黑色发亮，体长1.8～2.0mm，体肥胖，体节明显。有的胸部和腹部前半部有灰色斑，有的体被薄层蜡粉。

3. 发生规律

花生蚜虫发生代数因地而异，如在山东省、河北省年生20代。花生蚜虫繁殖能力强，生活周期短，如果条件适宜，每头雌蚜可产若蚜85～100头，5～6d就可以繁殖1代。少数产生有性蚜，交尾产卵，以卵越冬。5月底花生出苗后，即迁入花生田为害，6月中下旬开花下针期至7月上中旬结荚期是花生蚜虫为害盛期。春末夏初气候温暖，雨量适中利于该虫发生和繁殖。旱地、坡地及生长茂密地块发生重。

4. 防治措施

一是农业防治，采取合理轮作，避免连作，清洁田间，消灭越冬寄主，减少虫源。二是物理防治，在田间放置黄板诱蚜，将有翅蚜吸引过来并粘住。三是化学防治，播种前种子处理，每亩用60%吡虫啉微囊悬浮剂20mL拌种，或用22%苯醚·咯·噻虫悬乳种衣剂1:（150～200）包衣或拌种，或用种子重量0.5%～0.6%的35%噻虫·福·萎锈悬乳种衣剂包衣或拌种。在花生生长前期，用10%吡虫啉可湿性粉剂800～1 000倍液，或25%噻虫嗪水分散粒剂1 500～1 800倍液等叶面喷施。四是生物防治，保护天敌，田间百墩花生蚜虫量4头，瓢:蚜为1:100时，蚜虫为害可以得到有效控制。

十二、花生叶螨有什么特点？怎样防治？

花生叶螨统称红蜘蛛，俗称火龙，属蜘蛛纲，蜱螨目，叶螨科。为害花生的叶螨主要有二斑叶螨和朱砂叶螨。全国各地普遍发生，是花生生产上的重要虫害之一。北方花生产区的优势种是二斑叶螨。

1. 为害症状

花生叶螨群集在花生叶背面刺吸汁液。受害叶片正面初失绿，呈灰白色小斑点，逐渐变黄。受害严重的全叶苍白，叶片干枯脱落。受害地块也可见花生叶片表面有一层白色丝网，且大片的花生叶也被黏结在一起。

2. 形态特征

二斑叶螨，雌成螨体长0.53mm，宽0.32mm，体椭圆形，淡黄色或黄绿色，体两侧各有1块黑斑，其外侧3裂形。背毛共26根，其长超过横列间距。雄成螨体长0.37mm，宽0.19mm。

3. 发生规律

二斑叶螨在北方地区一年发生12～15代。秋末冬初以受精雌虫在草根、枯叶及土缝或树皮内吐丝结网潜伏越冬，最多可达上千头聚在一起。月气温平均达5～6℃时，越冬雌虫开始活动，产卵繁殖。1头雌虫可产卵72～128粒，卵期10余天，从产卵至第一代幼虫孵化盛期需20～30d，以后世代重叠。随气温升高繁殖加快。越冬雌虫出蛰后多集中在早春宿根性寄主杂草上为害繁殖，待花生出苗后便转移为害。6月中旬至7月中旬为猖獗为害期，进入雨季虫口密度迅速下降，为害基本结束，若后期仍干旱可再度猖獗为害。至9月气温下降陆续向杂草上转移，10月陆续越冬。

4. 防治措施

一是农业防治，秋季深耕整地；与禾本科作物合理轮作，避免与豆类、瓜类作物轮作，清洁田园，消灭越冬寄主，减少虫源；气候干旱时适时浇水，增加田间湿度。二是物理防治，在田间放置黄板诱蚜，将有翅蚜吸引过来并粘住。三是化学防治，当花生田发病中心或被害虫率达到20以上时，选用73%炔螨特乳油1 000倍液、3%阿维菌素乳油2 000倍液，叶面喷施，特别注意要喷到叶背面，并对田边杂草等寄主植物也要喷药。

十三、花生蓟马有什么特点？怎样防治？

蓟马属昆虫纲，缨翅目。蓟马是一种靠植物汁液为生的昆虫。为害花生的蓟马主要是端带蓟马，分布在全国各花生产区。

1. 为害症状

端带蓟马成虫、若虫以锉吸式口器穿刺挫伤植物叶片及花组织，吸食汁液。幼嫩心叶受害后，叶片变细长，皱缩不开，形成"兔耳状"。叶片被害处呈黄褐色凸起小斑，被害较重的叶片，则变狭变小，或卷曲、皱缩，严重的甚至凋萎脱落。

2. 形态特征

端带蓟马雌成虫前翅暗棕色，基部和近端处色淡，上脉基中部有鬃18根，端鬃2根，下脉鬃15～18根。腹部第二至第七节背板近前缘有1黑色横纹。

3. 发生规律

在山东省等北方花生产区，花生端带蓟马以成虫越冬，于5月下旬至6月发生严重，温度高降雨多对其成虫发生不利，冬春季少雨干旱时发生猖獗。

4. 防治措施

一是农业防治，合理轮作；适时播种，避开其发生高峰期。二是物理防治，在田间高于花生10～30cm放置涂上不干胶的蓝色PVC板，每间隔10m放置1块，可减少成虫产卵和为害。三是化学防治，40%毒死蜱乳油1 000倍液、20%丁硫克百威1 000倍液等叶面喷施，或每亩用20%吡虫啉悬浮剂15～20g均匀喷施，也可兼治蚜虫。

十四、花生斜纹夜蛾有什么特点？怎样防治？

斜纹夜蛾属鳞翅目，夜蛾科，又名斜纹夜盗蛾等，具暴食性、杂食性，严重时可将全田作物吃光，是一种世界性为害性很大的害虫。在我国各花生产区普遍发生，以开花下针期为害严重。

1. 为害症状

3龄前幼虫为害植株叶部，将叶食成不规则透明白斑，留下叶片残留透明的上表皮，使叶片形成纱窗状。4龄以后分散为害，进入暴食期，能将叶片吃成缺刻与空洞，高龄幼虫也为害花及果实。将叶片吃光，并侵害幼嫩茎秆或取食植株生长，钻入叶鞘内为害，把内部吃空，并排泄粪便，造成新叶腐烂或停止生长。虫口密度大时，常将全田作物吃成光秆或仅剩叶脉，呈扫帚状。

2. 形态特征

成虫，中型蛾子，体长14～16mm。头、胸及腹均为褐色。胸背有白色毛丛。前翅褐色（雄虫颜色较深），前翅基部有白线数条，内、外横线间从前缘伸向后缘有3条灰白色斜纹，雄蛾这3条白色斜纹不明显，为1条阔带。后翅白色半透明。幼虫，初龄幼虫黑褐色，老熟时体长40～50mm，为褐色、黑褐、暗绿或灰黄色等。背线及亚背线橘黄色，中胸至第九腹节在亚背线上各有半月形或三角形两个黑斑。

3. 发生规律

斜纹夜蛾一年发生多代，世代重叠严重。多以蛹或少数老熟幼虫越冬。东北花生产区一年发生3～4代。为害时间为正值高温、干旱的7—10月。以2～3代幼虫为害最重，幼虫发生期分别在8月上旬至下旬和9月上中旬。10月下旬，老熟幼虫多集中在棉花、甘薯、花生田的表土下化蛹越冬。

4. 防治措施

一是农业防治，清洁田园，消灭田间及周围杂草，减少成虫产卵的场所。二是物理防治，利用黑光灯诱杀，降低田间虫口密度。三是化学防治，3龄前叶面喷施2.5%氯氟氰菊酯乳油2 000倍液、1.8%阿维菌素乳油2 000～3 000倍液。

十五、花生棉铃虫有什么特点？怎样防治？

棉铃虫属鳞翅目，夜蛾科，又名番茄蛀虫，俗称钻心虫等，是花生上主要地上害虫之一。我国各花生产区普遍发生，以北方花生产区发生较重。

1. 为害症状

幼虫为害花生的幼嫩叶片和花蕊，使果重和饱果率下降，果针入土数量减少。1～2龄幼虫从背面剥食花生幼嫩叶或取食花蕊，3龄幼虫食量增大，顶部嫩叶出现明显缺刻，从4龄开始进入暴食期。

2. 形态特征

成虫颜色多变异。前翅中部近前缘有1条深褐色环状纹和1条肾状纹，雄蛾比雌蛾明显，后翅灰白色，翅脉棕色，沿外缘有深褐色宽带，在宽带外缘中部有2个相连的白斑，前缘中部有1条浅黄色月牙斑纹。幼虫，头上网纹明显，一般各体节有毛片12个，前脑气门有2根刚毛的基部连线延长通过气门或与气门相切。

3. 发生规律

在北方花生产区，一年发生4代。棉铃虫以蛹在土内越冬，越冬代成虫盛期出现在5月上旬；第二代和第三代幼虫的孵化高峰期分别在6月下旬至7月上旬和7月下旬至8月上旬。完成一个世代约需30d。蛹多在夜间上半夜羽化为成虫，白天栖息在叶丛中或其他隐蔽处，傍晚出来取食花蜜，趋光性强；羽化后就进行交尾，经2～3d开始产卵；单雌产卵量在1 000粒以上，卵孵化率10%左右。初孵化幼虫先啃食卵壳，1～2龄幼虫从背面剥食花生嫩叶或取食花蕊，3龄幼虫食量增大，顶部嫩叶出现明显缺刻，从4龄开始进入暴食期。棉铃虫在花生田往往出现龄期不齐现象，给防治带来困难。9月下旬至10月上旬，棉铃虫在末代寄主田中入土化蛹越冬。

4. 防治措施

同斜纹叶蛾防治措施。

十六、花生甜菜夜蛾有什么特点？怎样防治？

甜菜夜蛾属鳞翅目，夜蛾科，又名贪夜蛾、玉米叶夜蛾等。该虫具有寄主广、食性杂、繁殖力强、世代重叠严重、喜旱、耐高温、抗药性强和迁飞能力强等特点，是重要农业害虫之一。甜菜夜蛾为世界性害虫，我国各花生产区普遍发生，其中，以江淮、黄淮流域为害最严重。

1. 为害症状

初孵幼虫取食叶片下表面和叶肉，形成"天窗"；大龄幼虫食叶形成缺刻或孔洞，严重时将叶片吃光，仅残留叶脉、叶柄。

2. 形态特征

成虫前翅内横线、亚外缘线灰白色，外缘线由一列黑色三角形斑组成，翅脉与缘线黑褐色。成虫较明显的特征是前翅中央近前缘外方有一个肾形斑，内有一个环形斑，均为黄褐色，有黑色轮廓线。后翅银白色，略带粉红色，翅缘灰褐色。幼虫体色变化较大，有绿色、暗绿色、黄褐色至黑褐色。3龄前多为绿色，幼虫较明显的特征是每一体节气门后上方各有一个明显白点，气门下线为明显的黄白色纵带，纵带末端直达腹末。体色越深，白斑越明显，此为该虫的重要识别特征。

3. 发生规律

甜菜夜蛾每年的发生代数因地而异，世代不同，且世代重叠严重。在北京市、河北省、河南省中部、陕西省关中地区一年发生4～5代，在山东省、河南省南部、江苏省北部、安徽省一年发生5～6代，以上各地均以蛹在土中越冬。一般情况下，从第三代开始会出现世代重叠现象。山东省以第三至第五代为害较重，适温（或高温）高湿环境条件有利于甜菜夜蛾的生长发育。一般7—9月是为害盛期，7—8月降水量少，湿度小，有利其大发生。

4. 防治措施

同斜纹叶蛾防治措施。

十七、花生象甲有什么特点？怎样防治？

象甲是鞘翅目，象甲科昆虫的简称，亦称象鼻虫。中国象甲种类丰富，记录的已超过1 200种。为害花生的象甲有大灰象甲和蒙古灰象甲。分布在北方花生产区。

1. 为害症状

成虫取食花生刚出土幼苗的子叶、嫩芽、心叶。常群集为害，严重的可把叶片吃光，咬断茎顶造成缺苗断垄或把叶片食成半圆形或圆形缺刻。

2. 形态特征

大灰象甲体长10mm，黄褐色或灰黑色，密被灰白色鳞片。前脑背板中央黑褐色，两侧及鞘翅上的斑纹褐色。头部较宽，复眼黑色，卵圆形。头管粗而宽，表面具3条纵沟，中央一沟黑色，先端呈三角形凹入。鞘翅卵圆形，末端尖锐。蒙古灰象甲，体长4.4~6.0mm，卵圆形，体色有土灰色。前脑背土灰色，密被灰黑色鳞片，鳞片在前胸形成相间的3条褐色、2条白色纵带，内肩和翅面上具白斑，头部呈光亮的铜色，鞘翅上生10纵列刻点。前胸长大于宽，鞘翅明显宽于前胸。无后翅，两鞘翅愈合不能活动。

3. 发生规律

蒙古灰象甲和大灰象甲在东北和华北地区成、幼虫在40~60cm深的土中越冬。两年发生1代。日平均气温10℃以上，成虫出现，3月下旬达到高峰。5月上中旬花生幼苗出土后，咬食子叶及嫩叶。花生出苗到团棵是为害盛期。两种象甲后翅都退化，不能飞翔，靠爬行迁移；具假死性。早晨及傍晚为害，白天多隐藏于土壤裂缝中。蒙古灰象甲成虫在表土中产卵，大灰象甲成虫常把叶片从尖端向内折合成饺子形，在折叶内产卵。幼虫大多生活在耕作层以下的土中，取食腐殖质和植物须根。

4. 防治措施

一是物理防治，在受害重的花生田四周挖封锁沟，沟宽、深各40cm，内放新鲜或腐败的杂草诱集成虫集中杀死；每亩插15~30cm长带嫩叶的杨树、榆树或柳树枝500根诱捕，每天在枝上和附近土中搜捕成虫，防止花生幼苗出土后受害。二是化学防治，在成虫出土为害期喷洒或浇灌50%马拉硫磷乳油1 000倍液，或50%辛氰乳油2 000~3 000倍液。

十八、花生蛴螬有什么特点？怎样防治？

蛴螬成虫通称金龟甲或金龟子，属鞘翅目，金龟甲科幼虫的总称，别名大头虫、地蚕、蛭虫等。为害花生的蛴螬包括暗黑鳃金龟、大黑鳃金龟和铜绿丽金龟。其中，为害东北花生产区的优势种是暗黑鳃金龟和大黑鳃金龟。

1. 为害症状

蛴螬始终在地下为害，咬断幼苗根茎，断口整齐，使幼苗枯死，造成缺苗断垄甚至毁种。荚果期钻食幼嫩荚果，造成空壳。

2. 形态特征

暗黑鳃金龟成虫体长17～22mm，黑色或黑褐色，无光泽。鞘翅纵隆线不明显，翅面及腹部有短小绒毛，前足胫节外齿3个，中齿明显靠近顶齿，背、腹板相会于腹末。幼虫体长35～45mm，头部前顶刚毛冠缝两侧各1根。肛腹板覆毛区无次毛列，钩状毛排列散乱，但较均匀，仅占全节的1/2。大黑鳃金龟成虫体长16～22mm，体色黑褐色，有光泽，鞘翅有四条纵隆线，翅面及腹部无短绒毛，臀节背板包向腹面。幼虫体长35～45mm，头部前顶刚毛每侧3根，冠缝侧上方1根，肛腹板覆毛区无次毛列，钩状毛散生，排列不均匀，达全节的2/3。

3. 发生规律

暗黑鳃金龟，一年发生1代，多以3龄老熟幼虫越冬，少量以成虫和低龄幼虫越冬，老熟幼虫越冬后翌年再上移为害。越冬成虫5月下旬出土活动，是田间最早虫源。当年羽化的成虫6月上旬开始发生，6月中旬至7月中旬为盛发期，8月下旬结束。发生时间共3个月。在成虫发生期内有两次明显的高峰，第一次在6月下旬至7月上旬，这次高峰持续20d左右，虫量较多。第二次高峰出现在8月中旬，虫量较少。盛发期雌虫较多，占59%～76%。成虫发生期长，有假死性，趋光性强，灯光下数量大。大黑鳃金龟，两年发生1代，以成虫和幼虫隔年交替越冬。北方花生主产区一般在4月中下旬到5月中旬花生播种，正值大黑鳃金龟出土高峰期，出土即可取食苗期花生叶片。成虫白天潜伏，黄昏后活动；具假死性、趋粪性，喜在有机肥中产卵；雄虫有趋光性，雌虫趋光性不强，在成虫发生期，已经出土的成虫，如遇到降雨等不利的气候条件时，即重新入土潜伏。

4. 防治措施

一是农业防治，采取秋冬深翻地，冻垡晒垡；与禾本科作物实行2～3年轮作，避免连作重茬；施用经2%阿维菌素乳油2 000倍液喷施处理的腐熟有机肥。二是物理防治，在田间放置太阳能频振式杀虫灯诱杀成虫，以50～80m为半径悬挂一盏，悬挂高度1.8m，17：00—22：00亮灯；在田间放置性诱剂诱杀成虫；在花生地周边种植蓖麻，诱杀成虫。三是化学防治，每亩用60%吡虫啉微囊悬浮剂20mL拌种，或3%辛硫磷颗粒剂100g拌种；或3%辛硫磷颗粒剂2.5～3.0kg，结合耕除草撒毒土防治幼虫。四是生物防治，利用白僵菌、绿僵菌等生物菌剂防治。

十九、花生金针虫有什么特点？怎样防治？

金针虫属鞘翅目，叩头虫科，包括沟金针虫和细胸金针虫两种。以幼虫蛀食嫩茎和地下部分为害。东北花生产区为害花生的优势种是细胸金针虫。

1. 为害症状

幼虫长期生活于土壤中，能咬食刚播下的花生种子。食害胚乳，使种子不能发芽，出苗后为害花生根及茎的地下部分，导致幼苗枯死，严重的造成缺苗断垄。花生结荚后，还可钻蛀荚果，造成减产。

2. 形态特征

细胸金针虫成虫体黄褐色，有光泽，长8～9mm，宽2.5mm，全部密生灰色短毛，前胸背板长大于宽，鞘翅上有9条纵列刻点。幼虫体细长，圆筒形，淡黄褐色，长33mm，宽1～3mm，尾节圆锥形。背面近前缘两侧各有褐色圆斑1个，并有4条褐色纵纹。

3. 发生规律

金针虫的生活史很长，常需2～5年才能完成1代，以各龄幼虫或成虫在15～85cm的土层中越冬。在整个生活史中，以幼虫期最长。

4. 防治措施

一是农业防治，采取秋冬深翻地，冻垡晒垡；与禾本科作物实行2～3年轮作，避免连作重茬；清洁田园，清除杂草。二是物理防治，在田间地头放置黑光灯诱杀成虫。三是化学防治，播种前用种子重量0.3%～0.4%的600g/L吡虫啉悬浮种衣包衣；每亩用3%辛硫磷颗粒剂喷拌细土50kg制成的毒土20～25kg顺垄撒施在幼苗根际附近；也可用5%吡虫啉可湿性粉剂10～20g，兑水40～50kg，叶面喷施防治成虫。

二十、花生地老虎有什么特点？怎样防治？

地老虎是鳞翅目，夜蛾科，切根夜蛾亚科昆虫的总称，别名土蚕、地蚕、切根虫等，其种类多、分布广、为害重。为害花生的主要是小地老虎、黄地老虎和大地老虎3种。分布在东北花生产区的优势种是黄地老虎。

1. 为害症状

咬断花生嫩茎或土中幼根，造成缺苗断垄，个别还能钻入荚果内取食籽仁。

2. 形态特征

黄地老虎成虫体长15～18mm，前翅黄褐色，无楔形斑，肾状纹、环状纹、棒状纹均明显，各横线不明显。后翅灰白色，翅脉及边缘呈黄褐色；雄虫触角分枝达2/3处，其余为丝状。幼虫体长33～34mm，黄色；唇基底边大于斜边，直达颅顶；各节两对毛片大约相等；气门椭圆形；臀板为2块黄褐色斑。

3. 发生规律

在东北地区一年发生2代，大多以3龄以下的老熟幼虫越冬，越冬场所为麦田、绿肥、草地、菜地、休闲地、田埂以及沟渠堤坡附近。一般田埂密度大于田中，向阳面田埂大于向阴面。也有以蛹和低龄幼虫越冬的现象。幼虫3龄后潜入土中活动，能咬断花生的基部果枝，夜间出土转移为害。

4. 防治措施

一是农业防治，采取秋冬深翻地，冻垡晒垡；与禾本科作物实行2～3年轮作，避免连作重茬；清洁田园，清除杂草。二是物理防治，在成虫发生期用糖6份、醋3份、酒1份、水10份、90%敌百虫1份，配制诱杀液放置田间诱杀成虫；在花生田里套种芝麻等诱杀作物。三是化学防治，播种前用种子重量0.4%～0.5%的50%氯虫苯甲酰胺悬浮种衣包衣；每亩用50%辛硫磷乳油500mL喷拌细土50kg制成的毒土20～25kg顺垄撒施在幼苗根际附近；也可用50%辛硫磷乳油50mL，或200g/L氯虫苯甲酰胺悬浮剂8～10mL，兑水50～75kg，叶面喷施。

二十一、常见的花生田禾本科杂草有哪些？怎样防除？

1. 禾本科杂草种类

禾本科杂草是水田和旱田的主要杂草，胚有一个子叶（种子叶），通常叶片窄、长、叶脉平行，无叶柄，叶鞘开张，有叶舌，茎圆或扁平，有节，节间中空。为害花生的禾本科杂草主要是一年生的稗草、狗尾草、马唐等。其发生量占花生田杂草总量的60%以上。

2. 防治措施

一是农业措施，采取秋冬深翻地25～30cm，施用腐熟有机肥，轮作倒茬。二是化学防治，播种后出苗前土壤封闭处理，每亩选用96%精异丙甲草胺乳油50～100mL或33%二甲戊灵乳油150～200mL，兑水30～45kg，均匀喷雾处理；出苗后茎叶处理，在花生3～4叶期、杂草2～5叶期，每亩选用15%精禾喹灵乳油40～50mL或15%精吡氟禾草灵乳油40～80mL，兑水30～45kg，均匀喷雾处理。

二十二、常见的花生田阔叶杂草有哪些？怎样防除？

1. 阔叶杂草种类

包括菊科、苋科、茄科、莎草科、十字花科、大戟科、藜科、马齿苋科等。

2. 防治措施

一是农业措施，采取秋冬深翻地25～30cm，施用腐熟有机肥，轮作倒茬。二是化学防治，播种后出苗前土壤封闭处理，每亩选用24%乙氧氟草醚乳油40～50mL或50%扑草净可湿性粉剂100～150g，兑水30～45kg，均匀喷雾处理；出苗后茎叶处理，在花生3～4叶期、杂草2～5叶期，每亩选用48%灭草松水剂150～200mL或20%乙羧氟草醚乳油20～30mL，兑水30～45kg，均匀喷雾处理。

二十三、阔叶杂草和禾本科杂草混生怎样防除？

一是农业措施，采取秋冬深翻地25～30cm，施用腐熟有机肥，轮作倒茬。二是化学防治，播种后出苗前土壤封闭处理，每亩选用45%扑·乙乳油150～250mL，兑水30～45kg，均匀喷雾处理。出苗后茎叶处理，在花生3～4叶期、杂草2～5叶期，每亩选用15%精禾喹灵乳油40～50mL、20%乙羧氟草醚乳油20～30mL、240g/L甲咪唑烟酸水剂20～30mL，兑水30～45kg，均匀喷雾处理。

二十四、化学除草应注意哪些问题？

1. 天气条件

喷药时气温10℃以上，无风或微风天气，花生上无露水，喷药后24h内无降雨。施药前后3d最低气温低于10℃，禁止使用除草剂。

2. 土壤条件

花生田土质为沙土、沙壤土及土壤有机质含量低时，用药量应适当减少，避免药害发生。干旱时，应造墒后使用除草剂。土地要求平整，避免因高低不平使喷用除草剂汇集造成药害。

3. 器械选择

选择无农药污染的常用喷雾器，带恒压阀的扇形喷头，药桶无渗漏。或选用无人机喷施农药，每小时喷施2.0～3.3hm^2。

4. 科学施药

喷头离靶标距离不超过0.5m，要求喷雾均匀、不漏喷、不重喷。

5. 安全防护

在施药期间不得饮酒、抽烟，施药时应戴口罩、穿上工作服；施药后要用肥皂洗手、洗脸；药械用后清洗干净。

第七章　安全收获理论与技术

近年来，花生在我国东北地区的种植面积越来越大，而东北处于高纬度地区，热量资源有限，因此一般种植生育期较短的品种以促进其提早成熟，避开霜冻期。花生种子在田间未收获遭遇早霜侵袭（温度降到-3℃），或收获后未能及时晒干（水分超过15%）遭遇0℃以下低温时，都易发生冻害。受冻害的花生不仅种子变软，色泽发暗，食味发生严重劣变，同时伴有酸败气味，含油量下降，酸价上升，还原糖增加，品质严重恶化，而且种子活力和发芽率急剧下降，甚至完全失去生活力。

由于花生具有无限开花结荚的特性，同一植株上荚果的形成时间和发育程度具有明显的不一致性，导致花生收获期的确定十分复杂。实践中可根据植株、荚果和种子特征进行综合判断，若大多数荚果已充分成熟，即进入适宜收获期，此时产量和品质达到最优。花生适期收获和安全贮藏是确保花生产量和质量的重要措施。

第一节　成熟标志

生产上一般以大部分荚果成熟，即珍珠豆型品种饱果率>75%、中间型中熟品种饱果率>65%、普通型晚熟品种饱果率>45%，作为田间花生成熟期的指标。但在实际生产活动中需通过综合考察花生的植株表现、荚果特征和种仁变化科学地确定其成熟期。

一、植株标志

花生生长至成熟期时，茎叶迅速衰老，养分从茎叶转移至荚果。成熟的植株茎秆颜色黄绿，叶片颜色由绿转黄，中部叶片同下部叶片逐渐枯黄脱落，仅剩上部几片复叶，顶端生长点停止生长，顶部复叶逐渐变小且不再发绿，中部叶片跟随着下部叶片亦逐渐枯黄脱落，小叶柄基部叶枕的睡眠运动减弱，叶片感夜运动现象基本消失，花生叶片随碰触脱落。但个别品种收获时，叶片仍浓绿。值得注意的是，在叶斑病、锈病等花生叶部病害严重的田块，虽然未达到生理成熟期，植株也会表现出生理机能衰退、叶片枯黄脱落的现象，此时应及时收获，避免荚果过熟脱落。

二、荚果标志

荚果外观颜色与土壤类型和质地有关，主要以网纹和内果壁颜色确定是否成熟。花生成熟时，大多数荚果果壳韧硬、变薄，颜色逐渐由白色转为浅黄色，出现明显的网纹，此时内果皮颜色由白色转为浅棕色，颜色逐步加深，海绵组织完全干缩变薄。中果皮颜色由白色转为黄色、橘红色、棕色、黄褐色以至黑褐色，纤维层逐渐木质化，多数品种种子挤压处的内果皮呈现黑褐色斑片。农民习惯将壳内着色的荚果称作"金里"或"铁里"，这是花生荚果成熟的良好标志。如果荚果成熟期遇严重干旱或受其他不良因素影响，花生种子未能充分饱满，直到茎叶枯衰，果壳依然外黄里白，内果皮不着色。

三、种子标志

田间判断花生种子是否成熟，主要取决于种子的硬度、颜色及果仁特征等。成熟期花生的种子硬度较大，呈现品种固有的色泽，籽仁饱满、皮薄、光润；种子中油酸与亚油酸比值增大，碘价上升，酸价下降，油分不易氧化，适合贮藏。而未成熟的种子，含有大量游离脂肪酸，使得种子中维生素E极易遭受破坏。维生素E是天然抗氧化剂，能够保护脂溶性的维生素A。未成熟提前收获的种子，油分易酸败，且维生素A也极易流失。

第二节 适期收获

花生地上开花地下结果，使得收获初期的花生种子含水量较高，一般可达40%～50%，秕果中含水量可达60%。花生子叶中含有丰富的油脂和蛋白质，籽粒较大，荚壳较厚，水分不易散发。提前收获影响籽仁中营养物质的积累，多为前期积累的蔗糖和淀粉，油脂和蛋白质含量偏少，籽仁充实度不足，荚果饱满度下降，秕果瘦粒较多，出仁率降低；延迟收获，会因果柄脱水干枯或霉烂导致饱满的荚果脱落、丢荚，腐烂粒的比例上升，造成减产。另外，收获期延迟会伴随低温天气，荚果水分不易散失和晒干，若遇霜冻还会受冻，不但影响品质，而且还会影响花生籽仁的种用价值，即活力丧失，发芽率降低（马文秀，1999；史普想等，2009）。因此作种用的花生，更应及时收获，做到种不见霜。

花生的适期收获应在秋季的早霜来临之前，植株表现出"衰老"的状态，即植株的顶端生长点停止生长，上部叶片发黄，中部和下部叶片由绿转黄并逐渐脱落，茎蔓变黄并出现不规则的长条黑斑；单株的大多数荚果果壳网纹结构明显，内果皮的海绵层组织收缩呈现出黑褐色光泽，果皮和种皮基本呈现品种固有的颜色（马文秀，1999）。但需根据品种类型、当地气候、植株长势及饱果率等因素综合确定。

一般在9月中旬过后，日平均气温低于15℃，花生因气温降低植株上部叶片凋落，荚果不再充实，每条茎枝鲜叶片少于3片即可开始收获。一般多粒型品种100～115d、珍珠豆型品种120～125d、中间型和普通型品种130d为收获适期。

目前，花生覆膜栽培和露地栽培面积均较大，分别约占50%和45%。地膜覆盖栽培具有提高地温、减少水分蒸发、改善土壤理化性状、促进土壤微生物活动、改善株行间的光照、抑制杂草、抗高温伏旱等作用，同时可促进花生籽仁提前一周开始干物质的快速积累，提高花生产量；但也会缩短生育期并表现出早衰的特征（马登超等，2014；李海东等，2015）。李海东等（2021）通过分析不同收获时期覆膜和露地栽培条件下的花生产量，发现覆膜花生的峰值产量显著高于露地花生，约为露地花生的1.25倍，9月后两种栽培方式下的单株结果数均已趋于稳定，但覆膜栽培花生的单株结果数显著高于露地栽培。随收获期的延迟，二者的产量均呈先增加后下降的趋势，但覆膜花生比露地栽培花生提前到达产量峰值时间（表7-1）。不同收获时期两种不同栽培模式下的单株烂果数和烂果率随收获期延迟呈增加趋势，而且露地栽培单株烂果数和单株烂果率均不同程度地高于覆膜栽培。

表7-1　不同收获期覆膜和露地栽培条件花生荚果产量（kg/hm²）　　　（李海东等，2021）

栽培方式	9月1日	9月6日	9月11日	9月16日	9月21日	9月26日
露地栽培	3 993.0	4 279.5	4 522.5	4 615.5	4 692.0	4 507.5
覆膜栽培	5 428.5	5 694.0	5 803.5	5 857.5	5 791.5	5 686.5

在种子逐渐成熟的过程中，影响花生籽仁饱满度的百果质量和百仁质量均会呈现增加趋势，露地栽培方式下9月21日开始差异不显著，而覆膜栽培方式则是9月16日开始差异不显著（表7-2）。出仁率的峰值在露地和覆膜栽培方式下出现的时间点分别为9月中下旬和9月中旬（李海东等，2021）。因此，在确定花生最适收获期时，应当综合且充分考虑不同栽培方式下，花生重要产量因子及出仁率峰值出现的时间段，减

少因提前收获或延迟收获造成的产量损失。

表7-2　不同收获期花生覆膜和露地栽培条件下的百果质量、百仁质量和出仁率 （李海东等，2021）

项目	栽培方式	9月1日	9月6日	9月11日	9月16日	9月21日	9月26日
百果质量（g）	露地栽培	170.3	185.8	197.2	201.1	205.3	205.6
	覆膜栽培	206.2	211.5	227.2	231.5	231.6	231.8
百仁质量（g）	露地栽培	73.1	79.2	84.5	86.8	89.2	89.3
	覆膜栽培	85.3	90.2	93.2.	95.2	95.3	95.5
出仁率（%）	露地栽培	50.8	54.5	57.2	59.2	60.1	56.9
	覆膜栽培	57.1	62.2	65.5	67.5	64	62.6

目前，我国大多数花生产区仍以分散种植为主，经营规模较小（胡志超，2011）。但是花生收获季节性强，以收获效率低、劳动强度大、成本高的人工收获为主，机械收获为辅，落果率较高，导致花生的种植效益和经济效益显著降低，限制了花生的规模化生产。随着我国逐步加大对收获机械的研发和推广，适用于主要产区的花生收获机械已经开始投入使用（李宝筏，2003；胡志超等，2006；滕美茹，2011）。

我国花生主产区机械化收获模式主要有联合收获和两段式收获两种。联合收获又分为半喂入联合收获和全喂入联合收获，是利用机具一次作业完成挖掘、清土、摘果、清选和荚果收集收获等全部工序。两段式收获则采取"机械挖掘+固定式摘果机摘果（简称场地摘果）"的方式，先用机械将花生挖出，铺晒在田间，待种子含水量降低到一定程度时再使用收获机摘果（孙玉涛等，2014；许婷婷，2010）。有研究表明，北方花生种植区更适合两段式收获模式（陈友庆等，2012；陈传强，2012），这是因为分段收获后，花生荚果还需在植株上晾晒3~4d，植株含水量较高，果柄还可以充当营养成分继续向籽粒运输的"中介"，完成干物质的持续积累，促进产量增加，但随着后期植株与果柄持续失水，产量亦不再增加（王海鸥等，2017）。另外，两段式收获还可以根据天气情况确定挖果和摘果时间，减轻因不利气象条件导致的晾晒困难，降低黄曲霉污染的概率，提高花生品质（王海鸥等，2015）。适用于两段式收获模式的机械主要是花生起收机，分为铲链式、铲筛式、铲夹式3种类型（高连兴等，2014；宁世祥，2018）。

第三节　荚果干燥

花生刚收获荚果的含水量为40%～50%，因此收获后要及时进行摊开、晾晒，防止荚果发霉和腐烂。

一、晾晒方法

1. 田间晾晒

具体的操作步骤是将3～4行花生荚果向阳，合并排成一条，顺垄排放并尽量堆放在垄上。一般北方花生产区多采用田间晾晒，不仅可以促使植株中的养分持续流入种子，还能加速空气流通，促进荚果快速脱水。当子房柄干瘪且易于脆断时，即可脱果（刘丽等，2011）。

2. 晒场晾晒

将花生铺晒在晒场3～4d，翻铺后再晒3～4d，当荚果手摇有响时，即可脱果（马会田，1982）。

二、荚果干燥法

1. 自然干燥法

即通过晾晒的方法，借助阳光辐射和空气自由流动的性能带走荚果中的水分，使其含水量降低到安全贮藏的标准，多用于我国花生主产区。若在干燥过程中，遇到连阴雨会增加荚果霉变的概率，加大黄曲霉污染的概率，从而导致花生食用品质、商用品质及种用品质下降。晒场摊晒过程中，可以及时清理残留地膜、叶片和果柄等杂物，促进荚果干燥。具体方法是将荚果摊成8～10cm厚的薄层，翻动数次，傍晚遮盖草席或雨布用于防潮；荚果经5～6个晴天后晒干即可堆成大堆，3～4d后再摊晒，直至荚果含水量降至10%以下（刘丽等，2011）。

2. 机械化干燥法

指利用加热（或不加热）的空气通过大型容器（如带有穿孔底板的箱子或拖车），从而调节花生果的堆层厚度、空气温度和通风量来控制干燥过程和保证花生品质（潘丙南等，2009）。目前干燥的技术分为热风、热泵、微波、真空、太阳能热风和联合干燥等方法。

（1）热风干燥法。利用风机将热源提供的热量吹入干燥设备内，将花生荚果表面的水分扩散到周围空气中，并使荚果表面的水分含量低于内部的含水量，形成扩散梯度，逐步将荚果内部水分降低到贮藏的安全标准（于蒙杰等，2013）。

（2）热泵干燥法。将冷凝除湿装置引入干燥设备中，在干燥的同时实现对热空气和能量的回收。由于花生荚果的基础含水量比较高，热泵干燥过程中无显著的恒速干燥阶段（王安建等，2014）。

（3）微波干燥法。通过微波促进极性分子相互运动，并利用运动热量干燥花生荚果。但是在微波过程中需要控制温度（45～50℃），避免出现焦糊现象（陈霖，2011）。

（4）真空干燥法。利用密闭空间抽出空气，形成真空的同时对荚果进行加热，形成水分压力差和浓度差从而降低荚果的含水量（闫一野，2011）。

（5）太阳能热风干燥法。利用太阳能形成热风，将花生荚果表面水分带走的一种方法，具有经济有效、适用性广的特点（杨柳等，2017）。

（6）联合干燥法。根据每种干燥方法的优缺点，将两种或两种以上的干燥方法结合起来对荚果进行干燥（陈鹏枭等，2022）。如热风—微波联合干燥（图7-1）、热风—热泵联合干燥、微波冷冻联合干燥（图7-2）（朱凯阳等，2021）等。

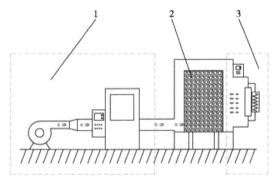

1. 热风源 2. 干燥室及物料 3. 微波源

图7-1 热风—微波联合干燥装置（陈鹏枭等，2022）

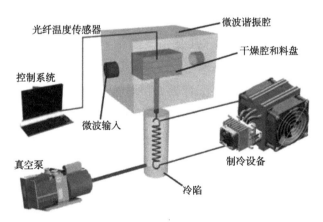

图7-2 微波冷冻干燥机（朱凯阳等，2021）

利用热风干燥技术对玉米、大豆、花生物料进行干燥试验，并对原初含水率的干燥动力学进行分析，发现风温是影响干燥速度和质量的最关键因素（谢海江等，2006）。李洪江等（1992）在进行花生仁薄层干燥试验后也得出了类似结论。在使用机械干燥花生荚果和种子的过程中，升高干燥箱内的温度可有效带走荚果表面及内部水分，促进果实快速干燥，提高干燥效率。花生种子可以忍耐45～50℃甚至是60℃的高温（陈霖，2011；吴兰荣等，2003），但温度也不能超过60℃，高温容易引起花生蛋白质变性，影响花生品质。因此，在干燥技术研发的同时，需要平衡花生品质和干燥速率，可参考微波冷冻干燥法（朱凯阳等，2021）。另外，在干燥过程中需注意分类晾晒，防止机械混杂。

第四节　安全贮藏

作为种业振兴、种质资源保护、植物遗传信息传递的承载体，保证种子的贮藏稳定性日趋重要。影响种子贮藏稳定性的因素不仅包括种子内在因素，而且还包括外界环境因素。对于富含油脂和蛋白质的花生种子来说，籽仁含水量及贮藏环境的湿度与其贮藏期间的生活力显著性相关。影响花生安全贮藏的内在因素包括种子遗传特性和生理成熟程度等，外界环境因素包括湿度、温度、气体浓度、机械损伤等（刘信，2003）。未达到生理性成熟的花生种子呼吸代谢作用较强，能释放出大量水分和热量，增加仓储环境中的相对湿度，若此时入库会导致种子堆发热霉变，种用价值下降，种性严重退化。

花生种子形成发育过程中，脂肪由糖分解得到甘油与脂肪酸合成，先形成游离脂肪酸，再经内质网催化形成TAG（不饱和脂肪酸）贮藏于油体中（陈四龙，2012）。花生种子成熟过程中，脂肪中油酸含量逐渐增加并于后期逐渐稳定，而亚油酸的含量逐渐降低，即油酸与亚油酸比值（O/L比值）随花生种子成熟的程度不断增大，而蛋白质、蔗糖、还原糖、总糖等均呈现出波浪形变化趋势（李正超等，1997）。若适当延迟花生的收获期，粗蛋白质和可溶性糖含量降低，粗脂肪含量和O/L比值较高，其耐贮藏性比较好（林勇敢，2014）。另外，成熟度较好的种子中含有微量游离脂肪酸，而未达到成熟的种子含有大量游离脂肪酸，游离脂肪酸的不稳定性可引起氧化酸败，严重影响花生种子的油酸和亚油酸含量，并导致维生素E受到破坏，清除ROS系统能力下降，使耐贮藏性下降（杨伟强等，2009）。

当荚果晾晒到含水量为10%以下，即手摇荚果有响声，剥开荚壳手搓种皮易脱落，口咬籽仁发脆时，即可入库贮藏。贮藏过程中，将荚果含水量控制在8%以下，保持种子的活力和发芽率，为花生的商品化生产提供优质种子（史普想等，2009）。

一、花生贮藏方法

花生贮藏方法有室内贮藏、室外贮藏、低温贮藏、干燥贮藏、气调贮藏等。

1. 室内贮藏

（1）室内装袋垛。室内装袋垛时不可过大，防止水分凝结，不利于通风、检查、管理和发运。贮藏时间不可过长，目前我国多采用此种方法。

（2）室内散装堆放。将荚果散装堆放于室内。该法容易造成荚果堆通气散热不良、荚果和种子回潮严重和病菌及虫鼠危害严重、检查管理不便，人为损失荚果也多等。

2. 室外贮藏

即在干燥、向阳、通风的地方建直径为1~2m的囤，将荚果装入囤中，装满后用草苫封囤，呈圆锥形，可贮存荚果1 000~1 500kg。也可在平房顶上建直径1.67m、高度为1.33m的囤，可贮存荚果500~750kg，且通风好，鼠害少，方法简单，成本低（刘丽等，2011）。

3. 低温贮藏

低温贮藏是将花生贮藏于5~10℃甚至是-20~0℃的低温环境中，低温下种子的生理生化活动降到最低，呼吸作用弱化，延长种子寿命的同时可以抑制黄曲霉菌侵染和其他微生物的生长。入低温库之前，必须降低种子中的含水量（3%~5%），其发芽率和活力才能不受低温影响（史普想等，2007）。

4. 干燥贮藏

干燥贮藏分为一般干燥贮藏和超干贮藏。

（1）一般干燥贮藏。仓储时，在存贮容器中加入吸湿剂生石灰、氧化钙或草木灰等进行密封贮藏，可使花生保持干燥缺氧的贮藏条件。一般可保持3年的有效发芽力和活力。

（2）超干贮藏。超干贮藏是将种子含水量降至5%以下，并在常温下贮藏（吴兰荣等，2003；段乃雄等，1997）。研究表明，花生种子可忍耐极度脱水，即含水量降低到<1%时其种子活力和发芽率不受影响（朱诚等，1994）。超干种子萌发前需要进行回湿处理，避免吸胀损伤（林坚等，1994）。

5. 气调贮藏

气调贮藏是在温湿度恒定的情况下，通过增加贮存环境中CO_2含量，降低O_2含量，减少黄曲霉污染及游离脂肪酸的产生（Sanders等，1968）。

除上述贮藏方法外，还有辐射处理贮藏、药剂处理贮藏、生物贮藏等方法。在贮藏过程中应根据东北地区的生态区域特点，合理采用最适贮藏方式（欧阳玲花等，2014）。

二、贮藏稳定性的影响

种子是具有生命力的有机物体，因此在贮藏过程中需要通过外界手段将其呼吸作用控制到最低水平，尽量释放细胞中自由水保持"胶体状态"，最大程度上钝化各种酶类活性，才能达到延长种子寿命，延长其贮藏期的目的。

通过改善或调节外界环境达到延长花生贮藏期是目前最直接有效的方法。简单来讲，可通过吸湿剂+密闭贮藏的方式控制花生种子含水量，并保持在安全贮藏标准含水量6%以下，从而达到延长种子贮藏期的目的，至少可保存3~4年（杨丽英等，2001）。或者可以采取降低种子含水量至8%以下，常温密闭下保存不同类型的花生种子，12年后花生仍旧可以保持较好的活力（单世华等，2005）。还可以通过上述提出的气调贮藏方法，真空环境下充以适量的氮，减低或抑制呼吸强度和虫霉侵蚀（李密等，2009），降低贮藏环境中氧气的含量也可以延长花生的贮藏期（Pernille et al.，2005）。

对花生种子进行预处理也是延长其贮藏期的有效方法。李颖等（2009）发现在20℃下贮藏时，可通过添加花生保鲜剂（"TBHQ 0.008%+抗坏血酸钠0.002%+脱氧剂"）延长其贮藏期，保质期达12个月。张凯等（2008）利用紫外辐照处理花生40min后，可将种子含水量调高1%，0~5℃常规贮藏为最安全的贮藏。也可提前利用臭氧处理花生，既可以降低霉变概率，还能降低失重率，但对膜脂伤害较大（陈红等，2008）。

在花生贮藏过程中，应注意加强防止鼠害的工作。

三、防止黄曲霉毒素污染

花生富含油脂和蛋白质，是重要的植物食用油和休闲消费品的来源（禹山林，2011；Toomer，2018）。黄曲霉菌（*Aspergillus flavus* L.）是一种常见的兼性腐生菌，主要以菌丝的形式存在于植物体中，以分生孢子和菌核的形式存在于土壤中，其菌核可越冬（Horn et al.，2009；Wicklow，1993）。花生作为一种地上开花地下结果的豆科植物，其荚果形成发育过程中果柄入土能够直接与土壤中黄曲霉菌菌核产生的分生孢子体接触，很容易被侵染。因此，花生成为最容易感染黄曲霉的农作物之一，受到侵染后不但产量下降并且产生黄曲霉毒素（Sharma et al., 2018；张杏, 2019）。黄曲霉毒素是黄曲霉菌分泌的次生代谢物，该毒素不但毒害人类和动物的肝脏及中枢神经系统，造成人类发热呕吐、肝脏功能异常、痉挛、昏迷甚至急性中毒死亡，还会引起基因突变、畸变和癌症（潘巍等, 2004）。这种潜在的黄曲霉毒素污染被认为是世界上最严重的食品安全问题。

长期以来，花生是我国为数不多的具有明显竞争优势的出口创汇农产品之一，在世界花生出口贸易中居主导地位（付秀菊, 2011）。但近几年欧盟等发达国家加强了对出口国花生卫生检疫等方面的规定，虽然有利于促进出口国的技术进步和改进，但我国农产品检验技术较低，面临较大的绿色壁垒障碍，出口的花生屡次因黄曲霉毒素含量超标遭遇不合格通报，使花生出口受限，带来了巨大的经济损失。因此，花生黄曲霉毒素污染已成为威胁食品安全，打破技术壁垒障碍，限制出口贸易的重大问题（孙玉鼎, 2021）。黄曲霉毒素的污染不仅发生在花生的结果、成熟、收获过程中，也会发生在花生收购、干燥、加工、仓储、运输等过程（Liang et al., 2006）。植株的成熟度是影响黄曲霉毒素污染的一个重要因素，提前收获或延迟收获也会直接影响黄曲霉毒素的污染程度。研究表明，延迟收获花生可导致黄曲霉感染率比适时收获高出20%~30%（万书波等, 2005）。黄曲霉毒素污染主要集中在花生生育后期，侵染根结和幼果，且果实感染严重程度远超根结的感染程度（Zhang et al., 2018）。黄曲霉菌可在低温、干旱等极端环境条件下生存，一旦外界贮藏环境条件合适，便迅速生长，产生黄曲霉毒素。收获后花生荚果干燥时间越长染病越重，并且随着贮藏期延长染病率越高（Zhang et al., 2018）。

对产生黄曲霉毒素的花生再去毒，成效低、成本高且严重影响其品质，因此预防是防控该病害最经济有效的措施。黄曲霉菌附着在荚果表面，可以忍耐极端外界环境，产生分生孢子所需时间随贮藏时间的延长而缩短。干燥后的花生吸湿性增强，种子内部水分含量的增长会导致与呼吸代谢相关酶活性升高，促使附着在表面的黄曲霉菌的分生孢子迅速侵染、生长。有研究表明，贮藏2年以上花生种子的产毒量显著高于贮藏不足1年的种子（王圣玉等, 2003）。贮藏环境湿度对种子活性和黄曲霉产毒量影响较大，贮藏环境的最佳湿度为55%~65%，湿度越高，黄曲霉毒素污染也越严重（刘丽等, 2011）。在花生种子贮藏过程中可通过降低入库种子含水量和改善仓储环境条件降低和减少花生黄曲霉毒素的污染。

1. 降低入库花生种子含水量

水分是黄曲霉生长的首要条件，从花生收获到种子及荚果入库是控制毒素污染发生的关键时期，重点是在入库贮藏前将花生种子和荚果的含水量分别降低到临界水分8%和10%以下；若花生荚果脱壳，也应充分干燥后再进行，可大大降低霉菌侵染的概率（刘丽等，2011）。

2. 降低仓库温度、湿度及氧气浓度

花生贮存最理想的环境条件是低温干燥。大型散装仓库要清洁干燥并配有通风设施，密封贮存，防止种子通过吸附作用将外界空气中的水分吸入种子内部，增加黄曲霉毒素的污染。还可以通过低温贮存、地下贮存等方法，有效抑制黄曲霉菌的生长和繁殖。根据霉菌生长需要氧气的特点，可通过降低氧气含量（1%），增加二氧化碳（80%）和氮气（19%）含量，降低花生被黄曲霉毒素污染的概率（刘丽等，2011）。

四、花生种子含水量对低温贮藏的影响

种子贮藏过程中，影响种子安全贮藏（即种子寿命）的因素包括种子含水量和外界水分、温度、空气、微生物侵染及仓虫蚕食等，其中起关键性作用的是种子含水量和贮藏环境水分及温度（庄彪等，1999；胡国玉等，2005）。1972年，哈林顿提出种子寿命通则，一是种子含水量由14%降到5%，含水量每降低（升高）1%，种子寿命就延长（缩短）1倍；二是种子贮藏温度在0~50℃，温度每下降（升高）5℃，种子寿命就延长（缩短）1倍；三是种子安全贮藏5年的技术指标为T（F）+RH（%）≤100，温湿度可互补，不超过100，两者绝对值降低，安全贮藏期限延长。

花生种子的安全含水量为8%~10%，低于其临界水分才能达到安全贮藏的目的。傅家瑞等（1994）指出，花生种子的安全含水量应在5%。段乃雄和姜慧芳（1997）认为，北方花生的安全含水量在8%，南方地区高温多湿，花生种子的安全含水量应在6%。将不同含水量种子在不同温湿度条件下进行密闭贮藏发现，高温或高湿条件下富含油脂的花生种子极易丧失活力，而含水量在7%时活力下降速度大于含水量5%时的活力下降速度。即使将种子含水量降低到10%以内，若遇-25℃低温会导致种子受冻；若含水量超过10%，-3℃也能导致种子受冻变质。水分不仅是花生籽仁中新陈代谢作用的介质，而且还是各种生理生化变化的参与者，水分含量过高会引起酶活性增强，进而导致呼吸作用增强。在呼吸作用下籽仁中的蔗糖首先被分解，然后是蛋白质和脂肪被水解进入三羧酸（TCA）循环被消耗，物质消耗量与呼吸作用强度呈显著正相关；同时呼吸作用还会释放大量水分和热量，水分和热量进一步促进呼吸作用增强消耗更多的营养物质，最终导致花生种子堆发热霉变（姜玉侠，2000）。

林煜春等（2020）研究发现，花生种子忍耐低温的能力和花生籽仁内的含水量密切相关。低温条件下，种子中籽仁含水量过高，会引起膜脂过氧化作用，导致细胞膜结构和功能受到损伤，修复速度滞缓，丙二醛（MDA）等有毒物质含量增加，保护性

酶活性下降，细胞内容物外渗，种子的发芽势、发芽率及活力指数骤降，活力逐渐丧失。另外，在含水量高的情况下，即使贮藏的温度不是很低，种子也会受冻而丧失发芽能力。东北地区花生收获期正值秋早霜季节，气温低，寒流来得早，花生种子含水量没有降低到安全水分时极易遭受冻害（史普想等，2009）。当温度在0℃以下时，种子含水量越高受冻害越严重。种子遭受冻害时细胞间水分会结冰，造成机械损伤，使细胞内的水分不断外渗，原生质脱水，破坏正常的生理机制，降低种子发芽率。

低温贮藏条件下，花生种子的活力及出苗率与种子的含水量显著相关，即随含水量的增加和贮藏温度的降低，其发芽势、发芽率、活力指数及出苗率均呈下降趋势（表7-3）（史普想等，2007；张凤等，2014）。具体来讲，种子的含水量降到5%时，低温贮藏条件与种子活力相关指标与对照相比差异不明显；种子含水量升到10%，而低温贮藏温度为-10℃时，种子活力相关指标的变化与对照相比差异显著；若低温贮藏温度低于-10℃以下时，种子完全丧失生活力（史普想等，2007）。

表7-3　不同含水量的花生种子低温贮藏对种子活力及出苗的影响　　　　　（史普想等，2007）

处理	发芽势（%）	发芽率（%）	活力指数（%）	出苗率（%）
对照	99.5	99.8	14.8	97.9
含水量5%	96.5	97.1	14.5	94.4
含水量10%	76.8	81.2	11.1	70.0
含水量15%	0.0	0.0	0.0	0.0

花生产量由单位面积株数、单株结果数和果重3个基本因素构成。一般情况下，株数是决定产量的主导因素，主要受播种量、出苗率和成株率的影响。出苗率受种子质量的影响，其变化较大，是影响株数的主要因素。研究发现，种子含水量高、贮藏温度低，每公顷实际收获的产量逐渐降低，种子含水量为5%时，贮藏温度低，单位面积产量低，贮藏温度低于-10℃时，种子完全不出苗，产量为0。每公顷的理论产量与实际产量表现的规律基本一致，但当种子含水量较大和贮藏温度较低时，理论产量反而增大，并且理论产量比实际产量增产幅度加大（图7-3）。原因是花生的产量不仅和单株的结果数和果重相关，还与单位面积内有效结果株数呈正相关；种子含水量大、贮藏温度低，种子劣变严重，出苗率低，单位面积内有效结果株数少，所以产量低。

花生种子的含水量是影响种子活力的关键因素之一，适度降低种子含水量有利于保持种子活力，达到与低温贮藏相同的效果。虽然超干处理能提高花生种子的抗老化能力，但当种子含水量低于临界水分时，种子寿命将不再延长，甚至出现干燥损伤、种子活力下降等现象。

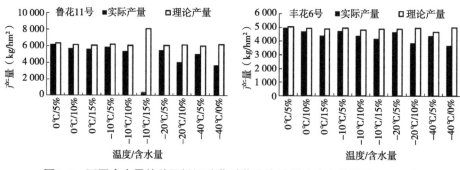

图7-3 不同含水量的种子低温贮藏对花生产量影响（史普想等，2007）

五、低温贮藏对花生种子品质的影响

影响花生品质的因素很多，花生收获过早，籽仁成熟度差，收获过晚，易遭受霜冻；贮藏时籽仁内水分含量过大和贮藏温度过低也会引起花生种子劣变。新收获的花生含水量在40%～50%，若干燥不及时、彻底，遭遇0℃以下低温时，花生则遭受冻害，受冻的花生皮色深暗，颗粒变软，有酸败气味，食味涩苦，含油量下降，发芽力降低，酸价增高，品质劣变，失去食用价值和经济价值。收获期过晚，寒流提前到来，以及贮藏期间含水量过大都可能遭受冻害，对花生品质造成不同程度的影响，最严重可导致花生腐烂发霉。这些都可给花生生产和管理带来较大的危害，导致经济效益低下（吴琪等，2018）。

遭受冻害的花生会发生蛋白质变性，脂肪含量下降，酸价增高，油酸/亚油酸（O/L）比值降低，还原糖增加。种子贮藏温度高于-10℃、含水量低于15%时，对蛋白质、脂肪、油酸、亚油酸含量和油酸/亚油酸（O/L）比值的影响不明显；贮藏温度低于-10℃、含水量为15%时，花生种子劣变严重（表7-4）。多数研究者认为，花生种子贮藏过程中蛋白质呈逐渐降低的趋势，但人工老化（高温高湿）处理后，随着种子活力的丧失，种胚中蛋白质含量增加且活力低的种子中蛋白质含量增幅较大，说明蛋白质与籽仁内的水分含量相关（范国强等，1996）。低温贮藏过程中随种子含水量升高，籽仁中蛋白质含量先升高后降低，即种子含水量低于10%时，花生籽仁中蛋白质的含量逐渐升高；含水量高于10%时，蛋白质含量将急剧下降。原因是在含水量较低时，籽仁中的多糖与核糖核酸结合成贮藏蛋白，导致蛋白质的含量增加；含水量高于10%时，蛋白质会发生不可逆转的变性，因而籽仁中蛋白质的含量急剧下降。

花生的脂肪含量以及脂肪酸的组成是衡量花生利用价值的一个指标，其中又以油酸、亚油酸的比值为衡量花生原料及其制品货架寿命的重要指标。花生种子含水量越大和贮藏温度越低，其籽仁内油酸、亚油酸及油酸/亚油酸（O/L）比值就越低，但油酸下降幅度更大。当花生种子含水量为10%，而贮藏温度降低到-20℃时，其种皮开始出现褶皱，种子出苗率及活力下降；若贮藏温度持续下降，种皮褶皱严重，颜色加深，且子叶变软，油脂酸败，口感苦涩。为控制花生贮藏过程中种子老化劣变程度，含水量需控制在5%左右；含水量为10%时，贮藏温度要高于-20℃；含水量为15%时，贮藏温度不能低于0℃。

表7-4 不同含水量的种子低温贮藏对花生蛋白质、脂肪、O/L、棕榈酸含量的影响（史普想等，2007）

品种	处理 ［温度（℃）/含水量（%）］	蛋白质 （%）	脂肪 （%）	油酸 （%）	亚油酸 （%）	油/亚比 （O/L）	棕榈酸 （%）
鲁花11号	0/5	25.7	48.0	68.6	45.1	1.5	11.1
	0/10	25.5	47.9	67.3	44.9	1.5	10.9
	0/15	25.2	47.8	64.6	43.6	1.5	10.8
	-10/5	25.6	48.0	68.0	45.0	1.5	11.0
	-10/10	25.5	47.7	65.3	44.7	1.5	10.8
	-10/15	23.8	44.5	48.6	38.6	1.3	10.2
	-20/5	25.6	47.9	67.4	44.9	1.5	11.0
	-20/10	25.4	47.6	64.0	44.4	1.4	11.0
	-20/15	22.3	43.3	32.2	34.2	0.9	9.1
	-40/5	25.6	47.9	66.0	44.9	1.5	11.0
	-40/10	25.4	46.8	62.0	43.7	1.5	10.9
	-40/15	21.7	41.0	30.1	33.5	0.9	8.2
丰花6号	0/5	25.4	50.1	43.0	39.8	1.1	14.2
	0/10	25.3	49.9	41.5	39.5	1.1	14.2
	0/15	25.1	49.9	38.9	38.2	1.0	14.0
	-10/5	25.7	49.9	42.1	39.7	1.1	14.2
	-10/10	25.1	49.9	40.3	39.2	1.0	14.3
	-10/15	25.0	48.8	32.5	35.7	0.9	13.1
	-20/5	24.7	50.0	41.5	39.5	1.1	14.2
	-20/10	25.1	49.9	39.5	39.1	1.0	14.1
	-20/15	24.9	47.8	28.2	33.1	0.9	11.3
	-40/5	25.1	50.6	40.1	38.9	1.0	14.3
	-40/10	25.5	49.7	37.2	38.7	1.0	14.0
	-40/15	24.4	46.5	26.2	32.4	0.8	10.8

近年来，我国东北地区花生的种植面积稳中有增，已经成为我国优质花生品种的生产基地（何中国等，2009；2018）。但在东北地区花生种植及收获期极易遭遇低温，需选择生育期较短的花生品种以提早成熟，以避开霜冻期。另外，花生种子在收获、贮藏、运输和加工过程中，油脂成分的呼吸作用可释放出较多的水分和热量，导致种子堆发热、霉变、浸油和酸败，增加霉菌侵染花生荚果的概率，虫害繁殖旺盛，损耗上升（刘丽等，2011）。因此花生适期收获和安全贮藏是确保花生产量和质量的重要措施。

第五节　安全收获贮藏知识科普

一、如何确定花生的最佳收获期？

确定花生的适宜收获期显得特别重要，一般从3个方面判断。

1. 植株的成熟状况

成熟期的植株，顶端生长点停止生长，顶部2～3片复叶明显变小，茎叶颜色由绿转黄，中下部叶片逐渐枯黄脱落，叶片的感夜活动基本消失。成熟的荚果，果壳韧硬，网纹明显，颜色由白色转为浅黄色，内果壳出现"金里"或"铁里"。种仁变得饱满、光润，呈现原品种的种子颜色。

2. 气候条件

当日平均气温下降到15℃时，植株基本停止生长。东北早熟花生区，秋季气温下降快，先后在9月中旬至9月末见初霜，因此花生收获应在初霜来临10d前收完。

3. 天气条件

选择收获前5～7d内晴朗天气进行，便于及时晾晒，保证质量。

二、什么是花生荚果"金里"？

成熟的花生荚果果壳内的海绵组织（内果皮）完全干缩变薄、紧贴里壳内壁呈深棕色，多数品种种子挤压处的内果皮呈现黑褐色的斑片，这种果壳内着色的荚果称作"金里"或"铁里"。这是荚果成熟的良好标志。

三、适宜机械化收获的花生具备哪些条件？

植株壮不倒伏：株型直立，花生结果范围集中，适收期长，果柄强度大，不易落果。

田间管理到位：植株高度30～50cm，杂草较少。

种植模式规范：种植模式均为垄作，符合当地生产条件的90～105cm大垄双行模式、55cm±（5～10）cm小垄等行距模式。

四、适宜机械化收获的花生田具备哪些条件？

土地平整、地块面积较大的沙土或沙壤土，收获作业时土壤含水量20%以内。

五、花生收获机械的技术要求有哪些？

花生收获机械，应具有完成挖掘、抖土、铺放、捡拾、摘果等功能。对收获机械的要求是收得干净，落果少，总损失率≤5.0%，其中埋果率≤2.0%，破碎率≤1.0%，含土率≤20%。

六、如何防止残膜污染？

一是收获时捡拾地膜。覆膜花生收获前，应先把压在垄沟内的地膜拉出来，机械收获时，一起把垄面的地膜收起来。花生收获后，选用机械把地里的残膜扒出清扫捡净，达到耕作层和表层没有地膜碎片残留。二是做好废地膜的回收与加工。培训地膜覆盖技术的同时，引导农户按国家标准《聚乙烯吹塑农用地面覆盖薄膜》（GB 13735—2017）选择0.01mm厚的地膜，减少回收废地膜难度。建立有效的废地膜回收站点，制定相应政策，及时回收废地膜；做好废地膜加工利用，防止二次污染。三是选择应用降解地膜。

七、分段收获技术工作原理有哪些？

花生收获作业一般包括破土挖掘、分离泥土、铺条晾晒、捡拾摘果和清选分级等环节。分段收获是指花生收获过程中的各个环节分别由相应的机械单独完成的一种机械收获方法。使用机械主要包括花生起收械、田间运输机、花生摘果机和花生清选机等。优点是收获方法简单，不足是所用机械种类和数量多、小型机械多、机械作业单一且作业次数多、作业效率低、花生损失较大，是一种较低水平的机械化收获方式。

八、分段收获干花生包括哪些流程？

1. 收花生

又称起花生。由起挖、抖土、放铺、晾晒4个环节组成。"起挖"是将花生地下根部割断后和荚果一起从土壤中挖出或拔出；"抖土"是指去除花生根部和荚果间黏连和夹带的土壤；"放铺"是指去土后的花生植株有序地在垄上放成条铺，以方便收到更好的自然晾晒效果；"晾晒"是使花生植株条铺在田间垄上自然晾晒，降低水分。

2. 运花生

一般由打捆、集堆、运输3个环节构成，即将晾晒到较干的花生植株打捆或集堆、装车运输到晒场，进一步晾晒以便集中摘果作业。

3. 摘花生

又称打花生。一般由摘果、清选、集果和集秧4个环节构成。"摘果"是将花生荚果与植株分离；"清选"是将花生荚果中的土块、石子和碎秸秆等杂质清净；"集果"和"集秧"是分别将清洁后的花生荚果装袋、花生茎秆堆积处理。

九、分段收获鲜花生包括哪些流程？

1. 收花生

又称起花生。由起挖、抖土、放铺3个环节组成。"起挖"是将花生地下根部割断后和荚果一起从土壤中挖出或拔出；"抖土"是指去除花生根部和荚果间黏连和夹带的土壤；"放铺"是指去土后的花生植株有序地在垄上放成条铺。

2. 摘花生

又称打花生。一般由摘果、清选、集果和集秧4个环节构成。"摘果"是将花生荚果与植株分离；"清选"是将花生荚果中的土块、石子和碎秸秆等杂质清净；"集果"和"集秧"是分别将清洁后的花生荚果装袋、花生茎秆堆积处理。

十、联合收获技术工作原理有哪些？

联合收获是指一次性完成花生收获整个流程中的挖掘、分离、摘果、清选等全部环节的机械收获方法。此种收获方法只需要一种机械，由于缺乏了放铺、晾晒环节，只能收获鲜湿花生。花生联合收获机配备有挖拔装置、输送去土装置、摘果装置与清选装置等。从理论上讲，联合收获应该是最理想的花生机械化收获方式，收获对象是鲜湿花生植株与荚果等，机械在潮湿土壤等较差条件下工作，所以机械结构比较复杂且要求与花生垄距、植株高度等农艺结合，还有后续的晾晒和烘干设备。

十一、联合收获的作业规范有哪些要求?

一是植株不倒伏,株型直立,结果范围集中,适收期长,果柄强度大,不易落果。二是植株生长正常,植株高度在30~50cm,田间杂草较少,病虫害较轻,植株至少有2片青叶。三是种植模式规范,栽培方式为垄作,垄向平直、大小均匀,符合机械操作要求。四是土壤为沙土或沙壤土,土地平整,作业时土壤含水量20%以内。

十二、联合收获要注意哪些事项?

第一,作业时,挖掘机要对准花生垄,匀速行进,以减少漏收,防止荚果破损,提高作业效率和作业质量。第二,集果箱式联合收获机的集果箱装满后及时停车,卸果装袋。装袋后的花生及时运出晾晒,至花生荚果含水量降到10%以下,达到安全贮存要求。第三,随时观察机械作业情况,发现堵塞、漏收、机械异常等情况,及时停车查看,检修,排除故障。

十三、花生荚果的自然干燥法包括几种形式?

自然干燥法,即利用太阳照射和空气流动将荚果中的水分降低至安全贮藏标准。自然干燥法包括田间晾晒和场地晾晒两种方式。

1. 田间晾晒

将花生挖掘机拨起的花生在田间2行或3~4顺垄有序铺放,根果向阳,并尽量将荚果翻在上面,在原垄翻晒5~7d。荚果在植株上,通风好,干得快,还有助于植株中养分继续向种子转移。在自然干燥过程中,遇阴雨连绵天气,要及时翻晒,尽量避免或减少损失。田间晾晒后进行摘果。

2. 场地晾晒

即直接将收获完的花生荚果放在场地晒干。在场地摊晒时,要及时清除混在荚果里面的地膜、叶子、果柄等杂物,以利于加速荚果干燥进程。通常将荚果摊成6~10cm厚的薄层,每日翻动数次,以保证水分均匀挥发。傍晚则堆积成长条堆,采取雨布等遮盖防止潮湿。经过7~10d的反复翻晒后,花生荚果含水量降至10%以下,达到安全贮藏标准。

十四、花生荚果贮藏前需要做好哪些技术准备?

1. 贮藏前准备

荚果贮藏前充分晒干,捡净幼果、秕果、荚壳破损果及杂质。贮藏前需要对仓库及麻袋等包装物进行杀虫处理,在仓库的内墙上喷洒杀虫剂,空仓用敌敌畏等药剂密闭熏蒸。预防鸟类、鼠和其他带菌体污染包装设备和贮藏区域。

2. 贮藏方法

贮藏期间，花生劣变主要包括生霉、变色、走油和变味。由于花生果壳可防止机械损伤和虫子侵扰，因此花生荚果比果仁更耐贮藏。

3. 定期检查

定期检查种子含水量、种子发芽率和贮藏过程中的堆温，如超过安全贮藏界限，应立即通风翻晒，确保花生荚果或种子干燥。

4. 防治仓虫

对已发生虫害的花生应使用熏蒸剂进行防治，把药剂置于受侵害的花生周围，密封仓库，防止毒气外泄，当害虫被杀死后，翻仓筛除虫体并喷洒适量药剂，然后再重新入库。

十五、花生荚果贮藏方法及主要问题有哪些？

1. 贮藏方法

室内袋装垛存（主要方式）、室外囤存、室内散装堆存等。贮存环境分为常温、低温、冷库贮藏等。

2. 主要问题

花生荚果吸湿性强，贮藏易吸湿返潮，严重时霉变。环境温度高，时间长易于变质。仓储过程中还易受到有害生物侵害，如害虫危害损失等。

十六、花生籽仁贮藏方法及注意事项有哪些？

1. 贮藏方法

少量的花生仁一般采用低温或气调进行贮藏；大量花生仁包装后码垛贮藏于仓库中，包垛高度可达4～5m。

2. 注意事项

包装花生仁码垛高度不能太高，否则垛底部会压出油，也不利于通风散热降温。花生仁贮藏过程中较易吸湿发热，脂肪容易酸败，应尽量采用低温贮藏。生虫季节易受害虫侵染危害。

十七、温湿度对花生贮藏有什么影响？

1. 温度

温度高时，花生呼吸代谢旺盛，易于霉变。堆存花生温度达25℃以上，且水分偏高时，花生易发热霉变。低温可抑制霉变，品质变化也较慢，通常堆温控制在20℃

以下可明显延长安全贮藏时间。应尽量或必须将花生置于低温环境存放，适当通风降温，或有条件时进行冷库贮藏。

2. 湿度

空气湿度大，干花生易受潮，水分升高，促使霉菌活动或生长加快，加速花生品质变劣。花生果水分含量10%以下，花生仁水分含量8%以下，空气相对湿度低于70%，较有利于花生安全贮藏。保持干燥环境的措施有干燥剂、通风除湿、防潮处理、密封包装等。

十八、包装方式对花生贮藏有什么影响？

1. 密封包装

薄膜袋等密封包装能够阻隔氧气，减缓氧化，从而有效地延缓花生变色，保持花生的色泽，但有时因生热结露等对初期贮藏不利。初期贮藏，花生旺盛的呼吸作用消耗氧气，放出大量热能，薄膜袋内发热会使花生种胚造成伤害。随着时间延长，袋内缺氧的环境造成无氧呼吸，产生醛、醇类有害物质损害胚细肥而导致花生发芽能力下降。

2. 透气包装

编织袋和麻袋透气包装初期保持色泽效果差异不明显，时间延长花生色泽易于发生变化。透气包装贮藏应加强环境条件控制。透气包装时，当环境温湿度及氧气含量适宜时便会引发害虫生长和繁殖。通常情况下，从4月开始，气温逐渐升高，相对湿度较大时，包装内的花生还会吸湿返潮。

十九、花生贮藏害虫有哪些？

花生贮藏害虫是指在花生贮藏中能够对花生感染和造成危害的昆虫。花生贮藏害虫达20种左右，在昆虫分类学上多隶属于鞘翅目和鳞翅目。鞘翅目昆虫也称为甲虫类昆虫，常见的有锯谷盗、赤拟谷盗、花斑皮蠹、隆胸露尾甲、酱曲露尾甲和干果露尾甲等，主要以成虫和幼虫取食危害。鳞翅目昆虫也称蛾类昆虫，常见的有粉斑螟、粉缟螟、印度谷螟和四点谷蛾等，主要以幼虫取食危害。

二十、花生贮藏中常见害虫与防治要点

1. 锯谷盗识别特征与防治途径有哪些？

分布：分布在世界各地，中国各省（自治区、直辖市）。

识别特征：成虫体长2～3.5mm，扁长形，无光泽，深褐色，密被金黑色细毛。头

部近三角形，复眼圆形、突出、黑色。前胸背板每侧各具锯齿6个；背面有3条明显的纵脊，中脊直，两侧脊呈弧形。

危害与习性：危害多数植物性贮藏物，一年发生3~4代，最适发育温度30~35℃。

防治途径：清洁卫生和隔离防止感染；低温控制害虫；惰性粉等防护；密闭条件缺氧、充氮气调；磷化氢密闭熏蒸。

2. 赤拟谷盗识别特征与防治途径有哪些？

分布：分布在世界各地，中国各省（自治区、直辖市）。

识别特征：成虫体长3~4mm，长椭圆形，全身赤褐色，略有光泽。复眼黑色、较大。腹面观，两复眼的间距等于复眼的横直径。侧面观，触角11节，末3节明显膨大成锤状。

危害与习性：食性复杂，危害多种植物产品。一年发生4~6代。成虫寿命226~547d。

防治途径：清洁卫生防治；有条件时气调或熏蒸杀虫，磷化氢熏蒸浓度300mL/m^3，处理3周以上；惰性粉等防护；低温可有效控制害虫。

3. 花斑皮蠹识别特征与防治途径有哪些？

分布：分布中国大部分省（自治区、直辖市）。

识别特征：椭圆形，背面隆起，体表被毛。头下倾。头及前胸背板黑色。触角棒状。鞘翅在近基部、中部和近端部各1条有淡色斑纹。

危害与习性：幼虫严重危害花生等。适宜发育温度17.5~37.5℃。最适发育温度30℃，相对湿度70%。

防治途径：清洁卫生防治；去除藏匿场所以防止感染；气调或磷化氢熏蒸杀虫；惰性粉拌种防止害虫。

4. 隆胸露尾甲识别特征与防治途径有哪些？

分布：中国分布辽宁、天津、陕西、河南、安徽、湖北、湖南、浙江、江西、四川、广东、广西、云南、台湾等省（自治区、直辖市）。

识别特征：成虫体长2.3~4.5mm，约为宽的2倍，两侧近平行，背方略隆起，疏生褐色毛。表皮栗褐色至近黑色，有光泽。鞘翅肩部及前脑背板两侧有时色泽稍淡且带红色，足及触角基部数节呈赤褐色或黄褐色。

危害与习性：危害多种植物种子。一年发生5~6代，每头雌虫产卵约为80粒，幼虫期36~59d。

防治途径：保持环境干燥和清洁卫生；防止感染；物料完整、水分干燥可以有效防治。

5. 干果露尾甲识别特征与防治途径有哪些？

分布：世界各地，中国各省（自治区、直辖市）。

识别特征：成虫体长2.3～4.5mm，约为宽的2倍，两侧近平行，背方略隆起，疏生褐色毛。表皮栗褐色至近黑色，有光泽。鞘翅肩部及前脑背板两侧有时色泽稍淡且带红色，足及触角基部数节呈赤褐色或黄褐色。

危害与习性：一年可繁殖数代，每代历期与温度有关，幼虫共3龄，喜高温，多以老熟幼虫、蛹、成虫在田间土下及废弃物或仓内各种缝隙中越冬。

防治途径：保持环境干燥和清洁卫生；防止感染；物料完整、水分干燥可以有效防治。

6. 粉斑螟识别特征与防治途径有哪些？

分布：世界各地，中国各省（自治区、直辖市）。

识别特征：成虫体长6.5～7mm，静止时连翅长8～9mm。灰黑色。有喙，下唇须发达，弯向前上方，可伸达复眼顶端。前翅长三角形，翅面暗灰色。

危害与习性：一年发生4代。以卵产于被害植物的表面。幼虫有吐丝结网或连缀食物并潜伏其中危害的习性，吐丝结茧化蛹或越冬。

防治途径：清洁卫生防治，隔离防止感染，成虫可用引诱剂和诱捕器诱杀；熏蒸杀除需磷化氢浓度300mL/m³，熏蒸3周以上；可用溴氰菊酯等作为防护剂。

7. 印度谷螟识别特征与防治途径有哪些？

分布：世界各地，中国各省（自治区、直辖市）。

识别特征：赤褐色，前翅长三角形，亚基线与中横线之间为灰黄色，其余为赤褐色并散生有紫黑色斑点。后翅灰白色。前、后翅缘毛均短。

危害与习性：食性极杂，幼虫喜食粮食的胚乳及表皮，并吐丝结网。一年发生4～6代。卵产于粮粒表面或包装物的缝隙中，单产或集产。

防治途径：清洁卫生防止感染；成虫可用引诱剂和诱捕器诱杀；熏蒸杀除需磷化氢浓度300mL/m³，熏蒸3周以上；可用溴氰菊酯等作为防护剂。

第八章　花生栽培试验研究方法

第一节　花生田间试验研究方法

田间试验是推广农业科技成果的准备阶段。外界环境因素的变化对花生生长发育的影响较大，因此，随着外界环境的变化，田间试验的测试结果也会有所不同。由于田间试验的环境发展条件难以精确地计算和管理，使试验结果分析一般都存在不同程度的误差。为了减小或消除试验误差，使试验结果能准确反映现实存在的问题，指导实际生产，田间试验应明确试验目的，试验应具有代表性和前瞻性，试验结果应正确可靠，试验结果应可重复。

田间试验设计是指小区技术，根据小区的用途要求和小区的具体情况，在小区上对重复区域和小区进行最合理的安排，在重复区域的每个小区上对试验处理进行最合理的田间布置。田间试验的研究设计主要目的是尽可能地减少设计误差，将一切因素掌握在可控范围内，提高试验的准确性与可控性，获得试验误差的无偏估计，进而对研究结果进行精确的统计分析。田间试验设计的三大基本原则是重复、随机排列和局部控制。遵循这3个基本原则，试验设计可以在很大程度上减小试验误差和无偏估计误差。最后，从试验结果中得出可靠的结论。

一、田间试验的分类

（一）按试验因素的多少分类

1. 单因素试验

指只研究一个因素对试验指标影响的试验，其他所有试验条件均严格控制一致。单因素试验设计是最基本、最简单的田间试验设计。例如在某作物进行品种筛选过程中，将品种与试验对照处理进行比较，品种差异为本试验中设置的单因素，其他的筛选环境及样本处理方式应保持一致，尽量严格控制。没有其他的因素干扰，使得单因素试验结果有着较高的精准度。

2. 多因素试验

指设计因素为两个或两个以上，研究其对试验指标的影响，其他所有试验条件均严格控制一致。例如探讨不同肥料对花生生长发育的影响，可将各种肥料各设置若干个水平不断进行分析试验，其他影响因素严格控制，就构成多因素研究试验。包括各试验因素所有水平组合的多因素试验称为多因素综合检验。多因素综合检验不仅可以检验各因素的主效应和简单效应，而且可以检验各因素相互之间的影响，进而选择多种因素的最适组合。相对而言，设计多因素试验的整体效率要明显高于多个单因素试验。但多因素试验的设计中也应考虑多方面问题，即当设计因素、处理较多时，相应的会花费大量资源，试验误差也不易控制。因此，当因素的数量及其水平较小时，应采用多因素综合检验。

3. 综合性试验

综合性试验属于多因素试验的一种，与多因素试验的区别在于，设计中可以将试验因素的部分处理组合成为新的处理水平，进而大大减少整体的试验处理。其目的是研究各因素处理组合的整体效应，而不是针对某个因素的主效应、简单效应和相互作用。另外，综合性试验是应用于主因素间的作用已知的基础上所设置的试验，其重组处理就是一个综合已初步研究证实的各试验主要因素得到的最适搭配。

（二）按试验的内容分类

1. 品种试验

在相同条件下对不同基因型品种进行试验，以确定各品种的优缺点，从而使其适合于所在地区实际的生产推广要求。品种试验包括新品种育种试验、品种比较试验和品种面积试验。

2. 栽培试验

将同一品种的某种作物在不同于常规栽培条件下所进行的试验研究，目的在于研究经济作物高产、优质的栽培技术。如不同播期试验、密度试验、施肥量和施肥期试验、灌溉试验等。

3. 品种与栽培相结合试验

不同基因型品种在不同栽培条件下的试验，目的是选择适合本地栽培的高产优质品种及相应的栽培技术。

（三）按试验的年份分类

1. 一年试验

指在一年或一个重要生长季节可以进行的相关试验。

2. 多年试验

指在多年或多个生长季节进行的相关试验。

（四）按试验的地点分类

1. 单点试验

指仅在一个试验地点进行的试验。

2. 多点试验

指在两个或两个以上的试验地点进行相同的试验研究。多点试验是在不同的外界环境、试验地点进行的，能很大程度上有针对性地筛选研究结果的适应性，在作物新品种的开发应用及新技术的适应性推广上有很大的研究价值。

（五）按试验的进程分类

1. 预备试验

指在正式试验前设计试验所进行的探索性试验，为正式试验做准备。通过预试验，一方面试验人员能够提前掌握试验操作方法，熟悉试验环节，并且尽可能地在预试验中发现可能存在的问题并及时解决，为后续的正式试验奠定基础。另一方面应对预试验中得到的相关研究结果进行初步分析，以此来评判本试验设计的科学性、合理性和可行性，为后期试验提供参考。

2. 主要试验

指在前期预备试验的基础上，根据制定的试验设计进行的正式试验，在过程中应合理规避试验误差，严格按照设计进行，并记录相关数据与统计分析，正式试验的处理和重复性较好，准确度较高。

3. 示范试验

也称为生产试验，是指对主要试验的研究结果进行的具有推广应用性的试验。示范试验最好应接近生产实践栽培环境，且能够实现对前期试验结果的重复。示范试验的面积较大，所选用的试验场地和材料应具有代表性，处理和重复次数不宜太多，保证试验具有较高的准确性。

（六）按试验小区的大小分类

1. 小区试验

指试验小区面积 $\leq 60m^2$ 的试验。

2. 大区试验

指试验小区面积 $> 60m^2$ 的试验。

二、拟订试验方案与田间设计方法

试验方案是指根据研究目的和要求制定的进行比较的一组试验处理。单因素进行试验设计方案是指该因素分析各个处理的一组试验数据处理；多因素试验研究方案是指各个试验因素处理组合组成的一组试验处理。试验方案是整个试验工作的核心，需要认真考虑和制定。试验方案一定程度上能反映出研究水平的高度，影响着最终是否能够获得预期的有意义的研究结果。若是前期试验方案设计考虑不全面，未能完善，即使试验顺利进行，后期也难以修补漏洞，很难达到预期研究结果。若是方案制定的太复杂，则很大程度上增加了操作难度。因此，试验前制定完善高效的试验方案是最终研究成功的基础条件。在制定试验计划时，应注意以下几点：精选参试因素、合理进行确定参试因素的水平、设置对照、遵循唯一存在差异基本原则、考虑试验影响因素与试验条件的关系。

单因素试验方案由试验因素的所有水平构成。例如在花生肥料试验中不同施氮量的试验是4个水平的单变量试验。4个不同施氮量，即该试验方案主要由4个水平影响因素构成。

多因素试验方案由该试验的各个试验因素的水平组合（即处理）构成。在列出每个试验因子的水平组合时，如果每个因子的每个水平相互组合一次，水平组合的数目等于每个试验因子的水平组合的乘积。例如以施氮量（A）和种植密度（B）为两个控制因素进行花生栽培试验，其中施氮量A设置3个梯度处理，种植密度B设置4个处理，两个因素的12个水平组合就构成了施氮量A、种植密度B双因素试验方案。这种由各个试验因素进行所有管理水平组合构成的试验设计方案称为多因素完全试验研究方案。基于多因素完全试验方案的试验称为多因素综合试验。

综合性试验方案是由各试验因素水平组合的选定部分组成的试验方案，属于多因素不完全试验方案。花生栽培综合试验和正交试验均为多因素试验的组成部分。

根据各区试验处理在每个重复区域的安排，田间试验设计可分为顺序排列设计和随机排列设计两种类型。顺序排列设计常用于数据处理数多、对精确性要求不高、不需对试验研究资料信息进行一个精确统计结果分析的试验。随机排列设计常用于处理次数少、精度要求高、需要对试验数据进行准确统计分析的试验。需要对测试数据进行准确统计分析的试验应随机安排。

三、田间试验的实施步骤

田间试验的实施研究步骤主要包括试验计划的制定、试验地准备与区划、种子准备、播种、栽培管理、田间观察记录与测定、收获、脱粒与室内考种等，贯穿整个试验设计开始到结束的全过程。

（一）田间试验计划的制定

试验计划是田间试验的基础。田间试验能否达到预期的效果与方案的制定是否正确密切相关。

1. 田间试验计划的内容

田间试验研究计划的内容因试验种类和要求的不同而异，一般主要包括以下内容。

（1）试验名称包括研究题目、科研项目名称。

（2）测试目的和依据包括现有的科技成果、研究进展以及预期结果。

（3）试验时间和地点包括年月日、时间、地点名。

（4）试验地基本情况包括土壤、地形、地势、位置、灌溉措施、气候条件以及耕作制度等。

（5）试验方案包括试验因素、因素的水平、试验处理。

（6）试验设计包括试验设计方法、小区面积和形状、作物品种、种植密度、重复次数以及保护行道、排水沟的设计等。

（7）试验地耕作、田间管理措施及其质量要求。

（8）田间观察记录和室内考种、分析测定项目及方法。

（9）试验取样和收获测产方法。

（10）试验结果的统计分析方法。

（11）试验所需的土地面积、经费、人工及主要仪器设备。

（12）田间种植图、观察记录表、室内考种表等。

（13）计划制定人、执行人。

2. 种植计划书的编制

种植计划书是在试验方案制定之后进行的必要操作，为试验处理、试验材料、后期栽培管理及观察记录奠定基础。完整的种植计划书应包括以下几个必要部分：试验名称、试验时间与地点、田间种植图，除此之外，应根据试验处理的不同进行详尽制定。如常见的肥料、药剂、栽培、品种比较等相关试验，在计划书中还应包括处理种类或编号、种植区号或行号、观察记录项目等。若是进行育种试验，考虑到育种试验年限较长，在拟定计划书应包括每一年的种植区号或行号、品种（系）或组合的名称或代号、种子来源或产地、品种特性及田间观察记录等。当然，在实际种植计划编制中，其内容可以根据不同试验内容与目的作出调整，前提是在后期查阅过程中能够迅速准确地查清试验材料的相关记录，从而对整个试验材料进行系统客观地评判。

另外，编制种植计划书过程中，可将上述计划涉及的项目以表格的形式呈现，根据试验的不同进行项目调整。若是进行育种试验准备，鉴于所需材料比较多，避免试验材料编号错乱、重复或者遗漏，可以顺序打印保存备份。种植计划书是整个试验中重要的一部分，所以至少应准备两份，一份用于田间种植观察记录；另一份作为备份妥善保管。现场观测记录的数据应及时记录于两份种植计划书上。

3. 田间种植图

田间种植图记录了试验部分的具体分布和设计，是规划试验场地的依据，便于后期进行现场观察和记录。在田间种植图上，应包括试验区块的形状、位置与作物种植方向、小区排布与长度和宽度等试验细节，同时还应根据试验地所在环境，在田间种植图中标注显著标志（如道路、房屋、沟渠等），以及周围的水渠、走道、保护行等。设计田间种植图应做到详细具体，可作为试验中试验场地规划部分的详细参考。田间种植图的绘制应在试验地规划前完成。若是在实际种植过程中对布置细节以及试验处理作出调整，应及时在田间种植图中进行标注更正。

（二）试验地准备与区划

试验地，即完成试验的场地，是在做好试验方案后要进行的区划准备。区划时要充分考虑各个因素，以做到试验处理的环境充分保持一致。

准备前首先应详细确定试验地的面积、形状和土壤要素。所在试验地的土壤肥力的分布情况可以根据前茬作物的长势或对比预试验来进行观察。

肥料的施用，若是以基肥方式进行，则要保证基肥质量相同，而且施用方法要一致，均匀，若是人工基施，最好是同一批人员进行，以保证施肥均匀。基肥（有机肥必须充分腐熟）施肥前应充分均匀混合，可以采用分格分量法，尽可能避免因人为因素的施肥不当而引起土壤肥力差异。另外，播种前要做好试验地的耕耙工作，最好在1~2d内即可完成，采用当地的常规方式，做到深耕、细耙、整平，并且耕耙的深浅应保证一致，方向应与试验设计中区组规划的方向相同。在试验地耕耙时可以适当向外延伸1~1.5m，使试验地范围耕作层一致，并且做好四周的排水灌溉工作，即使遇到特殊天气也不会对试验地有太大的影响。

试验地布置完成后，即可根据前期准备的田间种植图进行试验地区划。区划时一般先根据田间种植图进行整体大方向的规划，比如先确定整个试验区的方向、长和宽，然后再缩小范围进行试验区组、小区、过道和保护行等的确定。区划时为保证试验区的形状标准，首先，将木桩固定在试验区的角落，将试验区的长边拉直，用绳子固定，即试验区的第一边。再以定点为直角进行顶点，应用"勾股定理"画出一个空间直角三角形，直角三角形的一条直角边与绳子（即试验区的第一边）重合。沿着直角三角形的右侧拉另一根绳子，是试验区的第二边。然后，根据测试区域的长度，确定测试区域第一侧的右端点。在试验区第一边的右端点处，用同样的办法可以画出另一个直角三角形，确定发展试验区的第四边。最后，根据测试区域宽度的第二侧和第四侧的上端点，用绳子将第二侧和第四侧的上端点连接起来，即测试区域的第三侧。划分试验区时，一定要根据图纸要求区划准确的位置和面积，同时要避免划线偏斜。

（三）种子准备

田间试验所用的花生种子应具有相同的遗传研究背景和品种来源，然后要经过仔细挑选去杂，尽量选择大小一致、种皮完好的花生种子，以保证种子的纯度，确保试验的准确度。

备种最重要的任务之一即确定播种量。除涉及精密的播种量试验和播种密度试验外，其他试验在确定播种量时应考虑各处理小区（垄）有一致的发芽率，以免因为苗期出苗率的问题造成作物生长过程中植株数量、营养面积和光照条件的不同而影响研究结果。鉴于不同基因型种子的发芽率和混杂程度存在差异，所以在确定播种量时既要看种子的重量，还要预先测定各品种的百仁重和发芽率，经过多因素考虑计算其播种量。

花生播种常规上是穴播的方式，播种量通常按粒数计算。这和早期育种试验中涉及材料较多、数量少的现状有关，若均进行发芽试验则不切实际，因此，计算播种量通常以粒为单位。

播种量通常根据所需的播种密度（粒数）、播种面积、发芽率和千粒重计算。

小区（每行）播种量（kg）＝百仁重（g）×小区面积（m²）×密度（株/m²）/发芽率×1 000×100

为避免发生一些错误，种子准备应按照种植计划书的顺序进行。播种前，根据每块地（行）计算出的播种量，分别测量或者计算种子数量，将试验名称、品种名称（或者编号）填入种子袋。所有种子分装完成后，应按种植计划的顺序核对，然后贮藏备用。

（四）播种

播种是田间试验中重要而细致的一个环节，必须严格按计划进行，确保播种质量。

在人工播种情况下，应根据田间种植计划，在每块地的第一行插入小区号（或行号）的标志，经核实查验后再分发种子袋。再次核对标牌、种子袋和记录本上的号码无误后再进行播种。播种过程中要随时检查编号信息，且种子要播撒均匀，保证深浅一致，避免出现漏播和混种的情况。若要求播种精确，可以提前制作响应密度的播种绳。为减少播种失误，应逐个完成区组播种，不宜同时进行多个，且完成每一个区（或一行），均需进行检查，方便发现错误，随时纠正。

当使用机器播种时，播种的地块形状要能够与机器相适应。播种时，应与之前设计的播种量进行相应调整，操作过程中机器匀速行进，随时把握方向，避免走偏。当需要更换品种时，注意及时清理机器中残留种子，避免混杂。播种完成后，及时查看并记录每个区块的实际播种量（播种机中放置的种子量减去剩余的种子量）。

播种时应注意，同一个试验尽量当天完成播种，若是试验区域过大，当天未能完成，那么至少应保证试验区域同一区组的所有小区在同一天进行播种，不建议在同一区组中隔天播种。另外，保护行的播种一般在所有试验区块完成之后进行。

若是在播种过程中实际种植与田间种植图有出入，应在播种工作完成后及时标注，并做好播种进程的详细记录，以备后期田间观察作参考。

（五）栽培管理

播种完成后试验地的栽培管理便是确保田间试验精准进行的重要部分之一，对后期试验结果的可靠性至关重要，必须按照试验计划严格执行。

在栽培管理措施上应达到所在地区的前沿水平。管理过程中，除了试验设置的处理不同外，其他栽培措施要保证一致，尽可能地减少管理差异对各处理产生试验误差。因此，试验地的栽培管理措施应同播种要求相似，即尽量当天完成，若是区域较大未能完成，也应保证同一区组所有小区在同一天完成管理。

常规的试验地田间管理措施同大田栽培，包括施肥、中耕除草、灌溉排水和防病治虫等相关措施。

施肥是整个田间栽培管理中最重要的环节之一，必须根据设计条件严格控制数量、均匀程度，否则会造成较大的试验误差。为了减少试验误差，必须在每个小区施用相同数量的肥料，并在适当的深度和时间内均匀施用相同数量的肥料。若施用肥料以矿物质为主，则需按照肥料成分表中的有效成分来计算用量。若是施用有机肥或在同一小区施用多种肥料，则需提前将肥料混合均匀。为减少混合时肥料的损失，可以根据实际情况适当地混合少量的干细土。

花生田间管理应及时中耕培土，尽可能通过使用机械进行中耕。除草应尽可能使用除草剂，以便在短时间内完成。在进行人工耕作或除草时，应事先计算工作量。一个区块的工作应由一组人员在区块方向（垂直于区块方向）进行，另一个区块的操作则由另一组人员进行，以尽量减少人员之间的分歧。

若进行的不是抗病虫害试验，且统一进行病虫害防治对其结果影响较小，则试验必须能够及时有效进行病虫害防治。各小区的剂量、质量和使用时间均应尽可能一致。

总之，田间栽培管理是一项严谨、细致的环节，每一部分对田间试验成败至关重要，严格执行各项田间作业，遵循唯一差异原则，尽量避免或减少人为造成的差异，以降低试验误差，提高试验的准确性和精确性。

应及时详细记录试验场各项栽培管理工作的完成时间、方法和质量。

（六）田间观察记录与测定

在花生生长发育过程中，客观准确地完成田间观察记录与测定，及时有效地对数据进行分析，是田间试验研究数据信息资料积累、掌握试验材料客观规律的重要技术手段。

大田观测记录的内容应根据试验的目的和要求、品种和实际情况确定。一般来说，试验数据处理问题可能表现出差异的所有情况都应予以记载。但在具体工作中，要区分主次，要有选择。大田试验观测记录的内容通常有以下几个方面。

1. 气候环境条件的观察记录

主要研究目的是了解不同气候条件下，花生生长发育过程中各处理问题产生的影响。一般包括温度（气温和土温）、光照（光照长度和强度）、湿度、降水量和灾害性气候等。气候条件的观测可以在试验地点进行，也可以参考附近的气象站进行。但试验场的农田小气候必须由试验人员亲自观察，关键在于校准观测仪器，严格控制观测时间。一些具有不可控的环境条件，如冷、热、风、雨、霜、雪、雹等不可抗灾害性气候，以及由此所引起的作物生长发育的变化，试验研究人员都应及时通过观察记载，以供分析模型试验检测结果时作为一个参考。

试验地的栽培管理和其他农业作业将影响花生生长发育的外部条件，进而引起作物的相应变化，如整地、施肥、播种、除草、灌溉排水、病虫害防治等。

2. 花生生育动态的观察记录

这是田间观察记录的主要研究内容。制定试验方案前应确定观测项目，主要包括生育期、形态特征、各生育期特征、生长动态、农艺性状等。观测记录的方法、标准、时间根据试验目的、观测项目等情况确定。

3. 非正常现象的观察记录

非正常现象是指会严重影响试验研究效果的各种现象，如冷害、冻害、干旱、涝害、药害和意外风险损失等。如果出现这种现象，应详细记录发生时间、过程和影响程度，以便在分析测试数据时参考。

野外观察记录必须及时准确。一项研究观察记录管理工作人员应由同一人完成，不宜中途换人，以免造成一定误差。观察整个试验，最好是在一天内，至少是同一组。

田间试验中，需要在作物生长发育特定时期取样，测定花生功能叶片蛋白质含量、酶活性等生理生化指标，研究不同处理条件下花生植株物质的变化。取样测定时，需注意取样分析方法，样本数据采集不同部位和取样量要合理。样品应严格按照测试程序进行测量，使用校准设备，并满足药用试剂的纯度要求，以确保测试结果具有较高的重复性和准确性。

（七）收获与室内考种

有些田间试验会在生长发育的某个时期结束。例如如果花生的^{15}N同位素标记试验只在开花期或结荚期进行，并得到相应的试验测定指标（如氮素吸收和利用率）。但大多数田间试验在收获期结束，需进行同步的收获、脱粒以及产量测定，作为评价整个试验处理研究结果的一部分。因此，收获与室内考种是必要的环节之一，且整个试验记录数据应及时、精准、严谨。若操作不当，则会影响整个试验结果，甚至导致整个试验失败。

到花生生育后期荚果已发育完成且已完成田间观察记录工作后，即可以进行花生的收获工作，在正式收获之前应做好相应准备（包括标签、网袋、晾晒设备、脱粒设备和收获工具等）。如果每种作物的成熟期相同，则将防护线和植株放好，然后运走。取样植物（和其他样品）进行室内试验和其他试验，正确标注，放置阴凉通风处按分类或不同处理进行室内试验和测定。在试验区采集剩余植物，然后运输，避免差错。收获时，要尽可能避免经济损失，特别是易落粒品种尤需注意。

如果每个群落成熟期不一致，采收方法与上述方法类似，但有两个区别：一是每个群落的保护行和侧行应保留到最后。二是根据群落成熟期，成熟后采收，两端的植物在采收前被去除。对于收获期较长的品种，保护行、小区边行和两端植株应保留至整个收获结束。

收获的花生荚果或植株要及时进行晾晒，注意防止发生霉烂和虫害，带壳保存。播种前应进行脱壳，脱壳时应严格按分区进行，并注意脱壳质量。用于测试的花生应在太阳下晒干，并在荚果完全干燥后称重。在晾晒、脱壳、称重过程中，需装袋处理时应同时附上相应的标签，最好袋子里外各放一个标签，以便后期处理过程中能够迅速精准识别。整个收获工作包括收获、运输、贮存、干燥、脱壳、称重等，每一个环节必须由专人负责，并建立验收制度，及时核实。

对花生主茎高、侧枝长、叶色、全果数、百粒重、结实率等农艺性状以及种子蛋白质、脂肪酸、可溶性糖含量等品质性状进行测定，成熟后通过室内种子检验（或测定）进行观察记录。综上分析所述，用于进行室内考种的植株，应在收获前按规定进行选取并悬挂在室内，让其自然风干。应注意防止啮齿类动物、害虫等危害损失，并及时进行种子检查。试验形式应严格按规定操作，同一项目应由一人（组）操作，避免人为差异。

田间试验研究经过分析上述步骤，获得了大量的数据信息资料。为了解释试验结果，有必要对这些数据进行整理和分析，并结合现场观测记录得出科学的试验结论。相关测试数据的整理和分析方法将在后续章节中介绍。

（八）田间试验的抽样方法

试验过程中为了调查各小区的数据，对小区的植株进行调查很有必要，但无须对整个系统试验小区的所有植株全面调查，而是抽样选择部分有代表性的植株进行调查，再通过抽取样本的调查结果来评估整个试验小区的情况，这种方法称为抽样调查。这部分选定的植物被称为样本，在抽取样本时，应综合考虑抽样单位的大小对调查准确性的影响。例如花生是一种穴播作物，通常不按每株植物取样，而是按每穴取样。田间进行试验的抽样调查，样本数据容量的确定应从多方面因素综合分析考虑，如试验研究小区的面积、植株生长的整齐度、抽样调查的精确性和人力、物力、财力、时间等。田间试验抽样调查的目的是通过小部分样本来评估整个试验（或试验小区），故选择合适的具有代表性的样本至关重要，且所采用的抽样方法也很关键。田间试验抽样调查常用的抽样方法有典型抽样、顺序抽样、随机抽样和片段抽样，应根据特定试验要求选择合适的调查方法。

第二节　花生生长发育研究方法

通过分析花生各生育时期的生长发育特点及规律，掌握花生生长发育的研究方法，对评价栽培措施、及早预测产量都具有重要意义。一般采用观察、仪器等测定方法。调查的内容主要有花生单株和群体的动态变化。

一、花生形态特征及生物学特性田间调查方法

（一）根的形态特征及生物学特性田间调查方法

1. 主根长

花生植株胚根向下垂直伸长生长形成的主根与顶芽生长形成的主茎连接处至根尖端之间的长度，单位为"cm"。

2. 主根粗

花生植株主根基部向下1cm处的粗度，单位为"cm"。

3. 根表面积

花生植株主根和侧根的总表面积，单位为"cm^2"。

4. 根瘤数

花生植株主根上和侧根上根瘤个数的总和，单位为"个"。

5. 根瘤鲜重

花生植株主根上和侧根上根瘤总鲜重，单位为"g"。

6. 根干重

花生根部取样以后，先杀青在105℃的烘箱内烘干2h，再调节至85℃下烘干1~2d，待自然冷却后取出称根干重，单位为"g"。

（二）茎的形态特征及生物学特性田间调查方法

1. 主茎高

从第一对侧枝基部到主茎顶端未展开叶片基部长度，单位为"cm"。

2. 第一对侧枝长

从子叶节上两侧芽发育而来的第一、第二条分枝长的平均长度，单位为"cm"。

3. 第二对侧枝长

由主茎第一、第二真叶叶腋中的侧芽发育成为第三、第四条分枝长的平均长度，单位为"cm"。

4. 分枝数量

花生植株5cm以上的分枝（不包括主茎）的总和。

5. 株型指数

花生第一对侧枝的平均长度与主茎高的比值称株型指数。

蔓生型（或匍匐型）：株丛分散、分枝性强，茎为蔓性，匍匐生长，交替开花、花期长，结果分散，株型指数为2左右或以上。

半蔓生型（或半匍匐、半直立型）：株丛紧凑、枝蔓稍倾斜向上生长，第一对侧枝近基部与主茎呈60°~90°角，直立部分大于匍匐部分，株型指数1.5左右。

直立型：株型紧凑直立，连续开花，但分枝性弱，株型指数1.1~1.2。直立型与半蔓生型合称丛生型（图8-1）。

直立型　　　　半匍匐型　　　　匍匐型

图8-1　花生株型

（IBPGR/ICRISAT，1992）

（三）叶片的形态特征及生物学特性田间调查方法

1. 叶形状

花生的叶片可分为不完全叶及完全叶（真叶）两类。花生的真叶为四小叶羽状复叶（由托叶、叶枕、叶柄、叶轴和小叶片组成），观察完全展开的叶片。

2. 叶片结构

花生叶片解剖构造与一般双子叶植物相似，其特点是在下表皮与海绵组织之间有一层大型薄壁细胞，无叶绿体，占叶片厚度的1/3左右，常被称为贮水细胞，一般认为，与花生的抗旱性有关（图8-2）。花生叶片形态见图8-3。

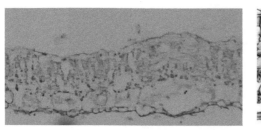

图8-2 体视显微镜测定叶片组织显微结构及贮储水组织

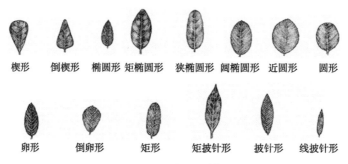

楔形　倒楔形　椭圆形　矩椭圆形　狭椭圆形　阔椭圆形　近圆形　圆形

卵形　倒卵形　矩形　矩披针形　披针形　线披针形

图8-3 花生叶片形态

（IBPGR/ICRISAT，1992）

3. 叶色

叶色呈不同深浅的绿色。

（四）花的形态特征及生物学特性田间调查方法

1. 开花习性

根据着生花序在植株上的排列方式（图8-4），10%的植株开始下针时调查。

（1）连续开花型。侧枝上的每一节均可着生花序，均可开花结果，这种排列方式称为连续开花型。

（2）交替开花型。花序与营养枝在侧枝上交替出现，一般是侧枝基部的1～3节或1～2节上长营养枝，不长花序，其后4～6节或3～4节着生花序，不长营养枝，再后也是如此交替，称为交替开花型。

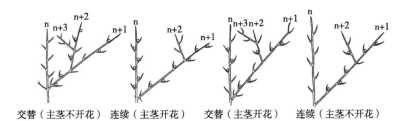

交替（主茎不开花）　连续（主茎开花）　交替（主茎开花）　连续（主茎不开花）

图8-4　花生开花习性

（Rao and Murty，1994）

2. 花的形态结构

自外向内由苞叶、花萼、花冠、雄蕊、雌蕊组成（图8-5）。

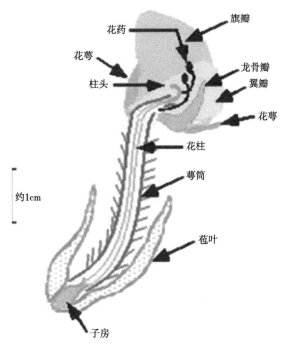

图8-5　花生花的形态结构

3. 花芽分化

花芽分化的全过程可分为花序及花芽原基形成，花萼原基形成，雄蕊、心皮分化，花冠原基形成，胚珠、花药分化，大、小孢子母细胞形成，雌、雄性生殖细胞（大小孢子）形成，胚囊及花粉粒发育成熟（配子体形成），开花9个时期。花生花器构造见图8-6。

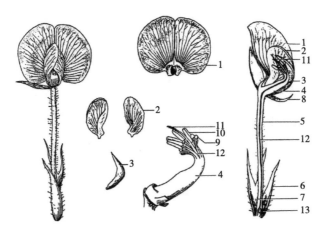

1.旗瓣；2.翼瓣；3.龙骨瓣；4.雄蕊管；5.花萼管；6.外苞叶；7.内苞叶；8.萼片；
9.圆花药；10.长花药；11.柱头；12.花柱；13.子房

图8-6　花生花器构造

（山东省花生研究所，1982）

4.花色

分为浅黄色、黄色、橙黄色3种。

（五）荚果形态特征及生物学特性田间调查方法

1.荚果缢缩程度

在晾晒入库时，目测代表性荚果缢缩程度，分为平、浅、中、深4种（图8-7）。

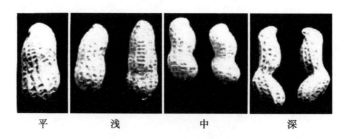

平　　　浅　　　中　　　深

图8-7　花生荚果缢缩程度

2.荚果果嘴明显程度

在晾晒入库时，目测代表性荚果果嘴明显程度，分为无、短、中、锐、极锐（图8-8）。

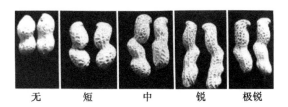

| 无 | 短 | 中 | 锐 | 极锐 |

图8-8　荚果果嘴明显程度

3. 荚果网纹

在晾晒入库时，目测代表性荚果表面，可分为无、浅、中、深和极深（图8-9）。

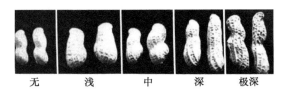

| 无 | 浅 | 中 | 深 | 极深 |

图8-9　荚果网纹明显程度

（六）种仁形态特征及生物学特性田间调查方法

1. 种仁形状

在成熟期调查，分为球形、锥形、柱形（图8-10），也可在籽仁干燥后调查。

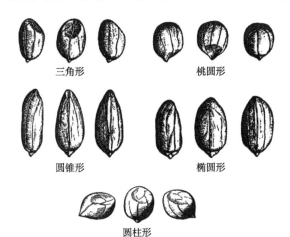

三角形　　　　桃圆形

圆锥形　　　　椭圆形

圆柱形

图8-10　荚果种仁形状

（山东省花生研究所，1982）

2. 种皮有无裂纹（含水8%以下）

分为无或极轻、轻、中、重、极重。

3. 种皮颜色

以晒干新剥壳的成熟种子为准，分为白色、浅粉色、粉色、深粉色、深红色、紫色、深紫色、黑色共8种。

4. 种皮内表皮颜色

以晒干新剥壳的成熟种子为准，分为白色、浅黄色、深黄色3种。

5. 种子休眠性

种子成熟后，即使立即给予适宜的生长条件，也不能正常发芽出土，这种特性叫休眠性。种子休眠需要的时间叫休眠期，根据《农作物种子检验规程 发芽试验》（GB/T 3543.4—1995）规定的方法，对收获后充分晒干的成熟种子（含水量为7%），在收获后15d进行发芽试验，观察发芽率达70%的天数。分为极短、短、中、长、极长。

6. 抗旱性

在干旱期间，根据植株萎蔫程度及其在每日早晨、傍晚恢复快慢，分强（萎蔫轻、恢复快）、中、弱（萎蔫重、恢复慢）3级。

（七）田间考种调查方法

在收获前10d左右，随机取5穴10株，重复2次，测定以下农艺性状。

1. 单株荚果数

全株有经济价值的荚果的总和。

2. 单株生产力

成熟期选有代表性的植株，将荚果充分晒干后称重，计算单株荚果重量的平均值，单位为"g"，精确到0.1g。

3. 百果重

荚果含水量在10%以下时，取饱满典型干荚果100个称重，重复2次，重复间差异不得大于5%，取平均数，以"g"表示。

4. 百仁重

籽仁含水量在8%以下时，取饱满的典型干籽仁100个称重，重复2次，重复间差异不得超过5%，取平均数，以"g"表示。

5. 出仁率

随机取干荚果0.5kg，剥壳后称籽仁重量，计算出仁率，重复2次，重复间差异不得大于5%，取平均数，以"%"表示。计算公式：出仁率（%）＝籽仁重÷荚果重×100%。

6. 小区产量

试验小区实收的干荚果产量、籽仁产量，以"kg"表示。籽仁产量（kg）＝荚果产量×出仁率（%）

7. 折亩产

亩产（kg）＝小区产量÷小区面积×/亩（667m²）。

二、花生个体生长量研究法

作物生产的目的，在于大面积丰收。因此从生产角度来说，最有实际意义的是作物群体。作物群体的物质生产力，来源于作物个体的生长量。作物个体生长量的基本指标主要是株高和重量，也是作物生理研究和作物生产中经常需要测定的基本项目。

（一）花生株高

株高是植物形态学调查工作中最基本的指标之一，也是选育优良品种的参考数值之一。一般在栽培试验中，将处理后的花生株高与对照相比，来评判处理对花生形态的影响，具有较高的参考价值。通过观察测量各个发育期花生的株高变化趋势，供研究人员观测试验处理对其生长发育的影响以及对环境变化的响应。

1. 株高的测定

通常以株高或自然株高来表示植株的高度。株高就是作物保持直立状态下，从地面到植株顶部之间的垂直距离。其中顶部，根据作物不同或者试验设计预期的具体要求不同，植株顶点可能是最高处叶片位置，或者主茎的最高点。株高表示作物植株的纵向生长量，也叫生理株高。自然株高表示作物群体的高度，即生长状态的群体植株，从地面到冠层顶部表面的高度。株高与自然株高的值作比较，若是差值较大则表示植株的叶片（尤其是上部叶片）分布越呈现水平型，表明作物生长群体内部的光照条件不利于群体生长。

测量的花生株高一般以"cm"为单位。但是若研究花生苗期的生长情况，可以以"mm"为单位，由于水培或沙培的幼苗较小，测量时以子叶至顶端叶片的长度来表示株高。室内培养的花生幼苗，可以适当减少测定样本，一般以10株为宜。而花生田间试验小区或生产田块的种植面积较大，选取样本量应大一些，以10～20株为宜，且样本要具代表性。另外，也可根据实际种植情况及试验处理分布，采取判断选株测定的方法，即首先目测判断，选择长势一致的植株，排除过高和过低的植株，再从能代表测点（或小区）整体高度的植株中来选择样本进行测量。

2. 株高整齐度

（1）标准差和变异系数。平均数是样本采集数据的代表值，也是样本表现的集中体现。但其能否作为代表值，是否具有代表性，还取决于样本所有数值间的变异程度。因此在说明一个总体时，不仅需要描述其整体性的特征数，而且还需要描述其变异性的特征数。表示变异度的统计数较多，最常用的有标准差和变异系数。

标准差是表示偶然误差的一种较好的方法，它可以表示单次测定值围绕平均值的密集程度，说明测定结果精确度的大小。

其单位与测定值的单位相同。由样本资料计算标准差的公式为：

$$S = \sqrt{\frac{\sum(X - \overline{X})^2}{n-1}} = \sqrt{\frac{\sum X^2 - \frac{(\sum X)^2}{n}}{n-1}}$$

式中：S为样本单次标准差；X为测定值；$\overline{X}$为样本平均值；$n-1$为自由度。

S值小，说明单次测定结果之间的偏差小，精确度高，平均值的代表性好。求出的标准差一般写在平均值之后，即 $\pm S$。

当进行两个或多个样本指标之间的变异程度对比时，若是指标的单位或者平均数有差异，则不可直接通过标准差来比较，这时候可以计算标准差，通过比较标准差的绝对值来进行对比。一个样本的标准差占该样本平均数的百分率称为该样本的变异系数，用CV表示，计算公式为：

$$CV = \frac{S}{\overline{X}} \times 100$$

变异系数小，说明平均值的波动小，精密度高，代表性好。变异系数既受标准差的影响，又受平均数的影响。因此，在运用变异系数表示样本的变异程度时，应同时列举平均数和标准差，否则可能会引起误解。

（2）株高整齐度的表示。株高整齐度可以用株高变异系数的倒数来表示，即

$$整齐度 = \frac{\overline{X}}{S} = \frac{1}{CV} = \frac{\overline{X}}{\sqrt{\frac{\sum X^2 - \frac{(\sum X)^2}{n}}{n-1}}}$$

式中：X为株高的实测值；$\overline{X}$为株高的平均值；n为测定样本数；S为株高的标准差；CV为变异系数。变异系数是表示变数离散程度的相对数值，整齐度用变异系数的倒数来度量，则表示变数的集中趋势，作物的性状越整齐产量越高。

武恩吉等（1986）对玉米的研究表明，同一品种在不同密度下，株高整齐度皆随密度的增加而下降。在相同密度下，株高整齐度与产量皆呈正相关关系，据对65个地块麦田套种玉米的调查表明，密度在3 500～3 700株/亩时，株高整齐度（x）与亩产量（$\hat{y}$）的直线回归方程为：

$$\hat{Y} = 142.02 + 50.44x$$

$$r = 0.985\ 2^{**}$$

植株整齐度对作物的密植、高产至关重要，与产量呈显著（极显著）正相关，因此，在试验中可以将株高整齐度这一指标来评价花生群体生长均衡性和栽培管理措施效果。

（二）花生根量和表面积的测定

根量的基本指标是根系体积、长度和重量。根系的表面积一般区分为总吸收面积和活跃吸收面积两部分。

1. 根量的测定

（1）根系体积的测定。根系体积的测定一般采取排水法测定，因为根系的体积等于其所排出同体积水的量。

当测定小苗的少量根系时可直接放入盛水的10mL量筒中测定，一般情况下应该用根系体积测定装置（图8-11）测定。

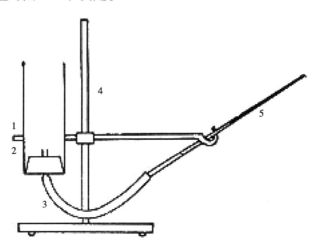

1.玻璃筒；2.橡皮塞；3.胶管；4.滴定台及固定夹；5.移液管（与水平的夹角越小越灵敏）

图8-11　根系体积测定装置

①将作物根系小心挖出，用水轻轻漂洗去根上的泥土，注意不要伤根，用吸水纸吸干根系的附着水分。

②给根系测定装置的玻璃筒中加水，并调节移液管的倾斜角度使其中水位面接近橡皮管一端，并记下读数A_1。

③将根系浸没在玻璃筒内，移液管内的水面随之上升，记下液面读数A_2。

④取出根系，此时移液管的水面会降至A_1以下，给玻璃筒仔细加水使移液管内水

面回升至A_1。再用另一支移液管仔细给玻璃筒加水，使移液管内水面再回升至A_2。这次的加水量，即为根系的体积（每毫升水可按$1cm^3$体积计算）。

（2）根系长度的测定。在根系吸收水分和养分的研究中，根系长度是很重要的指标。作物根系长度的表示，一种是以根系中最长的一条根来代表根长，另一种是求根总长。对于水培或沙培幼苗容易获得完整的根系，所以根长的测定也是可靠的。但对从田间挖取冲洗的根系，由于很难获得完整无损的根系，所以根系长度的测定结果的准确性较差。

对于测定根的长度操作难度较低，通常是将根洗净（或不洗）拉直，直接直尺测定。也可将根放入大培养皿，加入少许水再将毫米方格纸垫在培养皿下边。用镊子拉直每条根，对着方格纸记录其长度。如需要测总根长时，也可将大张方格纸压在大块玻璃板下（水平），在玻璃板上加一薄层水（不至流走），将洗净的根系铺在玻璃板上（不能重叠），逐条测定并累计总长度。这种方法工作量很大。

测定根系总长度，一般采用间接的交叉测定法。Newman（1966）提出的直线交叉测定法，经不断改进已成为采用较多的测定方法，其特点是快捷、准确。具体操作：准备一个透明有机玻璃（或普通玻璃）制成$30cm \times 40cm$的平盘，盘底垫一张方格纸作为框格，方格的大小根据花生根系的大小准备，确保合适。在盘内加少许清水，把根系平铺于盘内，用镊子将根随意拨开，避免侧根之间彼此交叠，当遇到较长的分枝侧根，可切成合适的小段。根系平铺好之后，在静止状态下，查算根系与框格（方格纸）的垂线与水平线的交叉点数。由交叉点数按下式（Marsh，1971；Tennant，1975）计算根总长：

$$根总长 = 长度转换系数 \times 交叉点数$$

若以上述方法测定根系，当根部的总长少于$1m$的短根样品，用$1cm$的框格，总长约$5m$的大样品用$2cm$的框格。对于$1cm$、$2cm$和$5cm$的方格，其系数分别为0.786、1.571和3.929。不同的作物根系大小分布有差异，而花生的根系较小，且与其培养环境密切相关，如盆栽中培养，根系可能会达到$1m$以上。应根据样本大小选择合适的方格纸。

（3）根系重量的测定。在取样时，应尽可能挖取所有的根系，将试验误差降到最低。当在田间或土培盆栽挖取花生根系样本时，可以先用水冲洗，然后取出完整根系。

冲洗方法一般是将取出的"土壤—根系"样品置于桶中，用流水边冲边松土块，即使有断根也处于水面上，可以及时收集。倒水桶中的水时，可以用尼龙筛网过筛，筛孔一般以$0.5mm^2$为宜，也可根据花生根系的大小进行选择，一般筛孔范围为

$0.2 \sim 2mm^2$。经过几次反复至去除粗根表面的泥土及杂物，注意收集每一次换水时的断根。

如无自来水的冲洗条件，也可将带土根样放入水桶浸泡数小时或过夜，然后用手拨动混合水液，使根土分离，断根悬浮于上层，将上层水液倒入筛网（孔径$0.2 \sim 2mm^2$），使细小的土粒与断根分开，并用水壶冲洗，剔除异物，收集根样。以上过程必须重复$3 \sim 8$次，直至全部根样收回为止。

活的根样为白色，易于和异物区别，但死的根样已变色，要仔细辩认和异物区分。在异物中需要特别注意的是杂草的根系，防止因杂草的根系混杂而影响根样的测定结果。

为防止杂草根系的干扰，首先在挖取根样时就要注意避免这种影响，在冲洗过筛时也要注意剔除。

用吸水纸吸附收集洗净的根样，先称鲜重，然后将根样装于牛皮纸袋或信封中，放入105℃烘箱15min至2h后，在$70 \sim 80$℃下烘干称重。细根是根系最活跃的部分，所以在烘干时应将老根和嫩根分开烘干称重，供分析问题参考。

2. 根系表面积的测定

测定根系表面积的方法很多，可归纳为直接测量法和间接测量法两类。直接测量法是测定大量单根的平均直径以及测量每个样品的总根长，按$S=\pi RL$（R：直径；L：总长）公式来估算根系表面积。此法工作量大，精度差。

间接测量法有染色液蘸根法、重量法、滴定法和叶面积仪法。

重量法是将洗净风干根浸入浓硝酸钙溶液中10s后捞出，由浸根前后硝酸钙溶液的重量差作为相对值来表示根系的表面积。

滴定法是将洗净风干的根系浸入3mol/L HCl溶液中（500mL）15s后捞出，将根悬吊放置5min，除去多余的HCl后再浸入蒸馏水（250mL）漂洗10min以上。取浸过根系的HCl和水各100mL，用0.3mol/L的NaOH进行滴定（以酚酞为指示剂），以NaOH的滴定值（mL）相对表示根系的面积。如果选用完整而已知面积的根系，即可作出标准曲线进行绝对测定。

叶面积仪法是将洗净吸干附着水的根系，浸入到0.2mmol/L的甲烯蓝溶液中1.5min，捞出用吸水纸吸干附着溶液，将根散铺在透明塑料薄膜上成长条形，注意不能重叠，再把多余的塑料膜折盖并夹住根系，用光电叶面积仪（如用LI-3000型叶面积仪）像测叶面积一样测定，所得测定值再乘以π值（假定根为圆柱形），即为根系总面积。据认为此法对根直径小于1mm时误差较大。如果根系不透明时，不必染色。

应用比较普遍的是染色液蘸根法，这种方法不仅可以测定总吸收面积还可区分活跃吸收面积。根据沙比宁等的理论，认为植物根系对物质的吸收最初具有吸附的特性，并假定此时被吸附物质是以单分子层形式均匀地覆盖在根系表面。之后，在根系的活跃部分把原来吸附着的物质解吸到细胞中去，根系又可继续吸附。因此，可以根据根系对某种物质的吸附量来测定根的吸收面积。一般常用甲烯蓝作为被吸附物质，其被吸附的数量可以根据供试液浓度的变化用比色法准确地测出。据沙比宁测定1mg甲烯蓝成单分子层时可覆盖1.1m²的面积，据此可求出根系的总吸收面积。当根系在甲烯蓝溶液中已达吸附饱和而仍留在溶液中时，根系的活跃部分能把原来吸附的物质吸收到细胞中去，因而可继续吸附甲烯蓝。从后一个吸附量可求出活跃吸收面积，可作为根系活力的指标。

（1）甲烯蓝溶液标准曲线的制作。取试管7支，编号，按表8-1次序加入各溶液，即成甲烯蓝系列标准液。

表8-1 不同浓度甲烯蓝溶液配制

试管号	1	2	3	4	5	6	7
0.1mg/mL甲烯蓝溶液（mL）	0	1	2	4	6	8	10
蒸馏水（mL）	10	9	8	6	4	2	0
甲烯蓝浓度（mg/mL）	0	0.001	0.002	0.004	0.006	0.008	0.01

以第一管（水）为参比在分光光度计下比色，取波长660nm，读出光密度，以甲烯蓝浓度为横坐标，光密度为纵坐标绘成标准曲线。

（2）取待测作物根系用滤纸将水吸干再用排水法在量杯或量筒中测定其根系体积。把0.000 2mol/L甲烯蓝溶液分别倒在3个编号的小烧杯里，每杯中溶液量约10倍于根的体积，准确记下每杯的溶液用量。

（3）取根系，用吸水纸小心吸干数次，慎勿伤根，然后顺序地浸入盛有甲烯蓝溶液的烧杯中，在每杯中浸1.5min。注意每次取出时都要使甲烯蓝溶液能从根上流回到原烧杯中。

（4）从3个烧杯中各取1mL溶液加入试管，均稀释10倍，测得其光密度，查标准曲线，求出每杯浸入根系后溶液中剩下的甲烯蓝毫克数。

（5）以下式求出根的吸收面积。

总吸收面积（m²）＝$[(C_1-C_1')\times V_1]+[(C_2-C_2')\times V_2]\times 1.1$

活跃吸收面积（m²）＝$[(C_3-C_3')\times V_3]\times 1.1$

$$活跃吸收面积＝\frac{活跃吸收面积}{总吸收面积}\times 100\%$$

$$比表面积＝\frac{根的总吸收面积}{根的体积}$$

式中：*C* 为溶液原来的浓度（mg/mL）；*C'* 为浸提后的浓度（mg/mL）；*V* 为加入烧杯中的甲烯蓝溶液的体积（mL）；1、2、3为烧杯编号。

3. 根系活力的测定

氯化三苯基四氮唑（TTC）是标准氧化还原电位为80mV的氧化还原物质，溶于水中成为无色溶液，但被还原后即生成红色而不溶于水的三苯基甲（TTF）。生成的TTF比较稳定，不会被空气中的氧自动氧化，所以TTC被广泛地用作氧化还原酶的氢受体，植物根所引起的TTC还原，可因加入琥珀酸、延胡索酸、苹果酸等得到增强，而被丙二酸、碘乙酸所抑制。由于TTC还原量能表示脱氢酶活性，而脱氢酶的活性是与根系活力呈正相关的，所以由红色TTF的量即可测定根系的活力。

（1）TTC标准曲线的制作。吸取0.25mL 0.4% TTC溶液放入10mL容量瓶中，加少许 $Na_2S_2O_4$ 粉末，摇匀后立即产生红色的TTF。再用乙酸乙酯定容至刻度，摇匀。然后分别取此液0.25mL、0.50mL、1.00mL、1.50mL、2.00mL置于10mL容量瓶中，用乙酸乙酯定容至刻度，即得到含TTF 25μg、50μg、100μg、150μg、200μg的标准比色系列，以空白作参比，在485nm波长下测定光密度，绘制标准曲线。

（2）称取根样品0.5g，放入小培养皿（空白试验先加硫酸再加入根样品，其他操作相同），加入0.4% TTC溶液和磷酸缓冲液的等量混合液10mL，把根充分浸没在溶液内，在37℃下暗处保温1h，此后加入1mol/L硫酸2mL，以停止反应。

（3）把根取出，吸干水分后与乙酸乙酯3~4mL和少量石英砂一起磨碎，以提出TTF。把红色提取液移入试管，用少量乙酸乙酯把残渣洗涤2~3次，皆移入试管，最后加乙酸乙酯使总量为10mL，用分光光度计在485nm下比色，以空白作参比读出光密度，查标准曲线，求出四氮唑还原量。

（4）计算。将所得数据代入下式，计算四氮唑还原强度。

$$四氮唑还原强度 = 四氮唑还原量（μg）/ [根重（g） \times 时间（h）]$$

（三）花生群体物质生产研究法

密植是提高花生高效高产栽培的方法之一，但其种植密度有一定的范围。当种植密度过大，花生的形态生长，如主茎高、株型均会受到影响，同时，会增加整个花生群体叶面积，进而造成植株之间形成遮阴状态，对光与 CO_2 的竞争增大，不利于群体生长。尤其是开花下针期后，花生从营养生长向生殖生长转变，其地上部迅速增长，随之而来的是群体遮阴情况加重，光合作用受阻，透光性差。这使得光合产物向荚果分配减少，很大程度上减少荚果产量。合理密植，是保证花生密植栽培增产的前提条件，因此，阐明花生群体结构与物质生产之间的关系对在生产实践中提高花生高产栽培至关重要。

1. 群体叶面积及茎、叶干物质积累的垂直分布

了解花生群体的光合系统（叶片）与非光合系统（茎、枝、荚果）在空间的配置状况，对研究花生群体的物质生产和不同密度花生群体的光合作用具有重要意义。目前较为普遍采用的方法是日本人门司、佐伯于1953年提出的"大田切片法"（或称分层割取法）。即把一定面积的植株自上而下按一定间隔（约5cm或10cm）分层割取，再按光合系统和非光合系统分别测定各层的绿色面积，叶、茎等各部分的鲜重和干重，求出各层数量的垂直分布，绘制生产结构图，进而分析其结构、功能、动态变化及其与环境条件的关系。

（1）测点的准备。花生属于矮秆作物，测点面积一般以1m²为宜，选择长势一致的区域，量取1m²正方形或长方形，在四角插上刻度标杆，标杆贴近地面的刻度要高度一致。从花生茎基部向上量取，根据取样时期花生的主茎高度，可以选择每10cm（或5cm）为一层，用细绳在标杆上水平拉对角，注意避免损伤植株和群体的自然分布状态，将群体分为若干层。

（2）分层割取。以每层的拉绳高度为准，自上而下进行分层切割取样。若是取上层样过程中，下层枝叶卷曲，按其原层位进行取样。将每层取样做好标记，装于塑料袋或纸袋中带回室内。将每层的叶、茎分别剪开，只剪下叶片，不带叶鞘，即不必把叶鞘从茎上取下。

（3）测定叶面积和重量。分别称取每层的叶片、茎秆的鲜重，再测定每层叶片的总叶面积，以"m²"计，即可计算出每层和总的叶面积指数。鲜重测定完毕后将材料分别烘干至恒重，称取干重。

（4）绘制群体结构图。将所测的干重、叶面积指数，按取样时每层高度绘制群体结构图（图8-12）。

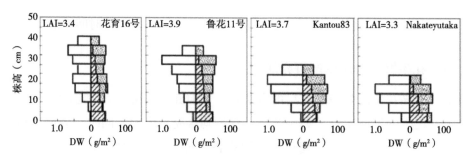

图8-12　花生群体各层干重、叶面积分布

（蒋春姬等，2002）

2. 群体生长系数

（1）生长速率（Growth rate，GR）。生长量和时间的关系曲线如图8-13所示。

假定作物的重量W（或高度、面积等）随时间t的变化而变化，在生长前期，生长速率和测定时作物材料的数量成正比，而且在很短时间间隔内，其比例系数R为常数，则有

$$\frac{\mathrm{d}W}{\mathrm{d}t}=RW \text{，或} \frac{\mathrm{d}W}{W}=R\mathrm{d}t$$

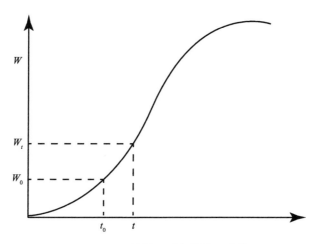

图8-13　生长量和时间的关系曲线

如果时间是由$t_0 \to t$，则作物重量相应也是由$W_0 \to W_t$，此间作物的总量为

$$\int_{W_0}^{W_t}\frac{\mathrm{d}W}{W}=\int_{t_0}^{t}R\mathrm{d}t, \ \ln\frac{W_t}{W_0}=R(t-t_0) \text{ 或 } W_t=W_0\mathrm{e}^{R(t-t_0)}$$

当$t_0 \to 0$时，W_0就是生长开始时的起始基数，如种子萌发生长时的种子重，或新器官开始生长时所依赖的原有器官的数量。W_t是在t时之后达到的数量，R为生长速率。可见，在生长初期，t时的生长量W_t，是随最初的W_0、生长速率R和时间t，按指数方式增加的（生长的）。关于R的大小，据上海植物生理研究所对水稻的研究表明，在不同种植密度（41万～119万株/亩）之间差异不显著。因此，增加种植密度可以显著增加早期作物的干物质积累，其实际是W_0对W_t的影响。即随着前期种子营养物质的增加，其叶面积增长迅速，促使前期作物总生产量直线上升。

到生长中期，干重增长趋于平缓，单位土地面积上干重W与时间t成直线关系，即

$$W_2=W_1+r(t_2-t_1)$$

式中：W_1、W_2分别为t_1和t_2时的干重（g）。r为直线增长的速率，即

$$r=\frac{W_2-W_1}{t_2-t_1}$$

在中期以后，由于叶面积持续增加后期会造成遮阴状态，其单位叶面积干重的增加减缓，直至达到最适叶面积指数时，叶面积对总干物质的增加影响较小。此时，群体生长率成为总干重变化的决定因素。

（2）群体生长率（Crop growth rate，CGR）。群体生长率是表示在单位时间内、单位土地面积上所增加的干物质重量。

$$群体生长率（CGR）= \frac{W_2 - W_1}{A(t_2 - t_1)}$$

式中：A为土地面积（m^2）；W_1、W_2分别为t_1、t_2时单位土地面积上的总干重（g）。群体生长率单位为[g/（$m^2 \cdot d$）]。

群体生长率实际上就是日平均生产率，即

$$日平均生产率 = \frac{净生产量}{总生育日数}$$

（3）荚果生长率（Pod growth rate，PGR）。荚果生长率是表示在单位时间内、单位土地面积上所增加的荚果干物质重量。

$$荚果生长率（PGR）= \frac{W_2 - W_1}{A(t_2 - t_1)}$$

式中：A为土地面积（m^2）；W_1、W_2分别为t_1、t_2时单位土地面积上的荚果总干重（g）。荚果生长率单位为[g/（$m^2 \cdot d$）]。

（4）相对生长率（Relative growth rate，RGR）。相对生长率表示在某一时间，单位干物重量的物质生产效率，即表示单位干物质的生产能力。

$$相对生长率（RGR）= \frac{1}{W} \cdot \frac{dW}{dt}$$

式中：W为某一时间的干物质重量；dW/dt为当时的干物质增长速率。RGR如用R表示并当作一个常数，在时间$t_1 \to t_2$期间积分，即可求出相对生长率。

$$R = \frac{1}{W} \cdot \frac{dW}{dt}, \quad \frac{dW}{W} = Rdt$$

$$\int_{W_1}^{W_2} \frac{dW}{W} = \int_{t_1}^{t_2} Rdt, \quad \ln\frac{W_2}{W_1} = R(t_2 - t_1)$$

$$R = \frac{\ln W_2 - \ln W_1}{t_2 - t_1} = \frac{2.3(\log W_2 - \log W_1)}{t_2 - t_1}$$

式中：W_2、W_1分别为t_2、t_1时的干重（g）。相对生长率单位为［g/（g·d）］。

同样，叶面积相对生长率（Leaf relative growth rate，L_{RGR}）也可以表示为：

$$L_{RGR} = \frac{2.3(\log L_2 - \log L_1)}{t_2 - t_1}$$

式中：L_2、L_1分别为t_2、t_1时的叶面积（m^2）。叶面积相对生长率单位为［m^2/（m^2·d）］。

（5）净同化率（Net assimilation rate，NAR）。净同化率是指单位叶面积（m^2）上干物质的增加速率，也就是每平方米叶面积每天能生产多少干物质，所以也叫光合生产率或净光合生产率。

$$NAR = \frac{1}{L} \cdot \frac{dW}{dt}$$

式中：L、W、t分别为叶面积、单株干重和时间。实际应用的公式为：

$$NAR = \frac{2.3(\log L_2 - \log L_1)(W_2 - W_1)}{(L_2 - L_1)(t_2 - t_1)}$$

式中：W_1、W_2为t_1和t_2时的干重（g）；L_1、L_2为相应时间的叶面积（m^2）。

在作物生长中期，即干重直线增长期，净同化率也可用下式表示：

$$NAR = \frac{W_2 - W_1}{1/2(L_2 + L_1)(t_2 - t_1)}$$

式中：$(L_2+L_1)/2$为$t_1 \to t_2$期间的平均叶面积（m^2）；W_1、W_2分别为t_1、t_2时的干重（g）。该式不能用于生长的前期和后期。

净同化率的概念是建立在单位叶面积上干物质的增加率相等的前提下的，即叶片的工作效率相等。但在叶面积指数较大后（如3以上），由于叶片的互相遮阴，干重增加逐渐减慢，达到最适叶面积指数后，叶面积的增加不再影响总干重的变化。而不同层次叶片的净同化率差异显著。即LAI大时，NAR并不是常数，而是与LAI呈负相关，即叶片的工作效率并不相等。因此，在某种情况下，用群体生长率（CGR）被叶面积指数（LAI）除来计算净同化率（NAR）的做法是不可取的。同样，CGR＝NAR×LAI的关系式也是不合理的。

3. 作物物质生产的测定

（1）测点的选择。根据作物种植的地形及地块大小、种植密度及长势等选3～5处有代表性的测点（试验小区内取一测点）。花生测点的面积可定2～5m^2。每测点的形状可为正方形或长方形，也可依据种植方式进行顺垄取段。

（2）确定相似株。在第一次测定前，先按照生育期和植株长势，选取具有代表性的相似株以备后期取样。如选叶片数（或叶龄）、株高、长势一致的植株做标记（挂标签等），相似株的数量可以根据后期测定次数及采样数而定。

（3）测定叶面积指数。在前期选取的相似株中选10～20株，根据作物叶片的不同，适时选用长宽系数法或回归方程法等测定样品的单叶面积和单株叶面积。再由测点内的实有株数计算出测点内的总叶面积，并计算相应叶面积指数。

（4）测定干物质。在测定单株叶面积的植株中，取5～10株，整株挖取后，剪下叶片（不带叶鞘或叶柄），并从子叶节处切下根系，将根系放入尼龙网内用水冲洗净，将全部根系收集起来，并将叶、茎和根分别装进纸袋放入烘箱（为提高烘干效率，茎秆部分可以先切碎再进行烘干）。设置105℃下杀青15min，以减少样品持续的呼吸消耗，然后在70～80℃下，烘干至恒重。在烘箱断电自然冷却到室温时取出及时称重。注意在取样过程中，若是根系不易完整取出，为不影响整个测定结果的准确性，也可根据实际情况只选取地上部分进行测定。

各器官样品干重测定完成后，再根据测点内的实有株数计算出每平方米各部分的干重，根据多次测定结果即可计算出物质生产的有关指标，并建立群体干物质累积的数学模型。

（四）作物群体最大生产力的估算

单位土地面积上单位时间内（一年或一个生长季）作物形成有机物的最大能力叫作物生产力，也叫最大生产力、潜在生产力或理论生产力，而把目前实际得到的最高产量叫现实生产力或记录产量。把一般的平均产量叫一般生产力或平均生产力。一般地，记录产量较平均产量高出3～7倍，理论产量比记录产量更高。研究如何提高作物的现实生产，使其最大程度接近潜在生产力是作物生理研究的主要任务，这对现代高产高效栽培育种具有重大意义。

最高理论产量的估算方法较多，卢其尧（1980）、李明启（1980）曾用经济产量形成期的太阳能来计算作物的最高产量和光能利用率，并计算出稻谷的理论产量为98kg/hm²，相当于光能利用率为7.2%。黄秉维于1978年提出利用太阳能总辐射量乘以0.124的公式来估算最高理论产量，即Y（kg/亩）$= Q \times 0.124$（Q为太阳总辐射，cal/cm²）。20世纪40年代，美国的Wilcox提出用作物平均含氮量来估算粮食作物的生物学产量，即最高生物产量（kg/亩）$= \dfrac{24}{N}$（N为作物最后的平均含氮量，水稻中稻谷含氮量大约是1.5%，稻草含氮量约为0.5%，如果谷：草＝1∶1，则平均含氮量为1%）。而大多数研究者（Loomis et al.，1963；汤佩松，1963；龙斯玉，1976；黄秉维，1978，村田吉男，1965）以作物全生育期的太阳能为依据，来估算理论产量。下面对此方法做以介绍。

以沈阳地区为例，设某作物生育期为140d，这期间（5—9月）平均每天太阳能辐射量为18 988kJ/（m² · d）（68.04kcal/cm² ÷ 150 × 10⁴ × 4.186），全生育期太阳能总收入每亩为

$$18\ 988 \times 140 \times 667 = 17.72 \times 10^8（kJ/亩）$$

再经以下各项折合：

光合有效辐射（PAR）

$$17.72 \times 10^8 \times 0.44 = 7.796\ 8 \times 10^8（kJ/亩）$$

扣除反射、透射及漏射损失15%，作物组织吸收85%

$$7.796\ 8 \times 10^8 \times 0.85 = 6.627\ 28 \times 10^8（kJ/亩）$$

扣除非绿色组织的吸收，叶绿体吸收80%

$$6.627\ 28 \times 10^8 \times 0.80 = 5.301\ 824 \times 10^8（kJ/亩）$$

扣除光饱和损失5%

$$5.301\ 824 \times 10^8 \times 0.95 = 5.036\ 732\ 8 \times 10^8（kJ/亩）$$

扣除呼吸消耗损失40%

$$5.036\ 732\ 8 \times 10^8 \times 0.6 = 3.022\ 039\ 68 \times 10^8（kJ/亩）$$

能量转化效率以22%计

$$3.022\ 039\ 68 \times 10^8 \times 0.22 = 6.648\ 487\ 3 \times 10^7（kJ/亩）$$

若每千克干物质含能量以1.727 × 10⁴kJ计，则每亩的生物学产量为

$$6.648\ 487\ 3 \times 10^7 ÷（1.727 \times 10^4）= 3\ 849（kg/亩）$$

设经济系数为0.35，则经济产量为

$$3\ 849 \times 0.35 = 1\ 347（kg/亩）$$

这相当于光能利用率为

$$Eu（\%）= \frac{3\ 849 \times 1.727 \times 10^4}{17.72 \times 10^8} \times 100 = 3.75\%$$

第三节　花生光合能力研究方法

在太阳辐射能饱和、大气中氧气和二氧化碳浓度适宜且其他生态因子满足花生正常生长发育时的光合作用速率就是花生光合效能。花生的光合效能很高，显著优于其他C3作物。群体的光合日变化呈现出单峰曲线的特性，从7：00起群体的光合效能逐渐上升，至12：00—13：00达到顶峰，随后开始呈下降趋势，直到18：00后光合效能接近于零；单叶光合日变化呈双峰曲线特性，第一波高峰在10：00—11：00出现，第一次低谷出现在15：00，第二波高峰出现在16：00，通常第二波次的峰谷差率较小。花生主茎的叶片一般显著大于侧枝的叶片，且花生植株生长发育所需的光合产物大部分来自花生主茎叶片。

从光合速率方面来看，大多数情况下普通花生品种要优于珍珠豆型品种，某些龙生型品种的光合潜力较高，但是品种的光合能力并不能直接影响到品种产量。花生在25～30℃的范围内光合效率最高，超出这个范围后，温度每升高1℃，光合速率随之下降约2.5个百分点，例如温度升到40℃，光合速率下降25%。花生对低温较为敏感，在最适温度范围以外，温度每降低1℃光合效率随之降低约4.3个百分点，当降到10℃时，光合效率降低65%。土壤水分可以显著影响花生叶片生长和叶面积扩展，花生净光合速率对土壤水分含量降低的响应则较为迟钝，在土壤相对含水量50%～95%，花生净光合速率无显著降低，土壤相对含水量低于50%后，净光合速率开始急剧下降。

一、花生叶面积指数

花生叶面积指数（Leaf area index，LAI）是衡量花生群体大小的主要指标。花生从苗期到结荚期（或田间封垄），叶面积呈指数增长，在结荚初期花生叶面积增长速度最快，此后逐渐趋于平缓，叶面积会缓慢增长直到饱果出现。在饱果出现后，由于花生基部叶片开始脱落，落叶速度超过了叶片的新生速度，所以叶面积开始呈下降的趋势。

叶面积指数简单来说就是单位面积土地上花生叶片的总面积所占土地面积的比例，以此来衡量作物群体的大小，即

$$叶面积指数（LAI）=\frac{叶面积}{土地面积}$$

当叶面积指数为1时，就表示该地块上花生所有叶片的面积之和正好和该地块面

积大小相等。在中国自古以来土地面积一般以"亩"为单位。如若叶面积指数为2，是指花生叶片正好能在一亩地上铺满上下两层。依此类推，叶面积指数可以为3、4、5等。

花生群体内的光照状况决定了该群体的空间结构是否合理，而叶面积指数是影响株间光照最大的因子。另外，叶面积指数既包含了群体的密度因素，也反映了个体的生长状况及肥水等条件的影响。所以，在研究花生品种和栽培措施的增产效应、群体结构与产量的关系等问题时，都需要测定叶面积指数。

二、光合势和叶面积持续时间

光合势是指单位土地面积上，花生群体在整个生育期或某一生育阶段，总共有多少平方米的叶面积，按其功能期折算为"工作日"，来衡量它对产量的影响。所以，光合势是叶面积和叶片工作持续日数的乘积，也就是一个群体的叶面积以平方米为单位工作的日数，其单位是"$m^2 \cdot d$"。在一定范围内光合势与干物质的生产量、作物产量成正比。花生全生育期的总光合势可以看作是各个生育时期光合势的累积。

与光合势类同的另一个指标是叶面积持续时间（Leaf area duration，LAD），是反映叶面积及其持续时间的指标。计算叶面积持续时间通常是用叶面积指数对时间作图，计算在某一时间段内曲线下的梯形面积（图8-14）。

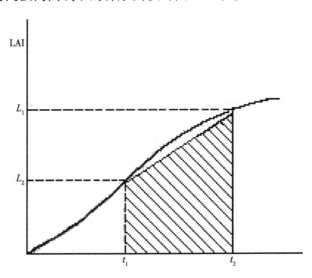

图8-14　由叶面积指数对时间作图得到的叶面积持续时间

图中阴影部分的面积为：

$$D_{2-1} = \frac{(L_1 + L_2)(t_2 - t_1)}{2}$$

式中：L_1、L_2分别为两次测定的叶面积指数值；t_2、t_1分别为后次和前次测定的时间。因为叶面积指数是无量纲单位的，所以，叶面积持续时间的单位是时间，通常以天来表示。

例如计算花生群体始花后10d期间的光合势时，就应先测定始花时单位面积上的花生叶面积和10d后的叶面积，然后计算出这期间的平均叶面积。用平均叶面积乘以日数，即得这期间花生群体的光合势。

$$光合势（m^2 \cdot d）= \frac{前次叶面积（m^2）+后次叶面积（m^2）}{2} \times 10d$$

$$叶面积持续时间（d）= \frac{前次叶面积指数+后次叶面积指数}{2} \times 10d$$

在花生的主要生育时期，如苗期、开花下针期、结荚期、饱果成熟期测定几次光合势即可。各生育时期光合势的总和即为全生育期的总光合势。

三、花生群体内光能分布研究法

在花生群体内，由于同一植株上叶片的生长状态和层次分布不同，使得不同层次的叶片获得的光能辐射量也存在差异，进而也就影响到了整个群体的光合速率和光能利用率。对于花生群体内叶面积数量与光能分布的关系，门司和佐伯（Monsi and Saeki，1953）曾做过相关研究，我国学者殷宏章等于1959年也进行了同样的研究，结果表明群体内部光照强度由上而下随着叶面积指数的变化而呈负指数下降的趋势。下面介绍几个与花生群体内光能分布有关的概念。

1. 花生群体内光强分布的指数衰减

当叶片为水平时，光线从上向下，每经一叶层的微小变化（dF），光强就有一个微小的减弱（dI_F）；在某一叶层处的光照强度（I_F）和冠层顶部的自然光照强度（I_0）成正比。于是有：

$$-\frac{dI_F}{dF} = KI_0，\quad 或 -\frac{dI_F}{I_0} = KdF$$

如求某一叶层处（$0 \rightarrow F$）光照强度的累计减少量（$I_0 \rightarrow I_F$），则有：

$$\int_{I_0}^{I_F} -\frac{dI_F}{I_0} = \int_0^F KdF, \quad -\ln I\frac{I_F}{I_0} = KF$$

$$-\ln \frac{I_F}{I_0} = KF , \quad 或 I_F = I_0 e^{-KF}$$

可见，在阴天的散射光下或在晴天直射光的正午，群体内的光强分布，从上向下，随叶层F（即叶面积指数）的增加而按负指数关系在减少。对于直立形叶片来说，也大体符合这种变化规律。这和比耳-兰伯特（Beer-Lambert）定律基本相符（单色光线通过有色溶液时，按负指数衰减）。

2. 透光率

上式中的I_F/I_0，即某一叶层（叶面积指数）处的光强与群体冠层顶部自然光强的比值，称为透光率（T），也称相对照度（用百分值表示）。由关系式

$$\ln \frac{I_F}{I_0} = -KF , \quad 或 T = e^{-KF}$$

得出，透光率的对数和叶面积指数（F）之间存在着负相关关系，即随叶面积指数的增加，群体透光率按比例减少。

3. 群体消光系数

上式中的比例系数K称为群体消光系数（也称大田消光系数），由上式得

$$K = -\frac{1}{F} \ln \frac{I_F}{I_0} 或 K = \frac{2.3}{F}(\log I_0 - \log I_F)$$

可见，群体消光系数K值是单位叶面积指数引起的群体透光率减少的对数值。群体消光系数是群体光强垂直方向衰减的特征常数。由关系式

$$\ln \frac{I_F}{I_0} = -KF$$

$$令 \frac{I_F}{I_0} = T , \quad F = 1, \quad 则 T = e^{-k}$$

可见，K值越大，T值越小，即群体内光强衰减越严重。

由$I_F = I_0 e^{-KF}$式可见，花生群体内光能的垂直分布取决于累计叶面积指数F和群体消光系数K的变化。消光系数又是受多种因素的影响，张厚等（1984）将实际消光系数K分解为

$$K = K' + \Delta K$$

式中：K'为理论消光系数；ΔK为补偿消光系数。理论消光系数K'的大小取决于群

体内各器官的生长状态，受花生品种自身的株型特性（遗传性）控制，而补偿消光系数ΔK的大小取决于群体内各器官空间分布状况，受种植方式、栽培条件的影响。遗传与环境对K值的影响大致为3∶1（魏燮中，1987）。

花生群体叶片所受光照分为散射光和直射光两种类型，在阴天散射光的照射下（包括晴天遮掉直射光）或晴天正午时，群体消光系数可通过以下公式计算得出（门司-佐伯公式）：

$$K = -\frac{1}{F}\ln\frac{I_F}{I_0}$$

四、光合生理参数及测定方法

（一）光合生理参数

1. 光补偿点（CP）

光补偿点是指花生在一定的光照下，光合作用吸收CO_2和呼吸作用数量达到平衡状态时的光照强度。花生达到光补偿点时，有机物的形成量和消耗量相等，干物质积累量为0（图8-15）。

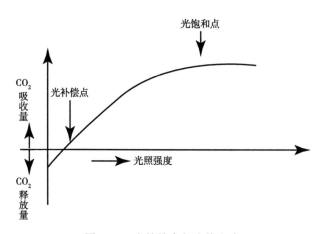

图8-15 光补偿点与光饱和点

2. 气孔导度（Gs）

气孔导度指的是花生叶片气孔张开的程度，气孔导度的大小可以影响花生光合作用、呼吸作用及蒸腾作用的强弱。

花生通过光进行光合作用，气孔张开以吸收CO_2，同时产生蒸腾作用，会导致植株体内水分的丧失与消耗，而经过长期的适应，花生的气孔可以根据外界环境条件的变化来调节自身气孔开度的大小，从而尽可能地使花生在保持生长发育所需要水分的前提下最大限度地获取大气中的CO_2来进行光合作用合成自身所需要的物质，从而影响产量等性状。气孔导度与花生产量的关联度很大，气孔的开度影响产量的高低（李海东等，2016）。气孔开度直接影响蒸腾作用，因此一般用气孔导度来表示，其单位为$mmol/(m^2 \cdot s)$，也有用气孔阻力表示的，它们都是描述气孔开度的量。目前气孔导度的测定已经很便捷，与蒸腾作用成正比，与气孔阻力呈反比。

3. 胞间CO_2浓度（Ci）

在花生的光合作用中，胞间CO_2浓度（μmol）是CO_2同化速率与气孔导度的比值。胞间CO_2浓度是光合生理生态研究中重要的光合参数之一，特别是在光合作用的气孔限制分析中，胞间CO_2浓度的高低影响光合速率的剧烈波动，是判定光合速率的重要参考指标，也是气孔开合因素的重要依据。

一般情况下，花生的胞间CO_2浓度和净光合作用呈正相关关系，当胞间CO_2浓度较高时，光合速率呈缓慢上升的趋势；而当胞间CO_2浓度较低时，光合速率大幅下降，甚至出现直线相关性。这种正相关说明，光合速率的增高是胞间CO_2浓度增高的结果，是两者关系的规律性反映。

4. 蒸腾速率（Tr）

蒸腾速率是指花生在一定时间内单位叶面积蒸腾的水量。一般用每小时每平方米叶面积蒸腾水量的克数表示$[g/(m^2 \cdot h)]$。花生的蒸腾速率、水分利用效率与花生的干物质重量密切相关（潘德成，2011）。

$$蒸腾速率 [g/(m^2 \cdot h)] = 蒸腾失水量/单位叶面积 \times 时间$$

5. 量子效率

在光合作用中每吸收一个光量子，所固定的CO_2分子数或释放O_2的分子数，由于所得数值为小数，故通常用其倒数——量子需要量（Quantum requirement）来表示。即还原1分子CO_2需要的量子数。

6. 光饱和点

当光照强度超过光补偿点时，随着光照强度的不断增强，光合速率也随之升高，此时光合强度大于呼吸强度，花生植株体内干物质逐渐积累。一旦增大到某个值后，再增加光照强度，光合速率却不再随之增大，达到饱和，即光饱和现象。而达到光饱和时的光照强度，即光饱和点（图8-16）。高产高油花生品种具有较高的光饱和点和相对较高的干物质积累，这也是其高产的重要原因之一（陈四龙等，2019）。

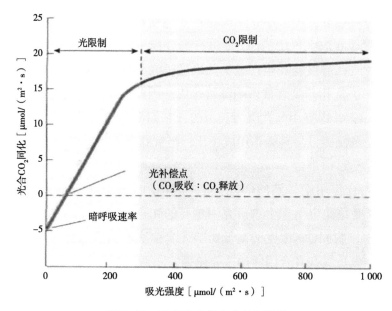

图8-16 吸光强度与光合CO₂同化

7. 光合速率（Pn）

光合作用强弱的一种表示法，又称"光合强度"。光合速率的大小可用单位时间、单位叶面积所吸收的CO_2或释放的O_2表示，也可用单位时间、单位叶面积所积累的干物质量表示。

在测定花生的光合速率时可以选择阳光、温度适宜的天气，一般会选择在9：00—11：00的时间段，选择具有代表性的植株，测定其主茎上倒三叶的净光合速率（Pn）、气孔导度（Gs）、胞间CO_2浓度（Ci）和蒸腾速率（Tr）。

（二）光合生理指标测定方法

随着科学技术和现代仪器的不断深入和发展，现代化光合测定系统的测定结果也逐渐的精确，广泛用于测定花生光合作用强度的仪器种类繁多、操作便捷、携带方便，推广面积也很大，只要经过简单的培训后就可以直接使用。光合作用不是一直稳定的，经常受到植物自身生理状态和一些外界环境条件的影响，如温度、湿度、光照强度，这些因素中某个或者某些产生变化，光合作用也会随之受到影响。因此，光合作用的测定不是单一的，而是复杂的、多样的，还需要掌握一些技巧，灵活应用，才能解释结果出现多变性时，根据花生的生理状态、测定时的条件、外界环境变化、人为经验等因素的影响而正确阐释原理。

1. 测定时间

在田间进行测定时，要注意当天天气情况和合适时间段的选择。在进行天气选择时，尽可能地选择晴朗少云的天气，太阳光强相对稳定；在进行时间段选择时，一般选择在10：00—11：00进行测定最为适宜。因为光照强度和温度等环境条件会随着时间的变化呈现出有规律性的改变，上午逐渐增高，在中午达到峰值，然后逐渐降低。花生的光合速率在13：00—14：00到达峰值的原因有两点，一是因为上午的温度还比较低，此时的光强也比较弱，二是因为光合作用还未达到顶峰，而是在逐步增高的光合诱导期中。往往在不同品种或者不同处理之间进行比较时，要注意在光合作用的诱导期结束、光合作用达到稳态之后进行，以免得到不可靠、不可比、甚至错误的数据，从而影响分析结果。

在室内进行测定时，要注意花生光合作用的诱导期（光合速率仍在逐步上升的阶段）是否已经结束（光合速率达到稳定不变的阶段，即稳态）的问题，所以如果把叶片从黑暗处转移到光下或从比较弱的光下转移到比较强的光下，有巨大光强变化的情况下，为了保证所测定的叶片已经完成光合作用诱导而达到稳定状态，需要在转移测定前在测定光强的光下先照射一段时间（0.5～1h或更长），保证结果的相对准确。

2. 叶片的选择

目前试验研究发现，花生不同叶位叶片、不同叶龄叶片、同一叶片不同部位的光合速率有明显的区别，甚至不同叶片的取向或着生角度（平展和直立）也对叶片自身的光合速率有明显的影响。所以，为了避免所测叶片的叶位、叶龄、叶取向和叶部位等因素会对试验结果产生影响，需要充分考虑选择叶位、叶龄等相同或相近的叶片。除此之外，由于花生主茎倒三叶上的小叶片是刚刚完全展开的，其叶片光合活力最高，所以在光合作用测定时通常选用其主茎倒三叶上部小叶片。

需要注意的是，虽然临时把田间生长的较大的植株连根挖出来带回实验室测定比较方便，但是这种方法的准确性和可行性仍有待商榷，因为在挖取的过程中，无法避免表面部分细根和须根的折断，而这些根系部分的丢失会影响气孔导度和光合速率，使之明显降低。而这种移栽的花生叶片至少需要两周的时间才能恢复到之前的正常光合水平。

3. 测定结果的可靠性检验

在测定时，需要灵活应用，随时检查和分析所得结果的正确性与可靠性，检验有关的指标或参数是否处于正常值范围内，以免做过多的无用功。如果发现参数极高或极低，变化的曲线毫无规律性，应当及时寻找原因并立刻解决。一般来讲，可能是花生植株在当前环境下处于胁迫状态，或者是仪器发生故障导致值不稳定，也有可能是测定方法或者操作步骤不规范，都会影响试验结果的正确性，应该及时纠正或改善，以免浪费人力物力，甚至错过合适的测定时机。尤其是田间试验，错过最佳时间导致试验数据缺失，无法弥补，严重影响试验进展。

4. 测定条件和环境条件的记录

叶片的光合作用受到花生植株本身生理状态的制约和环境条件变化的影响，叶片的光合速率也会随之受到严重的影响。所以在进行测定时，要细心观察植株和叶片的生理状态以及当地环境条件是否良好，综合考虑内外变化，才能对叶片光合速率数值的变化作出正确的阐释。所以，在记录光合速率和相关参数的同时，也应该详细地记录当天的天气状况、外界的环境条件和花生叶片所处的生理状态。只有这样，在整理数据进行分析时，才不会出现因为测定错误产生错误的结果导致试验数据的缺失而影响试验。

五、花生叶片中叶绿素含量的测定

1. 叶绿素（Chlorophyll）

叶绿素是光合作用（Photosynthesis）显著相关的最重要的色素之一。叶绿素可以从光中获取能量，随后被用来将CO_2转变为碳水化合物。叶绿素为镁卟啉化合物，包括叶绿素a、叶绿素b、叶绿素c、叶绿素d、叶绿素f、原叶绿素和细菌叶绿素等。

花生叶绿体中的叶绿素主要有叶绿素a和叶绿素b两种。这两种叶绿素不溶于水，但溶于有机溶剂，如乙醇、丙酮、乙醚、氯仿等。叶绿素a的分子式为$C_{55}H_{72}O_5N_4Mg$，叶绿素b的分子式为$C_{55}H_{70}O_5N_4Mg$。从颜色上看，叶绿素a呈蓝绿色，而叶绿素b呈黄绿色。从化学性质上看，叶绿素是叶绿酸的酯，能够发生皂化反应。叶绿酸是一种双羧酸，两个羧基分别能够被甲醇和叶醇所酯化。叶绿素分子含有一个卟啉环的"头部"和一个叶绿醇的"尾巴"。镁原子居于卟啉环的中央，偏向于带正电荷，而与其相连的氮原子则偏向于带负电荷，因此卟啉具有极性，是亲水的，可以与蛋白质相结合。叶醇是由4个异戊二烯单位组成的双萜，是一个亲脂的脂肪链，决定了叶绿素的脂溶性。叶绿素不参与氢的传递或氢的氧化还原，而仅以电子传递（即电子得失引起的氧化还原）及共轭传递（直接能量传递）的方式参与能量的传递。卟啉环中的镁原子可被氢离子、铜离子、锌离子所置换。用酸处理叶片，氢离子易进入叶绿体，置换镁原子形成去镁叶绿素，使叶片呈褐色。去镁叶绿素易再与铜离子结合，形成铜代叶绿素，颜色比原来更稳定。人们常根据这一原理用乙酸铜处理来保存绿色植物标本。叶绿醇是亲脂的脂肪族链，由于它的存在而决定了叶绿素分子的脂溶性，使之溶于丙酮、乙醇、乙醚等有机溶剂。因此，叶绿素a呈蓝绿色，叶绿素b呈黄绿色是由于结构上的差异而不同。

2. 测定方法

（1）取4周的花生叶片在80℃的烘箱内干燥过夜，然后准确称取100mg新鲜叶片加入液氮后用研磨棒充分磨碎后放入试管中，加入5mL95%（V/V）乙醇，放置黑暗中48h提取。

（2）12 000r/min、4℃、离心5min收集上清提取液。用分光光度计分别测定提取液在649nm和665nm下的吸光度。

（3）用下列公式分别计算出样品中叶绿素a的浓度（Chl_a）、叶绿素b的浓度（Chl_b）和叶绿素的总浓度（Chl）。

$$Chl（mg/gFW）=（13.95 \times OD_{665}-6.88 \times OD_{649}）\times 0.115/0.1$$

$$Chl（mg/gFW）=（24.96 \times OD_{649}-7.32 \times OD_{665} \times 0.115/0.1$$

$$Chl（mg/gFW）=Chl_a+Chl_b=（18.08 \times OD_{649}-6.63 \times OD_{665}）\times 0.115/0.1$$

式中：Chl_a为样品中叶绿素a的浓度；Chl_b为样品中叶绿素b的浓度；Chl为样品中叶绿素的总浓度，即叶绿素a和叶绿素b的总浓度；OD_{649}为样品提取液在649nm下的吸光度；OD_{665}为样品提取液在665nm下的吸光度。

第四节 花生营养测定方法

一、植物样品粗灰分的测定

高温灼烧花生样本后，有机物中的碳、氢、氧等物质形成二氧化碳和水蒸气而挥发，最后的残留物称为"粗灰分"，其中至少含有几十种化学元素。花生粗灰分是农产品品质鉴定的项目之一，是植物无机营养物质的总和，是确定一些植物适宜收获期的依据之一。

测定花生粗灰分的方法有很多，通常采用简单、快速、经济的干灰化法。新鲜花生通过烘干除去水分后可以得到干物质，包含有机和无机两类物质。经低温炭化和高温灼烧，除尽水分和有机质后，剩下不可燃部分为灰分元素的氧化物或盐等，称量后即可计算灰分质量分数。花生粗灰分的含量，随花生品种、不同器官和部位、生育期以及生长环境和其他农业技术措施等因素而变动，但一般为2%～7%，平均约5%。由于灼烧得到的灰分中难免带有极少量未烧尽的炭粒和不易洗净的尘土，且灼烧后灰分的组成已有改变（例如碳酸盐增加，氯化物和硝酸盐损失，有机磷、硫转变为磷酸盐和硫酸盐等，质量都有改变），所以用干灰化法测得的灰分只能称为粗灰分。在农化分析中，通常只需测定粗灰分。

烘干花生样品后，先在低温电炉上炭化，再转移到高温电炉中灼烧，灼烧温度控制在（525±25）℃。

（一）低温炭化

在烘干后的坩埚中，称取2.0～3.0g磨碎的风干植物样品。使用促进样品均匀灰化的乙醇溶液或蒸馏水1～2mL，使样品湿润。然后把坩埚放在调温电炉上，坩埚盖斜放，使电炉温度逐步升高，使样品炭化至无烟。

（二）高温灰化

将炭化后的样品连同坩埚一起移至高温电炉中，继续以525℃灼烧约1h（45～120min，因样品种类和称样量有所分别），烧至灰分直至白色为止。将坩埚移到炉门口冷却至200℃以下，再放入干燥器中冷却至室温（约30min），立即称量，随后再次灼烧30min，冷却，称量。直至前后两次质量相差不超过0.5mg即认为达到恒重。

$$植物粗灰分含量 = \frac{m - m_0}{m_1 \times k} \times 100\%$$

式中：m_0为坩埚质量（g）；m为坩埚及粗灰分质量（g）；m_1为新鲜植物样品质量（g）；m_2为烘干植物样品质量（g）；k为水分系数。

二、花生植株样品全氮、全磷、全钾含量测定

花生所必需的三大营养要素是氮、磷、钾，也被称作"肥料三要素"。花生是固氮作物，对氮的需求量最大，也最敏感，其次是磷、钾。通过对花生体内氮、磷、钾含量的测定，可以了解花生各器官内氮、磷、钾的累积量与分配转化规律；了解不同的外界环境条件或栽培管理技术对花生养分吸收的影响；通过比较不同花生品种对营养元素的敏感性筛选出肥料高效利用的品种，为选育优良花生品种、提高肥料利用效率提供依据；同时，对了解花生的食用和油用品质也有一定参考价值。

花生体内的氮主要以蛋白质、氨基酸或酰胺等有机态形式存在于花生器官组织细胞中。一般花生全氮含量在1.0%～5.0%，尤其是在苗期和荚果中含量较高。花生全氮测定通常采用凯氏（Kjedahl）定氮法，即用浓硫酸和混合加速剂或氧化剂消煮样品将有机氮转化为铵态氮后，测定溶液中的铵态氮含量。如果样品中硝态氮含量较高，同时希望凯氏法测定结果包括硝态氮的含量，则需要先将硝态氮还原成为铵态氮，再进行凯氏定氮。待测液中NH_4^+的测定可以采用半微量蒸馏法、纳氏（Nessler）比色法或直接将溶液用流动分析仪测定。

花生体内的磷主要以核酸、磷脂、植素等有机态磷的形式存在于植物组织器官

中，有机磷需经干灰化或湿灰化分解转变为无机正磷酸盐，再通过比色法测定溶液中的磷含量。测定溶液中磷通常采用钒钼黄比色法和钼蓝比色法，可根据样品中磷的含量选用合适测定方法。当磷的含量高时，选用钒钼黄比色法最佳；磷的含量低时，则可用钼蓝比色法。钒钼黄比色法操作简便快速，准确度和重复性较好，广泛用于花生和有机肥料样品中磷的测定。

花生体内的钾素几乎全部以离子态存在于组织中，所以花生中全钾除了可以用上述干灰法或湿灰化法（H_2SO_4-H_2O_2）以外，如果单独测定钾，也可以用1mol/L NH_4OAc浸提法，或1mol/L HCl浸提法，同时测定Ca、Mg、Cu、Zn等元素。待测液中的钾可直接用火焰光度计测定，方法快速方便。

（一）样品消煮

称取磨细烘干的花生样品0.1～0.2g，置于50mL的开氏瓶或消化管中，先用少量蒸馏水湿润样品，向瓶中加入浓H_2SO_4 5mL，轻轻摇匀（最好放置过夜），瓶口放置弯颈小漏斗，在消化炉上先低温逐步加热，直至浓硫酸分解冒烟后，逐渐升高温度。当溶液全部呈棕黑色时，从消化炉上取下开氏瓶，稍微冷却，逐滴加入300g/L H_2O_2 10滴，不断摇动开氏瓶，以利反应充分进行，继续加热至微沸10～20min，稍冷后再加入H_2O_2 5～10滴。如此反复2～3次，直至消煮液呈无色或清亮色后，再加热5～10min，除尽瓶内剩余的H_2O_2（否则会影响N、P比色测定）。取下开氏瓶使之冷却后，用少量水冲洗小漏斗，洗液洗入瓶中。用蒸馏水将消煮液定容至50mL，取滤液（或取放置澄清的上清液）进行氮、磷、钾等元素的测定。消煮时应同时作空白对照试验，以校正试剂误差。

（二）氮的测定

1. 定氮仪试剂准备（FOSS全自动凯氏定氮仪Kjeltec 8400）

40%氢氧化钠溶液

称取400g氢氧化钠，溶解于1L蒸馏水中。如配置10L，需称取4 000g氢氧化钠（AN300：50mL/样）。

硼酸接收液

1%硼酸溶液：称取10g硼酸，溶解于1L蒸馏水中（30mL/样）。

指示剂（加入硼酸接收液）

0.1%溴甲酚绿：100mg溴甲酚绿溶于100mL 95%乙醇（10mL/样）。

0.1%甲基红溶液：100mg甲基红溶于100mL95%乙醇。可用超声水浴促进溶解

（7mL/样）。

2. 标准酸

配制：取9mL浓盐酸溶于蒸馏水中，并定容至1 000mL。

滴定：为了获得准确的氮/蛋白质分析结果，必须要保证盐酸的浓度符合要求，因此需按照下述方法或国标方法用碳酸钠滴定盐酸。

（1）基准物质。称取约10g无水碳酸钠（Na_2CO_3），研成细粉，在265℃干燥1h或200℃干燥2h，在干燥器中冷却后移入烧杯，盖紧，在干燥器中存放。

（2）指示剂。将0.1g甲基红溶于100mL 95%乙醇中。将0.1g溴甲酚绿溶解于100mL 95%乙醇中。

（3）步骤。用分析天平称取约0.4g基准Na_2CO_3，记取重量（W_1），移入锥形瓶，加入40mL蒸馏水，再各加8滴甲基红和溴甲酚绿指示剂，用盐酸标准液滴至粉红色，记下所用盐酸毫升数（A_1）。将锥形瓶中的溶液煮沸几分钟，再用自来水冷却至室温，此时粉红色褪去，继续使用盐酸滴定至粉红色复现，记下滴定毫升数（A_2）。再将锥形瓶中的溶液煮沸几分钟，然后用自来水冷却至室温，待粉红色褪去，继续使用盐酸滴定至粉红色复现，记下滴定毫升数（A_3）。

备注：温度会影响标准溶液的体积和浓度。使用标准溶液时的温度应该和标定时的温度接近。如果需要对温度进行校正，应使用校正表。

（4）计算。

$$HCl的摩尔浓度 = \frac{18.870 \times W_1}{A_1 + A_2 + A_3}$$

注意：浓度必须精确到小数点后4位，例如0.100 0mol/L。

3. 样品测定

（1）检查碱、接收液、水，不足时添加，变质更换。

（2）打开主机电源，等待自检结束。

（3）检查滴定剂桶，不足时添加。如换滴定剂，至少排空滴定器3次。排空滴定器："工具"—"手动"—"充满滴定器"—"排空到滴定缸"（选40mL），最后充满滴定器。

（4）更换滴定剂后要在"工具"—"设置"—"配置"中输入"当量浓度常数"。

（5）编辑方法。可在"工具"—"分析数据"—"程序"中编辑自己的新方法。默认方法"AN300""Cleaning"等已存在不要改动。

（6）建立批次。在"列表"选项卡下按"新批次图标"可在批次列表中添加1个新的批次，点击"编辑"修改为以下3类批次（仪器的存储能力是40个批次）（表8-2）。

表8-2 批次程序参数

批次类型	空白	未知样	清洁
批次名	Blank	自编或默认	Clearing
分析类型	Kjeldahl	Kjeldahl	Kjeldahl
样品架名	20mL、250mL	20mL、250mL	20mL、250mL
程序	AN300或自编	AN300或自编	Clearing

（7）建立样品。点击"样品"选项卡添加样品和样品参数（表8-3）。

表8-3 样品程序参数

批次类型	空白	未知样	清洁
样品名	默认	自编或默认（关联默认试验记录）	默认
样品量	0	称量值（小数点后4位）	0
预定义样品类型	Blank	Sample	Blank
结果类型	mL Blank	mgN/kg或自选单位	mL Blank

添加、更改一个新样品参数后，点击"新建样品"图标自动追加更改参数后的新样品编号，未知样品重量需单独输入。

（8）注册批次。在"注册"选项卡下按"注册"可将选中的批次注册为"待分析"批次。注册的批次栏内会标记"A"，该批次会出现在后面的"分析"选项卡列表中。分析顺序一般为：运行数个"空白"程序直至空白值稳定—测定"未知样"—"清洁"1次—"关机"。

（9）及时检查冷却循环水机的冷却水供给情况。

（10）分析。点击"分析"选项卡，打开已注册样品列表。点击Start/Stop键启动或停止分析。开始后，安全门会自动关闭，结果开始不断变化。状态条会显示分析进度。

（11）关机。运行一个"清洁"程序，再关冷却循环水机，最后关主机电源。

注意：试管高温，请用试管夹！定氮试验应使用护目镜、防酸手套及防护服！及时清理试管接头及安全门滑轨处的碱！

（三）磷的测定

1. 吸取消煮液

吸取20～25mL消煮液（含磷0.25～1.0mg），置于50mL容量瓶中，加入2,6-二硝基酚指示剂2滴，用6mol/L NaOH溶液中和至刚呈黄色，加入钒钼酸铵试剂10.00mL，定容。放置15min后，在波长450nm处用分光光度计比色，以空白液调节仪器零点。

2. 标准曲线制作

分别吸取50μg/mL磷标准溶液0、1.0mL、2.5mL、5.0mL、7.5mL、10.0mL、15.0mL于50mL容量瓶中，显色和测定的操作步骤同上，该标准系列溶液磷的浓度分别为0、1.0μg/mL、2.5μg/mL、5.0μg/mL、7.5μg/mL、10.0μg/mL、15.0μg/mL。

（四）钾的测定

1. 吸取消煮液

吸取5mL消煮液置于50mL容量瓶中，定容，用火焰光度计测定钾。

2. 标准曲线制作

吸取100μg/mL钾标准溶液2mL、4mL、6mL、8mL、10mL，分别放入50mL容量瓶中，加空白消煮液5mL，使标准溶液中离子成分与待测液相近。此为含钾量分别为4μg/mL、8μg/mL、12μg/mL、16μg/mL、20μg/mL系列标准溶液。

$$N、P或K = \frac{c \times V \times ts \times 10^{-4}}{m} \times 100\%$$

式中：c为从标准曲线查得显色液N、P或K的质量浓度（μg/mL）；V为显色液体积（mL）；ts为分取倍数，消煮液定容体积/吸取消煮液体积；m为烘干样品质量（g）。

三、土壤含水率的测定

田间土壤水分含量的高低会直接影响土壤的固、液、气三相比例及土壤的适耕性和花生的生长发育状况。花生在栽培过程中，必须定期了解田间水分等土壤水分状况，才能及时灌排，便于耕种，在花生生长发育过程中提高花生的水分利用效率，达到花生的丰产丰收。

通常测定田间土壤水分含量有两个目的：一是为了掌握田间土壤的实际含水状况，根据含水量及时进行灌溉、保墒或排水等栽培措施，以保证作物的正常生长发育，或根据作物长相长势及配套的耕作栽培措施，总结水分高产高效的理论知识与栽培技术，结合现有的苗期状况，为墒情诊断提供依据。二是为了对湿度数值相差悬殊的不同土样进行养分水分速测时能够统一以干土为标准，从而对土壤养分速测所需的湿土称样量进行进一步的研究。目前常用烘干法测量土壤含水率。

用土钻从田间的土壤中定点取样，用电热恒温干燥箱在100～105℃恒温条件下，驱逐土壤样品中的水分，并用烘干前后的质量差（即含水量）求得土样的含水量。该法操作简单，应用较广，适用于大批量样品。缺点是费时费力，不能依据试验定点观测土壤湿度的连续变化状况。使用红外干燥箱，虽然节省了时间，但因温度较高影响土样中物质变化，影响测定精度。采用其他简易加热设备的，则因烘烤温度不易控制，精度较差。

土壤水分含量：

$$\theta_m = \frac{m_1 - m_2}{m_2 - m} \times 100\%$$

式中：θ_m 为土壤水分含量（%）；m 为空铝盒质量（g）；m_1 为铝盒+新鲜土壤样品质量（g）；m_2 为铝盒+烘干后土壤样品质量（g）。

四、花生叶片可溶性糖和蔗糖含量的测定

糖类物质是多羟基（两个或以上）的醛类（Aldehyde）或酮类（Ketone）化合物，在水解后能变成醛类或酮类的有机化合物。从化学角度上看，构成元素为碳元素、氢元素、氧元素，从化学式的表现上类似于"碳"与"水"聚合，因此又称之为碳水化合物。糖的生物学功能主要是：提供能量，花生中的淀粉就是能量的贮存形式；物质代谢的碳骨架，为花生植株体内蛋白质、核酸、脂类等物质的合成提供碳骨架；细胞的骨架，纤维素、半纤维素、木质素是花生细胞壁的主要成分；细胞间识别和生物分子间的识别，细胞膜表面糖蛋白的寡糖链参与细胞间的识别。花生叶片碳代谢与其根瘤固氮高效利用密切相关，叶片中可溶性糖的水平与蔗糖合成酶的活性可以作为鉴定花生品种根瘤高效固氮的指标依据（郑永美等，2021）。

糖在浓硫酸的作用下，可经脱水反应生成糠醛或羟甲基糠醛，生成的糠醛或羟甲基糠醛可与蒽酮反应生成蓝绿色糠醛衍生物，在一定范围内，颜色的深浅与糖的含量成正比，因此可用于花生糖分的定量测定。糖类与蒽酮反应生成的有色物质在可见光区的吸收峰为630nm，故在此波长下进行比色。

（一）花生叶片中提取可溶性糖

取新鲜的花生叶片在80℃的烘箱内干燥过夜，然后准确称取50mg干燥叶片用研磨棒充分磨碎后放入试管中，加入5mL 80%含量的乙醇，置于水浴锅中在80℃下水浴40min，在水浴过程中不断搅拌以充分提取，然后离心收集上清液，同时将残渣用80%（V/V）乙醇重复提取2~3次，然后合并上清液。最后在上清液中加入少量的活性炭，在80℃脱色反应30min，12 000r/min、4℃、离心5min收集上清提取液，最后定容至10mL，过滤后取滤液或离心后取上清液为下面试验备用。

（二）还原糖含量测定

取50μL上一步乙醇提取液，加入50μL 2mol/L NaOH，形成0.1mL反应体系，100℃煮沸5min，过程中不断搅拌以充分提取，冷却后加入0.7mL 30%（W/V）HCl、0.2mL 0.1%（W/V）间苯二酚，摇匀，80℃水浴反应10min，在水浴过程中不断搅拌以充分提取，冷却后测定OD_{480}。同时配制不同浓度的还原糖溶液，按上述步骤进行反应后测定不同浓度的还原糖溶液反应液的OD_{480}，以此作出标准曲线来计算样品中的还原糖含量。

（三）可溶性总糖的测定

取50μL上一步乙醇提取液进行干燥浓缩，加入3mL蒽酮试剂，90℃水浴15min，水浴过程中不断搅拌以充分提取，然后测定OD_{620}。同时配制不同浓度的葡萄糖溶液，按上述步骤进行反应后测定不同浓度的葡萄糖溶液反应液的OD_{620}，并以此作出标准曲线来计算样品中的可溶性总糖含量。

五、花生叶片中氨基酸的测定

氨基酸（Amino acid）是含有氨基和羧基的一类有机化合物的通称。氨基酸是生物功能大分子蛋白质的基本组成单位，是含有一个碱性氨基和一个酸性羧基的有机化合物。氨基连在α-碳上的为α-氨基酸。组成蛋白质的氨基酸均为α-氨基酸。氨基酸是构建生物机体的众多生物活性大分子之一，是构建细胞、修复组织的基础材料。脯氨酸分子中吡咯环在结构上与血红蛋白密切相关，脯氨酸含量的增加能够有效提高花生的抗逆性。氨基酸不仅可以为花生提供氮源，还影响着花生生理生化的过程。例如氨基酸具有减轻植株重金属离子的毒害作用。

蛋白质经过盐酸水解成为游离氨基酸，通过氨基酸分析仪的离子交换柱分离后，与茚三酮溶液产生颜色反应，再通过分光光度计比色测定氨基酸含量。一份水解液可同时测定天冬氨酸、苏氨酸、丝氨酸、谷氨酸、脯氨酸、甘氨酸、丙氨酸、缬氨酸、蛋氨酸、异亮氨酸、亮氨酸、酪氨酸、苯丙氨酸、组氨酸、赖氨酸和精氨酸16种不同的氨基酸，其最低检出限为10pmol。

（一）植株样品提取

称取1g新鲜的花生叶片，加入液氮后用研磨棒轻轻研磨，然后加入5mL磷酸缓冲液（pH值8.04），冰上提取，12 000r/min、4℃、离心5min收集上清提取液，放于水解管中。

（二）水解

在水解管内加入6mol/L盐酸10～15mL（视样品蛋白质含量而定），含水量高的样品可加入等体积的浓盐酸，加入新蒸馏的苯酚3～4滴，再将水解管放入冷冻剂中，冷冻3～5min，再接到真空泵的抽气管上，抽真空，然后充入高纯氮气；再抽真空充氮气，重复3次后，在充氮气状态下封口或拧紧螺丝盖将已封口的水解管放在（110±1）℃的恒温干燥箱内，水解22h后，取出冷却，打开水解管，将水解液过滤后，用去离子水多次冲洗水解管，将水解液全部转移到50mL容量瓶内，用去离子水定容。吸取滤液1mL于5mL容量瓶内，用真空干燥器在40～50℃干燥，残留物用1～2mL水溶解，再干燥，反复两次后蒸干，用1mL pH值为2.2的缓冲液溶解，待测。

（三）测定

准确吸取0.2mL混合氨基酸标准溶液，用pH值为2.2的缓冲液稀释至5mL，此标准稀释浓度为5.00mol/50μL，作为上机测定用的氨基酸标准，用氨基酸自动分析仪以外标法测定样品测定液的氨基酸含量。

测定条件（以Beckman-6300型氨基酸自动分析仪为例）：缓冲液流量为20mL/h；茚三酮流量为10mL/h；柱温为50℃、60℃和70℃；色谱柱为20cm；分析时间为42min。

标准出峰顺序依次为：天冬氨酸、苏氨酸、丝氨酸、谷氨酸、脯氨酸、甘氨酸、丙氨酸、缬氨酸、蛋氨酸、异亮氨酸、亮氨酸、酪氨酸、苯丙氨酸、组氨酸、赖氨酸、精氨酸。

保留时间（min）分别为：5.55、6.60、7.09、8.72、9.63、12.24、13.10、16.65、19.63、21.24、22.06、24.52、25.76、30.41、32.57、40.75。

（四）计算

用下列公式计算出样品中某氨基酸的浓度（C_x）。

$$C_x\,(\mathrm{nmol/gFW}) = C_标 \times S_x \times F \times M_r \times 100 / (S_标 \times \mathrm{FW} \times V \times 10^6)$$

式中：C_x为样品中某氨基酸的浓度（mol/gFW）；$C_标$为上机标准液（50mL）中氨基酸量（nmol）；S_x为样品峰面积；$S_标$为氨基酸标准峰面积；F为样品的稀释倍数；M_r为氨基酸的相对分子质量；FW为样品质量（g）；V为上机时的进样量（mL）。

六、花生叶片中脂肪酸成分的测定

脂肪酸是指一端含有一个羧基的长的脂肪族碳氢链。脂肪酸是最简单的一种脂，它是许多更复杂的脂的组成成分。在有充足氧供给的情况下，脂肪酸可氧化分解为CO_2和H_2O，同时释放大量能量，因此脂肪酸是植株主要能量来源之一。脂肪酸 β -氧化是体内脂肪酸分解的主要途径，脂肪酸氧化可以产生供应机体需要的大量能量。脂肪酸含量是衡量花生在胁迫情况下的一个非常重要的生理指标。脂肪酸根据碳氢链饱和与不饱和的不同可分为饱和脂肪酸、单不饱和脂肪酸、多不饱和脂肪酸3类。油酸、亚油酸和棕榈酸是花生油脂中最主要的3种脂肪酸，其含量是影响花生油脂品质的重要因素。提高油酸含量并降低亚油酸和棕榈酸含量是花生品质性状改良的重要方向之一（吴贝等，2022）。

气相色谱法是利用色谱柱中装入担体及固定液，用载气将混合物带入色谱柱，在一定的温度与压力条件下，各气体组分在载气和固定液薄膜的气液两相中的分配系数不同，随着载气的向前流动，样品各组分在气液两相中反复进行分配，使脂肪酸各组分的移动速度有快有慢，从而可将各组分分离开，然后进行分别测定。此方法测得的是花生籽粒中各种脂肪酸占总脂肪酸的百分比。样品处理简单，快速，方法准确，灵敏度高。

（一）标品的测定

称取100mg脂肪酸标准液或脂肪酸混合标准液（约6滴），加入5mL石油醚和苯的混合溶剂（1∶1，V/V），轻轻摇动使油脂溶解。加入5mL 0.4mol/L氢氧化钾-甲醇溶液混匀，室温静置5～10min后，加入蒸馏水使全部石油醚苯甲酯溶液升至瓶颈上部，放置待澄清。如果上清液浑浊而又急待分析时，可滴入数滴无水乙醇，1～2min内即可澄清。吸取上清液，在室温下吹入氮使其浓缩，所得浓缩液即可用于气相质谱分析。气相色谱条件为：柱温210℃，进样器温度280℃，检测器温度280℃，氮气流速40nL/cm^3。根据每种标准品的出峰时间和质谱鉴定结果确定每种脂肪酸的出峰时间和相应浓度。

（二）样品提取与测定

称取1g鲜样，研磨成匀浆，加入5mL石油醚和苯的混合溶剂（1:1, V/V），轻轻摇动使油脂溶解。加入5mL 0.4mol/L氢氧化钾－甲醇溶液，混匀。室温静置5~10min后，加蒸馏水使全部石油醚苯甲酯溶液升至瓶颈上部，放置待澄清。如果上清液浑浊而又急待分析时，可滴入数滴无水乙醇，1~2min内即可澄清。吸取上清液，在室温下吹入氮气使其浓缩，所得浓缩液即可用于气相质谱分析。

（三）计算

根据气相分析软件计算出峰面积和各种脂肪酸占总脂肪酸的百分比，然后直接计算植物样品中脂肪酸的总含量及各种脂肪酸的实际含量。

七、花生叶片中钙的测定（EDTA法）

Ca^{2+}是花生细胞内存在的一种具有信使作用的分子，具有非常广泛的作用，参与花生体内多种刺激反应的偶联过程。在花生中，细胞通过不断调节钙离子水平来应答来源于外界环境和花生体内的信号，包括生物胁迫、光、病虫害及激素等。而且还有一些生理过程，类似于保卫细胞的调节、根毛的延伸等都是通过钙浓度的显著改变来调节的。Ca^{2+}是一种非常广泛的细胞内信号分子，它介导花生的许多生长发育现象及对外界刺激的应答。Ca^{2+}在激素信号转导、重力感知和向重性、非生长现象（气孔运动、阳光下的马达反应）及感知温度方面都发挥了重要的作用。钙在花生中有着至关重要的作用。钙的生理功能与细胞壁组分有关。钙是花生结构组成元素，主要构成果胶酸钙、钙调素蛋白、肌醇六磷酸钙镁等，在液泡中有大量的有机酸钙，如草酸钙、柠檬酸钙、苹果酸钙等。钙能稳定细胞膜、细胞壁，还参与第二信使传递，调节渗透作用，具有酶促作用等。因此，钙含量是衡量植物在各种胁迫情况下的一个非常重要的生理指标。

钙与氨羧络合剂能定量地形成金属络合物，其稳定性较钙与指示剂所形成的络合物强。在适当的pH值范围内，以氨羧络合剂EDTA滴定，在达到定量点时，EDTA就从指示剂络合物中夺取钙离子，使溶液呈现游离指示剂的颜色（终点）。根据EDTA络合剂用量，可计算钙的含量。

（一）标定EDTA浓度

取0.5mL钙标准储备液，用EDTA溶液滴定，标定其EDTA的浓度，根据滴定结果计算出每毫升EDTA相当于钙的毫克数，即滴定度T。

（二）样品的提取

称取植物组织叶片1g置于研钵中，加少许石英砂及5mL蒸馏水研磨，将匀浆液12 000r/min、4℃离心5min，上清液备用。

（三）样品及空白滴定

吸取0.1mL样品消化液及空白液于试管中，加1滴氰化钠溶液和0.1mL柠檬酸钠溶液，用滴定管加1.5mL氢氧化钾溶液，再加3滴钙红指示剂，立即以稀释10倍的EDTA溶液滴定，直到指示剂由紫变蓝为止。

（四）计算

用下列公式计算出样品中钙的含量（X）。

$$X\,(\mathrm{mg/gFW}) = T \times (V - V_0) \times F \times 100 / \mathrm{FW}$$

式中：X为样品中钙的含量（mg/g FW）；T为EDTA的滴定度（mg/mL）；V为滴定样品时所用EDTA量（mL）；V_0为滴定空白时所用EDTA量（mL）；F为样品稀释倍数；FW为取样量（g）。

八、花生叶片中硝态氮的测定

硝酸盐是花生重要的含氮物质。花生从土壤中吸收硝酸盐，经过硝酸盐转运系统等方式运输还原成NH_3后才能参加有机氮化合物的合成。硝酸盐在花生植株内的还原部位不同，可以在根内，也可以在茎、叶片内进行，其含量会受到外界环境因素的影响，影响花生硝酸盐的吸收、转运、信号转导等多个方面。因此，硝态氮含量变化在氮代谢机制中起着十分重要的作用，测定花生的硝态氮具有重要意义，不仅如此，硝酸盐含量也是衡量花生在各种胁迫情况下的一个非常重要的生理指标。

硝酸根经过还原反应变为亚硝酸根后，与对氨基苯磺酸和α-萘胺结合，生成玫瑰红色的偶氮染料。

（一）绘制标准曲线

取500mL容量瓶6个，洗净，编号。分别吸取KNO_3标准液0、2mL、4mL、6mL、8mL、10mL加入1~6号容量瓶中，各取2mL不同浓度的标液，加入冰醋酸溶液18mL，再加0.4g混合粉剂，剧烈摇动1min，静置10min，12 000r/min、4℃离心5min收集上清提取液，在520nm处测定光吸收值。以硝态氮的浓度为横坐标，吸光度为纵坐标，作出标准曲线。

（二）植物样品中硝态氮含量的测定

取1g新鲜植物材料，剪碎，在研钵中加少量蒸馏水研磨后移至干燥的锥形瓶中，加入蒸馏水5mL，振荡1～3min，12 000r/min、4℃离心5min收集上清提取液。取上清提取液2mL，加入冰醋酸溶液18mL，再加0.4g混合粉剂，剧烈摇动1min，静置10min，12 000r/min、4℃离心5min收集上清提取液，在520nm处测定吸光度。根据标准曲线即可计算出植物组织中硝态氮含量。

九、花生叶片中亚硝酸盐的测定

当硝酸盐被细胞吸收后，细胞质中的硝酸还原酶利用烟酰胺腺嘌呤二核苷酸供氢体将硝酸还原为亚硝酸。NO_3^-还原形成NO_2^-后被运输到叶绿体，叶绿体内的亚硝酸还原酶利用光合链提供的还原型Fd作为电子供体将NO_2^-还原为NH_4^+。硝酸盐在根部及叶内还原所占的比例受多种因素影响，包括硝酸盐供应水平、花生品种、花生生育、环境温度、生育时期等。一般来说，外部供应硝酸盐水平低时，则根中硝酸盐的还原比例大。通常白天硝酸盐还原速度显著比夜间快，这是因为白天光合作用产生的还原力能促进硝酸盐的还原。硝酸盐和亚硝酸盐广泛存在于环境中，是自然界中最普遍的含氮化合物。因此，亚硝酸盐含量是衡量花生在胁迫情况下的一个非常重要的生理指标。

样品经沉淀蛋白质，在弱酸条件下硝酸盐与对氨基苯磺酸重氮化后，生成的重氮化合物，再与萘基盐酸二氨乙烯偶联成紫红色的重氮染料，产生的颜色深浅与亚硝酸根含量成正比，可以比色测定。

（一）花生样品中亚硝酸盐的提取

取1g新鲜植物材料，剪碎，于研钵中加少量蒸馏水研磨，移至干燥的锥形瓶中，加入蒸馏水5mL，振荡1～3min，12 000r/min、4℃离心5min收集上清提取液。

（二）样品处理与计算

吸取1mL上述提取液，另吸取0.0、0.2mL、0.4mL、0.6mL、0.8mL、1.0mL、1.5mL、2.0mL、2.5mL亚硝酸钠标准使用液（相当于0、1μg、2μg、3μg、5μg、7μg、10μg、12.5μg亚硝酸钠），于标准管与样品管中分别加入1mL 0.4%（*W/V*）对氨基苯磺酸溶液，混匀，静置3～5min后各加入1mL 0.2%（*W/V*）盐酸萘乙二胺溶

液，加水至刻度，混匀，静置15min，12 000r/min、4℃离心5min收集上清提取液，于波长538nm处测吸光度，作出标准曲线并据此计算植物样品中亚硝酸盐的含量。

十、原子吸收分光光度法测定花生叶片中金属离子含量

金属离子是维持多相体系渗透平衡的重要组成部分，也是广泛的酶反应的必要组成部分。一些酶类的催化活性，需要蛋白质和金属离子的参与，即金属离子是酶活性中心的组成部分。

K^+是花生细胞中含量最丰富的阳离子之一，在花生体内具有不可替代的生理功能。土壤中增施钾肥能显著影响花生的生根。K^+能促进细胞内酶的活性。花生细胞内有50多种酶完全依赖于K^+，或受K^+的激活。K^+在细胞内外不同浓度的分布形成了细胞跨膜电势。作为花生细胞中最丰富的阳离子，K^+是平衡负电荷的主要阳离子，所以对长距离阴离子运输也尤其重要。K^+能调节花生体内多数生理功能，如增强光合作用，增强花生体内物质合成和转运，提高能量代谢等。气孔保卫细胞中的K^+与附属的阴离子浓度变化是引起气孔运动的主要原因。施用钾肥有利于花生体内与酚类物质代谢相关的酶的活性保持在较高水平，增加酚类物质含量，降低病害发生的概率，促进碳代谢，提高花生组织含糖量。

各种金属离子特别是Na^+和K^+在花生体内的含量是与植物胁迫反应密切相关的，因此测定花生体内各种金属离子的含量是非常重要的。每种元素的原子能够吸收其特定波长的光能，而吸收的能量值与该光路中该元素的原子数目成正比。用特定波长的光照射这些原子，测量该波长的光被吸收的程度，用标准溶液制成校正曲线。根据吸收光量计算出指定元素的含量。原子吸收分光光度法的测量对象是呈原子状态的金属元素和部分非金属元素，系由待测元素灯发出的特征谱线通过供试品经原子化产生的原子蒸气时，被蒸气中待测元素的基态原子所吸收，通过测定辐射光强度减弱的程度，求出供试品中待测元素的含量。

（一）样品提取与消化

称取1g植物组织叶片置于研钵中，经液氮研磨后将其放入50mL消化管中，加15mL左右混酸，过夜，使样品充分炭化。翌日，将消化管放入消化炉中，调节温度由低（130℃左右）到高（最终调至200℃左右）进行消化，直到样品冒白烟呈无色或黄绿色。根据测定样品的不同，消煮过程不同，如根系样品较叶片消煮时间略长。若样品未完全消化好可继续加几毫升混酸，直到消化完全。消化完后，静置放凉，加5mL去离子水，继续加热，直到消化液体剩2mL左右，取下，再次静置放凉，然后转移

至10mL试管中，用去离子水冲洗消化管2~3次，并最终定容至10mL。样品进行消化时，应同时进行空白对照消化。

（二）样品的测定

将标准储备液分别配制成不同浓度系列的标准稀释液，以供上机使用。其溶液可放置40℃冰箱保存。测定钾、钠、铁、铜、镉、钙、锰、镁、锌的波长分别为766.5nm、589.0nm、248.3nm、324.8nm、228.8nm、422.7nm、279.5nm、285.2nm和213.9nm，仪器狭缝分别为0.2nm、0.2nm、0.2nm、0.5nm、0.5nm、0.5nm、0.2nm、0.5nm和1.0nm，灯位置、灯电流等均按仪器使用说明调制至最佳状态，然后点火准备测定。首先，应以各标准系列溶液绘制标准曲线，然后逐一测定空白及样品。

（三）计算

根据仪器读数，用下列公式计算出样品中元素的含量（X）。

$$X(\text{mg/g FW}) = (C-C_0) \times V \times F \times 100/(\text{FW} \times 1\,000)$$

式中：X为样品中元素的含量（mg/gFW）；C为测定样品中元素的浓度（mg/L）；C_0为空白值；V为样品体积（mL）；F为稀释倍数；FW为取样量（g）。

注：以上元素最低检出限分别为钾0.05μg/mL、钠0.05μg/mL、铁0.2μg/mL、锰0.1μg/mL、铜0.001 6μg/mL、镉0.1μg/mL、钙0.05μg/mL、锌0.4μg/mL、镁0.05μg/mL。

第五节 花生逆境生理研究方法

植物胁迫对植物造成的危害有许多方面，但最直观的方面就是对植物形态特征的影响。干旱会使植株的叶片和嫩茎萎蔫，气孔的开度会减小甚至关闭；淹水会导致叶片干枯变黄，根部变褐甚至腐烂，高温下叶片变褐，出现死斑，树皮开裂；逆境通常会使细胞膜退化和破裂，破坏细胞定位，改变原生质特性，并破坏叶绿体和线粒体等细胞器结构。植物胁迫还可引起多种代谢毒害，逆境降低了核酮糖-1,5-二磷酸（Ribulose-1,5-bisphosphate，RuBP）羧化酶和磷酸烯醇式丙酮酸（Phosphoenolpyruvate，PEP）羧化酶的活性，破坏叶绿素并阻断其生物合成，使得叶绿素和总类胡萝卜素在叶片中的含量普遍降低；各种非生物胁迫可引起活性氧中毒，这些活性氧的大量积累引发过氧化的连锁反应，导致膜功能障碍甚至细胞非正常死亡；逆境促进蛋白质降解，并抑制其合成；逆境也降低了植物的脂质含量，由于脂质是大多数细胞内膜的结构组成，脂质含量的减少是对细胞膜渗透的改变并引起其他代谢损伤。植物形态结构的变化与代谢和功能的变化是一致的，因此研究植物的胁迫特性非常重要。

根系活力是分析植物根系吸收水分和矿质养分能力的重要指标。花生根系活力在生长发育过程中呈"单峰"曲线，在充足水分条件下播种后75d达到峰值，由于干旱胁迫使得峰值提前20d出现（康涛，2013）。两个抗旱性强的品种花55和中花8号在干旱胁迫下根系活性显著降低，叶片SOD活性显著升高，丙二醛（MDA）略有升高。不同生育时期的干旱胁迫对植物生长发育有抑制作用，其中苗期干旱胁迫对花生主茎和侧枝高度的影响最大（李俊庆，2004）。花生的生殖生长对干旱胁迫非常敏感，干旱影响花生有效开花的数量，如果土壤湿度不够，则果针很难入土。干旱影响钙吸收，缺钙严重影响荚果发育，最终降低花生产量。干旱不仅直接影响花生的生长发育，还影响病虫害的暴发，尤其是增加了黄曲霉污染的频率（万书波，2003；Dwivedi et al.，2007）。在花生苗期，轻度干旱胁迫可增加籽仁蛋白质含量，但对脂肪酸含量影响不大；重度干旱胁迫使籽仁脂肪酸含量、脂肪中油酸组分和油亚比显著降低，但对蛋白质含量影响不大（严美玲等，2007）。

我国目前尚没有统一的花生耐盐性评价标准，需要进一步完善耐盐性的鉴定指标和评价方法（朱统国等，2014）。0.7%左右的耐盐浓度是鉴定花生品种耐盐性的合适浓度。沈一等（2012）在花生幼苗期耐盐品种筛选与评价中发现，在0.5%NaCl及以上浓度的胁迫下，花生幼苗的相对主根长、相对苗高、相对地上部鲜重、相对地上部干重和相对根干重指标均受到显著抑制。盐胁迫对花生种子的萌发有显著的抑制作用，而且这种抑制作用随着盐浓度的增加而增加，0.5%的NaCl胁迫能更好地反映品种萌发期耐盐性的差异，可用于花生品种资源的耐盐性鉴定（刘永惠等，2012）。50mmol/L NaCl诱导花生叶片中超氧化物歧化酶和过氧化物酶活性的升高（曹军等，2004）；随着NaCl浓度的增加，发芽的花生种子中丙二醛和脯氨酸的含量逐渐增加；在高浓度NaCl处理下，花生根尖DNA凝胶电泳出现明显的连续拖带现象，根尖细胞凋亡较为严重（郭峰等，2010）。魏光成和闫苗苗（2010）研究了豫花15号、白沙1016和花育22号在10mmol/L NaCl胁迫下的游离脯氨酸含量、可溶性蛋白含量、超氧化物歧化酶和过氧化物酶活性及丙二醛含量的变化，结果表明，白沙1016对盐胁迫的适应性最强。

渗透调节物主要包括脯氨酸、甜菜碱、可溶性糖类（如蔗糖、葡萄糖、果糖、半乳糖等）和多元醇类（如甘油、山梨醇、甘露醇等）。这些渗透调节物的存在共同降低植物细胞的水分渗透压，维持细胞内外渗透压的平衡，维持植物在胁迫条件下的正常生长发育需要。它们的共同特点是：相对分子量小、易溶解；有机调节物在生理pH值范围内不带静电荷；能被细胞膜保持住；引起酶结构变化的作用极小；在酶结构稍有变化时，能使酶构象稳定，而不至溶解；生成迅速，并能累积到足以引起渗透势调节的量。因此，对花生中各种渗透压调节物的含量进行检测也是非常有必要的。

一、花生叶片中丙二醛（MDA）含量的测定

逆境条件下或衰老的植物器官，往往会发生膜脂的过氧化作用，而丙二醛就是其产物之一，并将其含量作为测量植物器官脂质过氧化的指标之一，用于衡量细胞膜脂质过氧化的程度和植物在逆境条件下反应能力的强弱。旱涝胁迫下，花生苗期、花针期叶片MDA均显著上升（刘登望等，2015）。盐胁迫下，盐敏感的花生品种体内，抗氧化酶的活性比较低，活性氧代谢减慢，丙二醛含量将不断升高，因此加剧了膜脂的过氧化水平，其花生品种具有较弱的耐盐性（梁晓艳等，2018）。在干旱与盐的交叉胁迫下，对花生幼苗进行干旱预处理会降低盐胁迫下的丙二醛含量（高荣嵘等，2018）。丙二醛含量与植物衰老和胁迫损伤密切相关，因此，丙二醛含量是植物在胁迫生长中的一个非常重要的生理指标。

测定丙二醛含量，通常是利用硫代巴比妥酸（Thiobarbituric acid，TBA）在酸性条件下加热，使其与植物组织中的丙二醛产生显色反应，生成红棕色的三甲川（3,5,5-三甲基噁唑-2,4-二酮），最大吸收波长在532nm处。但在测定植物组织中的MDA时会受到许多物质的干扰，可溶性糖含量对其影响比较大，糖与硫代巴比妥酸在显色反应中的产物的最大吸收波长在450nm处，并且在532nm处也有吸收值。植物在遭到干旱、高温和低温等逆境胁迫时，可溶性糖的含量也会随之增加，因此测定丙二醛与硫代巴比妥酸反应产物的含量时，首先排除可溶性糖可能会带来的影响。此外，在532nm波长处，还有非特异性的背景吸收的影响，也要加以排除。因此，在532nm、600nm和450nm波长处测定其植物器官提取液的吸光值，即可计算出植物器官中丙二醛含量。

（一）取样

称取1g新鲜花生叶片放入研钵中，向研钵中加入液氮后，用研磨棒轻轻研磨花生叶片，并向其中加入5.00mL冰三氯乙酸溶液，将研磨好的匀浆倒入10.00mL的离心管中，并将离心管放入水浴锅中进行水浴，并在沸水浴中提取约20min，在水浴过程中要经常摇动离心管并盖好盖子。

（二）测定

在室温下冷却并用离心机进行离心，取上层溶液于新的离心管中，用于测量OD_{450}、OD_{532}和OD_{560}。

（三）计算

根据以下公式得出单位质量花生叶片的丙二醛含量（X）。

$$X\,(\mathrm{mmol/gFW}) = \left[6.452 \times (\mathrm{OD}_{532} - \mathrm{OD}_{600}) - 0.559 \times \mathrm{OD}_{450}\right] \times V_1 / (V_s \times \mathrm{FW})$$

式中：X为样品中丙二醛含量（mmol/gFW）；OD_{450}为样品提取液在450nm处的吸光度；OD_{532}为样品提取液在532nm处的吸光度；OD_{600}为样品提取液在600nm处的吸光度；V_1为提取液体积（mL）；V_s为测定用提取液体积（mL）；FW为样品鲜重（g）。

二、花生叶片中超氧化物歧化酶（SOD）活性的测定

超氧化物歧化酶（Superoxide dismutase，SOD）是一种以氧自由基为底物的酶，在活性氧的代谢中起重要作用。SOD可以淬灭超氧负离子的毒性，从而终止超氧负离子启动一系列的自由基连锁反应所造成的生物毒损伤，是生物体内最重要的清除活性氧自由基的酶类。该酶有CuZn-SOD、Mn-SOD、Fe-SOD 3种类型。姜慧芳等（2004）研究发现，在干旱胁迫的初期，花生叶片中的SOD活性比较低，当加重干旱胁迫时，SOD的活性会随着干旱胁迫的加剧而增加。植物遭遇胁迫情况下，其不同耐性品种SOD变化有差异。低温胁迫下，花生具有较高的SOD含量，不同耐冷性花生品种趋势相同（钟鹏等，2018）。在高温与干旱的交叉胁迫下，敏感型花生品种体内的SOD降低，而MDA的含量增加，说明其膜脂的高度过氧化导致细胞膜被破坏，细胞膜透性增加，使其活性氧（ROS）的生产能力高于其清除能力（李聪聪等，2021）。大多逆境条件均会影响植物体内的活性氧代谢系统的平衡，即增加活性氧的含量，从而破坏活性氧清除剂的结构，提高活性氧的含量水平，使其启动膜脂过氧化或膜脂脱脂作用，进而破坏膜结构，加深对其伤害。因此，SOD活性是衡量植物在胁迫情况下的一个非常重要的生理指标。

超氧化物歧化酶（SOD）广泛存在于好氧生物中。植物组织中的SOD活性测定可采用氮蓝四唑（Nitro-blue tetrazolium，NBT），NBT在光照条件下被超氧负离子还原成蓝甲，其产物在560nm处有吸收峰。通过测定加入植物组织酶液后蓝甲含量的变化，可以计算出SOD的活性。

（一）植物样品粗提液中蛋白质浓度的测定

称取植物组织叶片1.00g于研钵中，在研钵中研磨后，加入5.00mL的50mmol/L磷酸缓冲液（pH值7.8），将匀浆液倒入10.00mL的离心管中，在12 000r/min、4℃的条

件下离心5min，离心后的上清液即为样品粗提液。取100μL上清液，加入3.00mL的Bradford工作液，摇板进行充分混匀。混匀后静置10min，用分光光度计在595nm处测定各样品的吸光度OD_{595}，重复测定3次并取平均值。依据标准曲线和样品的OD_{595}数值可计算出植物样品粗提液中蛋白质的浓度。

（二）测定

测定前在5.00mL的14.5mmol/L甲硫氨酸中分别加入EDTA、氮蓝四唑（NBT）、核黄素溶液各2mL，充分混匀，此为反应混合液。在盛有3.00mL反应混合液的试管中，加入0.10mL植物样品粗提液，静置10min，迅速测定样品在560nm处的吸光值，以不加酶液的相同处理为对照组，计算反应被抑制的百分比。

（三）酶活力计算

以能抑制反应50%的酶量为一个超氧化物歧化酶（SOD）酶单位（U），进而用下列公式计算单位质量蛋白质的超氧化物歧化酶（SOD）酶活性（X）。

$$X（U）=（OD_1-OD_2）\times 2$$

式中：X为单位质量蛋白质的超氧化物歧化酶（SOD）酶活性（U）；OD_1为对照管在560nm处的吸光度；OD_2为测定管在560nm处的吸光度。

三、花生叶片中过氧化氢（H_2O_2）含量的测定

活性氧（Reactive oxygen species，ROS）的种类包括超氧阴离子自由基（O_2^-）、羟基自由基（·OH）和过氧化氢（H_2O_2）。过氧化氢产生的途径有很多种，可将其分为两大类：一是在正常的其他代谢中产生的过氧化氢，主要是叶绿体中的米勒反应、线粒体中的电子转移和过氧化物酶体中的光呼吸，在过氧化物酶体中还包括一些其他能产生过氧化氢的系统；二是通过酶促反应产生的过氧化氢，主要包括还原型烟酰胺腺嘌呤二核苷酸磷酸，即还原型辅酶Ⅱ（NADPH）氧化酶、黄嘌呤氧化酶、胺氧化酶和细胞壁过氧化物酶等反应产生的。

在植物细胞的许多生命过程中，过氧化氢都参与其中，如气孔关闭、生长素调节的向地性反应等。过氧化氢可以氧化或调节信号蛋白，例如蛋白磷酸酶、转录因子、位于质膜或其他地方的钙通道蛋白及包括质膜组氨酸激酶和丝裂原活化蛋白激酶（Mitogen-activated protein kinase，MAPK）。升高的胞内钙离子浓度会引起钙结合蛋白（如钙调素、蛋白磷酸酶、蛋白激酶）的相关活动从而引起下游反应。尽管过氧化氢会参与这些活动已经得到了证实，但是过氧化氢在其中是如何起作用的细节问题

还需要进一步的探究。

在逆境胁迫下，由于植物体内的活性氧代谢会加强，从而使得过氧化氢发生累积。任婧瑶等（2021）对两个花生品种（耐旱、干旱敏感品种）在苗期干旱胁迫下的生理机制进行了研究，花生植物体内的过氧化氢含量相较于对照组会增加，且在敏感品种中的积累会更多。在低温胁迫下，花生体内的过氧化氢含量会随着胁迫时间的延长而逐渐上升，然而，耐冷型品种与敏感型品种相比会上升缓慢，表明花生幼苗所受到的低温冷害程度与其膜脂的过氧化程度密切相关（张鹤等，2020）。H_2O_2可以直接或间接地氧化细胞内的核酸、蛋白质等生物大分子，并使得细胞膜遭受损害，从而会加速细胞的衰老和解体。因此，植物组织中H_2O_2含量与植物的胁迫耐受性密切相关。因此，H_2O_2含量是衡量植物在受胁迫情况下的一个非常重要的生理性指标。

H_2O_2会与硫酸钛（或氯化钛）生成过氧化物，钛复合物为黄色沉淀，在被H_2SO_4溶解后，可在415nm波长下比色测定。在一定范围内，其颜色深浅与H_2O_2浓度呈线性关系。

（一）绘制标准曲线

以30%（W/V）H_2O_2母液稀释，配制成0、24μmol/L、96μmol/L、192μmol/L、490μmol/L、980μmol/L、9 800μmol/L的H_2O_2标准溶液。取样品提取液1mL，加入1mL 5%硫酸钛，静置10min后，用离心机在12 000r/min、4℃下离心10min，取上清液于比色皿中在410nm处分别测定吸光度，并作出标准曲线。

（二）提取样品

称取植物组织叶片1g置于研钵中，研磨后加5mL 50mmol/L磷酸缓冲液（pH值7.8），将匀浆液放入10mL的离心管中，用离心机在2 000r/min、4℃条件下离心5min，上清液提取到离心管中即为样品提取液。

（三）测定

取样品提取液1mL，加入1mL 5%（W/V）硫酸铁，静置10min后，用离心机在12 000r/min、4℃条件下离心10min，取上清液于比色皿中在410nm处测定吸光度，依据标准曲线和测定的吸光度计算单位质量内植物组织样品中的过氧化氢含量。

四、花生叶片中超氧阴离子（O_2^-）含量的测定

生物体内的一部分氧分子，当参与酶促或非酶促反应时，若只接受了一个电

子，就会转变为超氧阴离子自由基（O_2^-）。O_2^-不仅能与体内的蛋白质、核酸等活性物质直接相互作用，还可诱导衍生为H_2O_2、羟自由基（·OH）和单线态氧（$^1O_2$）等。·OH会引发不饱和脂肪酸脂质的过氧化反应，产生一系列自由基，如脂质自由基（·R）、脂氧自由基（RO·）、脂过氧自由基（ROO·）和脂过氧化物（ROOH），这些自由基积累过多时就会损坏细胞膜及许多生物大分子产生。董奇琦等（2020）对两种耐性花生品种在干旱胁迫下生理响应的研究中发现，花生叶片中的超氧阴离子（O_2^-）含量会随着胁迫程度的增加而显著上升。在渗透胁迫下，不同抗旱性的花生幼叶的O_2^-产生速率均会随着渗透胁迫处理强度的增强而增加，表明其细胞膜脂质的过氧化程度加重（陈由强等，2000）。因此，O_2^-的含量是衡量植物在胁迫条件下的一个非常重要的生理性指标。

在生物体内，氧作为电子传递链中的受体，得到单电子时，会生成O_2^-。因此，利用羟胺氧化的方法可以测定生物系统中的O_2^-含量。O_2^-与羟胺发生反应从而生成NO_2^-，NO_2^-在对氨基苯磺酸和α-萘胺的作用下，会生成粉红色的偶氮染料。取生物样品在530nm波长处测定吸光值，根据OD_{530}可以计算出样品中的O_2^-含量。

（一）绘制标准曲线

取7支干净的试管，编号从0到6，分别加10nmol/mL、15nmol/mL、20nmol/mL、30nmol/mL、40nmol/mL、50nmol/mL的$NaNO_2$标准稀释液1mL，0号管加入1mL的蒸馏水，然后各个试管中再加入50mmol/L磷酸缓冲液1mL、17mmol/L对氨基苯磺酸1mL和7mmol/L α-萘胺1mL，置于25℃下进行显色反应20min，以0号试管作空白对照，将液体放入比色皿中在530nm波长处测定吸光度。以亚硝酸根离子浓度为横坐标，吸光值作为纵坐标，绘制标准曲线。

（二）提取样品

称取植物组织叶片1g置于研钵中，研磨后加5mL 50mmol/L磷酸缓冲液（pH值7.8），将匀浆液放入10mL的离心管中，使用离心机在12 000r/min、4℃条件下离心5min，取上清液即为样品提取液。

（三）测定

取样品提取液1mL，加入50mmol/L磷酸缓冲液1mL、17mmol/L对氨基苯磺酸1mL和7mmol/L α-萘胺1mL，置于25℃下进行显色反应20min后，以0号试管作空白对照，将样品提取液放入比色皿中在530nm波长处测定吸光度。依据标准曲线和测定的吸光值计算单位质量内植物组织样品中超氧阴离子的含量。

五、花生叶片中脯氨酸含量的测定

脯氨酸（Proline，Pro）是一个α-氨基酸，作为20个DNA编码的氨基酸之一，其对应密码子是CCU、CCC、CCA和CCG。脯氨酸在20种合成蛋白质的氨基酸中的最特别之处在于，胺氮被绑定到的是两个烷基基团上而并非一个烷基基团上，因此，它具有仲氨、L型较常具有S型立体化学。脯氨酸是由氨基酸的L-谷氨酸和其中间前驱物亚氨基乙酸（"S"）-1-吡咯啉-5-羧酸甲酯（P5C）组合而成，典型的生物合成所需要的酶包括谷氨酸-5-激酶、谷氨酸-1-激酶、氨酸脱氢酶和吡咯啉-5-羧酸还原酶。其中谷氨酸-1-激酶是三磷酸腺苷（Adenosine triphosphate，ATP）所依赖性的，氨酸脱氢酶和吡咯啉-5-羧酸还原酶必须具备还原型烟酰胺腺嘌呤二核苷酸即还原型辅酶 I（NADH）或还原型烟酰胺腺嘌呤二核苷酸磷酸即还原型辅酶 II（NADPH）。

植物受到渗透胁迫并引起生理性缺水时，植物体内的脯氨酸会大量累积，因此一定程度上通过测量植物体内脯氨酸含量可以作为衡量植株缺水时的参考指标。脯氨酸对植物缓解水分胁迫的调节作用包括：一是保持细胞内部与外界环境之间的渗透压平衡，防止水分外渗。二是具有偶极性，能够保护生物大分子的空间结构，稳定蛋白质的特性。三是能与细胞内的一些化合物形成聚合物，类似胶体，起到渗透保护的作用。张晓晶等（2015）在高温胁迫的条件下测定了不同花生品种中游离脯氨酸的含量，发现抗性品种的叶片中含有较高的渗透调解物质即游离脯氨酸，可以有效地维持叶片组织中的含水量，从而减轻高温胁迫对PSII系统的伤害，具有良好的高温抵御机制。在干旱胁迫下，不同抗性花生品种中的游离脯氨酸会大量积累，表明在花生体内的活性氧清除系统可以主动地响应干旱胁迫（任婧瑶等，2021）。因此，脯氨酸的含量是衡量植物在胁迫条件下渗透调节物质含量的一个非常重要的生理性指标。

在pH值1~7的范围内时，用人造沸石能够除去一些具有干扰性的氨基酸，在酸性条件下，茚三酮会与脯氨酸发生反应，生成红色的化合物，其含量与色度成正比，可以用分光光度计进行测定，此法具有专一性。

（一）绘制标准曲线

取2mL不同浓度的L-脯氨酸于玻璃试管中，加入2mL的冰醋酸和2mL的酸性茚三酮溶液，在水浴锅中沸水浴加热30min，在沸水浴中提取10min左右，在水浴过程中要经常摇动。冷却后在通风橱中加入4mL的甲苯，充分振荡后静置一段时间，取上层溶液进行离心，对离心后的红色溶液进行检测OD_{520}，以L-脯氨酸的浓度作为横坐标，以OD_{520}作为纵坐标，绘制出标准曲线。

（二）取样

称取新鲜的花生叶片0.25g放置在研钵中，用研磨棒轻轻研磨后加入2.50mL 3%（W/V）的磺基水杨酸溶液，将匀浆转移至玻璃试管中，在水浴锅中用沸水浴提取10min左右，在水浴过程中要经常摇动并盖好盖子，冷却后进行过滤，即可得到脯氨酸提取液。

（三）测定

取2.00mL的提取液于另一玻璃试管中，加入2.00mL冰醋酸和2.00mL酸性茚三酮溶液，在水浴锅中用沸水浴加热30min，在沸水浴中提取10min左右，水浴过程中要经常摇动。冷却后在干通风橱中加入4.00mL的甲苯，充分振荡后静置，提取上层溶液进行离心，离心后的红色溶液进行OD_{520}的检测。

（四）结果

依据标准曲线，就可得出单位质量内花生叶片中的脯氨酸含量。

六、酶联免疫法测定花生叶片中的脱落酸（ABA）

脱落酸（Abscisic acid，ABA），是一种含有倍半萜结构的植物激素。在1963年，美国艾迪科特等科学家从棉铃中提纯了一种物质，这种物质能够显著地促进棉苗外植体的叶柄脱落，被称为脱落素Ⅱ。英国韦尔林等科学家也从在短日照条件下的槭树叶片中提纯了一种生物物质，能够控制落叶树木的休眠，被称为休眠素。在1965年证实，脱落素Ⅱ和休眠素是同一种物质，被统一命名为脱落酸。

脱落酸的合成受多种胁迫条件反应的诱导，在胁迫条件下，脱落酸会调控气孔的关闭和基因的表达以使植物能够更好地适应逆境环境。郝西等（2020）对6个花生品种在24h干旱胁迫处理后的叶片ABA含量进行了测定，其脱落酸的含量均表现为上升的趋势，且品种间的ABA含量存在差异性，陈艳萍等（2013）也得到了相似的研究结论。因此脱落酸含量是衡量植物在胁迫条件下的一个非常重要的生理性指标。一方面，各种胁迫反应能够诱导脱落酸的大量合成从而调控下游基因的表达，进而使植物能够更好地适应逆境条件。在这些被诱导的表达基因中，有脯氨酸合成的关键基因进行表达以提高渗透保护因子的含量；也有一些环境效应分子直接或间接地保护植物免受胁迫的伤害；还有一系列的转录因子对胁迫反应的信号转导途径进行应答。另一方面，脱落酸还能够参与植物气孔开关的调节，脱落酸可以通过过氧化氢与一氧化氮的诱导使气孔关闭，从而可以减少植物体内水分的蒸发，进而提高植物对逆境胁迫的应答。

使用固相抗体型酶联免疫法可以测定脱落酸的含量。利用抗体与脱落酸相结合，加入脱落酸甲酯标准品或待测样品，使其能够与同相化的单克隆抗体结合，再加入辣根过氧化物酶对脱落酸进行标记。通过测定酶标脱落酸的被结合含量，可以换算出样品中未知的脱落酸含量。

（一）脱落酸的提取

称取新鲜的植物材料200～500mg，在研钵中用研磨器研磨后将匀浆液转入到试管中，再用2.00mL的甲醇将研钵冲洗干净。用离心机在5 000r/min的条件下离心10min，残渣中加入0.50mL的甲醇，再进行离心1次，合并上清液，记录下体积，将残渣弃去。

（二）脱落酸的纯化

取300μL上清液转入到5mL的塑料离心管中，用氮气吹干，再用200μL 0.1mol/L Na_2HPO_4（pH值9.2）洗涤3次，加入乙酸乙酯，调节pH值至2.5，用200μL乙酸乙酯萃取3次，合并乙酸乙酯溶液，用氮气吹干。

（三）脱落酸的甲酯化

上述用氮气吹干的样品加入200μL甲醇溶液进行溶解，加入过量的重氮甲烷至样品呈现黄色，静置10min后加入半滴0.2mol/L乙酸甲醇来破坏过量的重氮甲烷。

（四）脱落酸的测定

取酶标板用蒸馏水冲洗数次后，在每小孔中加入100μL抗鼠Ig抗体溶液以用于包被聚苯乙烯反应板的微孔，然后将隔标板放入有内铺湿纱布的带盖瓷盘内，在4℃下过夜或在37℃下2h。弃去孔内的溶液，用洗涤缓冲液洗涤酶标孔3次，甩干。在各孔中加入100μL含有抗脱落酸甲酯的单克隆抗体，在37℃下放置70min，用洗涤缓冲液进行洗板，甩干。在各孔内依次加入标准的脱落酸溶液或者待测样本液体，每个样品3次重复，在20℃下静置20min，洗板，甩干。在各孔加入100μL的辣根过氧化物酶以稀释缓冲液，湿盒在37℃下静置60min，洗板，甩干。在暗条件下，在各孔中加入100μL的邻苯二胺基质液，湿盒在37℃下进行显色反应15min，加入50μL的3mol/L的H_2SO_4以终止反应。用酶联免疫检测仪测定在490nm处各孔的OD_{490}，以加入脱落酸甲酯母液孔的OD_{490}为B_0，以加入脱落酸甲酯各标准溶液孔的OD_{490}为B_i。求出每份样品重复孔的平均值。

（五）计算

以标准的脱落酸甲酯的物质的量为横坐标，以$\ln[B_i/(B_0-B_i)]$为纵坐标，绘制出标准曲线。再根据样品孔的OD_{490}和标准曲线，可以计算出样品中脱落酸甲酯的物质的量，即样品中脱落酸含量。

七、花生叶片中谷胱甘肽（GSH）含量的测定

谷胱甘肽（Glutathione，GSH）是一种含有γ-酰胺键和巯基的三肽，由谷氨酸、半胱氨酸和甘氨酸组成。谷胱甘肽广泛存在于动植物中，在生物体内有着重要的作用。谷胱甘肽可以帮助维持正常免疫系统，并有抗氧化和整合解毒的作用，巯基是半胱氨酸上的活性基团（故常简写为GSH），容易与一些药物（如扑热息痛）、毒素等结合，从而具有整合解毒的作用。GSH作为细胞内一种调节代谢的重要物质，既是甘油醛磷酸脱氢酶的辅基，也是乙二醛酶和丙糖脱氢酶的辅酶，参与植物体内三羧酸循环及糖代谢，并能激活多种酶，如巯基（-SH）酶-辅酶等，从而促进糖类、脂肪和蛋白质代谢。研究结果表明，干旱胁迫下，不同抗旱性花生品种根系GSH含量较高增幅也较大，但随着干旱程度的增加，GSH含量出现下降（厉广辉等，2014），较低的渗透胁迫使花生幼叶中GSH含量较高。GSH作为生物体内活性氧清除剂，有利于生物体抵御逆境胁迫（陈由强等，2000）。一般来说，谷胱甘肽（GSH）这种非酶类抗氧化物质提高可以保持植物体内活性氧积累与清除系统的平衡（Cristina，2004），可以作为植物逆境条件下的生理指标之一。

谷胱甘肽能和5,5′-二硫代-双-（2-硝基苯甲酸）（5,5′-dithiobis-2-nitrobenoic acid，DTNB）反应产生2-硝基-5-巯基苯甲酸和谷胱甘肽二硫化物（Oxiclatedglutathione，GSSG）。2-硝基-5-巯基苯甲酸为一种黄色产物，在波长412nm处具有最大吸收峰。因此，利用紫外分光光度计法可测定样品中谷胱甘肽的含量。还原性辅酶Ⅱ（NADPH）和谷胱甘肽还原酶（Glutathione reductase，GR）维持谷胱甘肽总量不变的条件下，GSH和DTNB反应，在此反应中，NADPH逐渐减少，DTNB逐步增加，DTNB在波长412nm吸收速率OD_{412}/min与样品中总谷胱甘肽量成正比。本方法灵敏度可达0.1nmol/L左右，加收率93%～106%。由于GSH和GSSG循环交替，周而复始使总量维持不变，故称此法为循环法，是目前测定总GSH（即GSH+GSSG）较为灵敏的方法。

（一）标准曲线的制作

取8支试管并进行编号，分别加入1mL不同浓度的还原型谷胱甘肽标准液（0、

0.1nmol/L、0.5nmol/L、1nmol/L、5nmol/L、20nmol/L、100nmol/L、500nmol/L）、1mL 0.1mol/L磷酸缓冲液（pH值7.7）、0.5mL 4mmol/L二硫代硝基苯甲酸（DTNB）溶液，25℃保温10min。迅速在波长412nm测定吸光度，以吸光度为纵坐标，还原型谷胱甘肽的含量为横坐标，绘制成标准曲线。

（二）样品的提取

称取植物叶片1g置于研钵中，研磨成匀浆后加入5mL经4℃预冷的50g/L三氯乙酸溶液（含5mmol/L Na$_2$-EDTA），于4℃、12 000g离心20min。收集上清液用于测定谷胱甘肽含量。

（三）还原型谷胱甘肽的测定和计算

取两支试管，分别加入1mL上清液、1mL 0.1mol/L磷酸缓冲液（pH值7.7）。向一支试管中加入0.5mL 4mmol/L二硫代硝基苯甲酸（DTNB）溶液，另一支试管中加入0.5mL 0.1mol/L磷酸缓冲液（pH值6.8），将两支试管置于25℃保温10min。按照制作标准曲线的方法，迅速测定显色液在波长412nm处的吸光度分别记作OD$_s$和OD$_c$，重复3次。显色反应后，分别记录样品管混合液的吸光度（OD$_s$）和空白对照管反应混合液的吸光度（OD$_c$）。根据吸光度差值，从标准曲线上查出相应的还原型谷胱I片肽量，用下列方法计算出样品中还原型谷胱甘肽含量（X_1）。

$$X_1 = N_1 \times V / (V_s \times FW)$$

式中：X_1为样品中还原型谷胱甘肽含量（μmol/gFW）；N_1为标准曲线查得的溶液中还原型谷胱甘肽物质的量（μmol）；V为样品提取液总体积（mL）；V_s为吸取样品液体积（mL）；FW为样品质量（g）。

（四）总谷胱甘肽的测定和计算

取两支试管，分别加入1mL上清液、2U谷胱甘肽还原酶、1mL 0.1mol/L磷酸缓冲液（pH值7.7）。向一支试管加入0.5mL 4mmol/L二硫代硝基苯甲酸（DTNB）溶液，另一支试管中加入0.5mL 0.1mol/L磷酸缓冲液（pH值6.8），将两支试管置于25℃保温10min。按照制作标准曲线的方法，迅速测定显色液在波长412nm处的吸光度，分别记作OD$_s$和OD$_c$，重复3次。显色反应后，分别记录样品管混合液的吸光度（OD$_{s2}$）和空白管反应混合液的吸光度（OD$_{c2}$）。根据吸光度的差值，从标准曲线上查出相应的还原型谷胱甘肽量，用下列公式计算出样品中总谷胱甘肽量（X_2）。

$$X_2 = N_2 \times V / (V_s \times FW)$$

式中：X_2为样品中总谷胱甘肽含量（μmol/gFW）；N_2为由标准曲线查得的溶液中总谷胱甘肽物质的量（μmol）；V为样品提取液总体积（mL）；V_s为吸取样品液体积（mL）；FW为样品质量（g）。氧化型谷胱甘肽的含量＝总谷胱甘肽的含量–还原型谷胱甘肽的含量。

八、花生叶片中过氧化氢酶（CAT）活性的测定

过氧化氢酶（Catalase，CAT）是一种酶类清除剂，又称触酶，以铁卟啉为辅基的结合酶。它可以促使H_2O_2分解为氧分子和H_2O，清除体内的H_2O_2，使细胞免于H_2O_2的毒害，是生物防御体系的关键酶之一。CAT发挥作用的实质是H_2O_2的歧化。必须有两个H_2O_2，先后与CAT相遇并碰撞在活性中心上，才能发生反应。H_2O_2浓度越高，分解速度也越快。一般来说，植物为了抵御逆境环境条件，在进化过程中也形成了由SOD（超氧化物歧化酶）和CAT（过氧化氢酶）组成抗氧化酶保护系统，能够有效清除ROS，提高植物抗逆性（韩一林，2018）。盐胁迫处理花生14d后，花生根系的CAT活性随着盐浓度的增加而下降，随着胁迫时间的延长，其清除ROS能力也逐渐下降（郑柱荣等，2016）。在干旱胁迫下，花生叶片的CAT下降，而适量施用氮肥可以显著增加叶片的CAT活性，表明干旱与施氮均可以降低花生叶片膜脂过氧化程度，从而提高花生的抗旱性（丁红等，2015）。因此，CAT酶活性是衡量植物在胁迫情况下的一个非常重要的生理指标。

H_2O_2在波长240nm下有强烈光吸收，过氧化氢酶能分解过氧化氢，使反应溶液的吸光度（OD_{240}）随反应时间而降低。根据测量吸光度的变化速度测出过氧化氢酶的活性。

（一）植物样品粗提液中蛋白质浓度的测定

称取植物组织叶片1g放置于研钵中，研磨成匀浆后加5mL 50mmol/L磷酸缓冲液（pH值7.8），将匀浆液12 000r/min、4℃离心5min，上清液即为样品粗提液。取100μL样品粗提液，加入3.0mL Bradford工作液，充分混匀。加完试剂10min后，在紫外分光光度计上测定各样品在595nm处的吸光度OD_{595}，重复测定3次后取平均值。根据标准曲线和样品的OD_{595}数值即可计算出植物样品粗提液中的蛋白质浓度。

（二）测定

取100μL样品粗提液，25℃预热后，加入0.3mL 0.1mol/L的H_2O_2，加完后立即记录时间，并迅速在240nm波长下测定吸光度，每隔1min读数1次，共测4min。

（三）结果计算

以1min内OD_{240}减少0.1的酶量为1个酶活单位（U），从而计算单位质量蛋白质的酶活性。

九、花生叶片中过氧化物酶（POD）活性的测定

过氧化物酶（Peroxidase，POD）是把铁卟啉作为辅基的氧化酶，催化H_2O_2氧化某一些酚类、芳香胺和抗坏血酸等还原性物质。广泛分布于生物界，在细胞代谢的氧化还原过程中起重要作用，如清除细胞内的有害物质H_2O_2、保护酶蛋白以及促进植物细胞木质素的形成等。POD与SOD功能相似，也可以清除细胞内的活性氧自由基，防止膜脂质过氧化损伤（朱金方，2015），在胁迫条件下，POD活性变化和SOD相比较为明显。如低温胁迫下，花生叶片POD随着温度的下降而升高，有较高的抗氧化酶活性（钟鹏等，2018）。在重金属镉的胁迫下，花生叶片POD活性受到一定程度的抑制，通过相关性分析，POD还可以作为花生镉污染胁迫的鉴定指标（张廷婷等，2013）。因此，POD酶活性是衡量植物在逆境胁迫情况下的一个非常重要的生理指标之一。

测定方法是将愈创木酚（邻甲氧基苯酚）和H_2O_2作为底物，过氧化物酶催化H_2O_2放出新生态氧，使无色的愈创木酚氧化成红棕色的四邻甲氧基连酚。过氧化物酶活力的大小在一定范围内与产物颜色的深浅呈线性关系，该产物在波长460nm处有最大的光吸收，因此，可通过测定OD_{460}的变化来测定过氧化物酶的活力。将室温、pH值5.4的条件下，酶反应体系中每分钟OD_{460}的增加值为1所需的酶量作为一个过氧化物酶活力单位。

活力测定时，酶反应在紫外分光光度计的比色杯内进行，由于酶反应产物增加而使OD_{460}增加，通过间隔30s记录可获得一组OD_{460}，以时间为横坐标、OD为纵坐标进行线性作图（或用统计方法求得回归方程），进而计算OD_{460}的变化速率（OD_{460}/min），最后计算每克鲜重样品中过氧化物酶活力的大小。

（一）植物样品粗提液中蛋白质浓度的测定

称取植物组织叶片1g置于研钵中，研磨成匀浆后加5mL 50mmol/L磷酸缓冲液（pH值7.8），将匀浆液于12 000r/min、4℃离心5min，上清液即为样品粗提液。取100μg样品粗提液，加入3.0mL Bradford工作液，充分混匀。加完试剂10min后，在分光光度计上测定各样品在波长595nm处的吸光度OD_{595}，测量3次后取平均值。根据标准曲线和样品的OD_{595}数值即可计算出植物样品粗提液中的蛋白质浓度。

（二）样品测定

在玻璃试管内，先加入2mL乙酸-乙酸钠缓冲液和1mL 0.25%（W/V）愈创木酚溶液，再加入0.1mL样品粗提液（根据酶活力大小而定），最后加入0.1mL 0.75%（W/V）H_2O_2溶液，快速上下颠倒混匀。迅速测定OD_{460}并开始计时，每隔30s读取并记录一次OD_{460}，共读3min（注：酶液加入量一般控制在5min内使OD_{460}达到0.5～0.8）。

（三）结果计算

以时间为横坐标，OD_{460}为纵坐标，对所得数据进行线性作图并作出直线的斜率，即每分钟内OD_{460}的变化值，此为反应的初速度，从而计算单位质量蛋白质的酶活性。

十、花生叶片中谷胱甘肽还原酶（GR）活性的测定

谷胱甘肽还原酶（Glutathione recluctase，GR）可以还原氧化型谷胱甘肽（GSSG）生成还原型谷胱甘肽（GSH）。谷胱甘肽还原酶分布在许多组织中，可以维持细胞内足够的还原型谷胱甘肽（GSH）水平。GSH可以清除自由基和一些过氧化物，或作为谷胱甘肽氧化酶（Glutathione peroxidase，GPX）的底物来清除一些过氧化物。周西等（2012）对两个花生品种先进行干旱然后复水的谷胱甘肽还原酶（GR）测定后发现，在干旱前期GR先下降后升高，复水之后又下降。对旱涝急转试验中，3个不同旱涝耐性品种叶片的GR表现为上升趋势，随着胁迫的加剧活性下降，复水后活性恢复到正常水平（周西，2012）。因此，谷胱甘肽还原酶（GR）酶活性是衡量植物在胁迫情况下的一个非常重要的生理指标之一。

谷胱甘肽还原酶是一种利用还原型烟酰胺腺嘌呤二核苷酸磷酸（Triphosphopyridine nucleotide，NADPH）将氧化型谷胱甘肽（GSSG）催化反应成还原型谷胱甘肽（GSH）的酶。而NADPH在波长340nm有吸收峰，因此可以通过测定OD的减小来计算出谷胱甘肽还原酶的活性。

（一）植物样品粗提液中蛋白质浓度的测定

称取植物组织叶片1g置于研钵中，研磨成匀浆后加5mL 50mmol/L磷酸缓冲液（pH值7.8），将匀浆液在12 000r/min、4℃离心5min，上清液即为样品粗提液。取100μL样品粗提液，加入3.0mL Bradford工作液，充分混匀。加完试剂10min后，在紫外分光光度计上测定各样品在波长595nm处的吸光度OD_{595}，重复测定3次取平均值。根据标准曲线和样品的OD_{595}值即可计算出植物样品粗提液中的蛋白质浓度。

（二）样品测定

取两个试管，一个试管加入1mL GSSG溶液、0.9mL 50mmol/L磷酸缓冲液（pH值7.8）、0.1mL 2mmol/L NADPH溶液；另一个试管加入1mL GSSG溶液、0.7mL 50mmol/L磷酸缓冲液（pH值7.8）、0.2mL植物样品粗提液、0.1mL 2mmol/L NADPH溶液，加完立即计时，并迅速于波长340nm下测定吸光度，每隔1min记数1次，共测4min。

（三）结果计算

以1min内OD_{340}减少0.1的酶量为1个酶活单位（U），进而计算单位质量蛋白质的酶活性。

十一、花生叶片中抗坏血酸过氧化物酶（APX）活性的测定

抗坏血酸过氧化物酶（Ascorbate peroxidase，APX）是植物活性氧代谢中重要抗氧化酶之一，也是维生素C（抗坏血酸）代谢的主要酶之一。APX具有多种同工酶，分别位于叶绿体、胞质、线粒体、过氧化物和乙醛酸体，以及过氧化体和类囊体膜上。在植物抗氧化系统中，APX是清除H_2O_2的主要酶类。APX以抗坏血酸（Ascorbic acid，AsA）为电子供体在氧化AsA的同时将H_2O_2还原为H_2O，是AsA的主要消耗者。APX的活性与AsA的含量密切相关，当遭受胁迫和解胁迫时，APX与AsA呈负相关关系，当APX活性下降，植物体内积累的AsA较多，可直接与O_2和OH^-反应，清除有毒物质以缓解逆境胁迫。研究表明，干旱胁迫下，花生叶片APX活性随着胁迫的延长呈不断上升的趋势，后期在不耐旱品种中上升更为显著（董奇琦等，2020）。低温胁迫下，苗期花生的APX在短时间内迅速上升后保持平稳，耐冷型品种较敏感型品种高，说明耐冷型花生品种可以通过提高体内抗氧化酶的活性来抑制低温诱导的过氧化损伤（张鹤，2020）。因此，APX活性是衡量植物在胁迫情况下的一个非常重要的生理指标之一。

（一）植物样品粗提液中蛋白质浓度的测定

称取植物组织叶片1g置于研钵中，研磨成匀浆后加5mL 50mmol/L磷酸缓冲液（pH值7.8），将匀浆液12 000r/min、4℃离心5min，上清液即为样品粗提液。取100μL样品粗提液，加入3mL Bradford工作液，充分混匀。加完试剂10min后，在分光光度计上测定各样品在波长595nm处的吸光度OD_{595}，重复测定3次取平均值。根据标准曲线和样品的OD_{595}数值即可计算出植物样品粗提液中的蛋白质浓度。

（二）酶活性测定

3mL反应混合液中含50mmol/L磷酸缓冲液（pH值7.8）、0.1mmol/L Na_2-EDTA、0.3mmol/L抗坏血酸（AsA）、0.06mmol/L H_2O_2和0.1mL样品粗提液。加入H_2O_2后立即在25℃下测定10~30s内的OD_{290}。

（三）计算结果

计算单位时间内AsA减少量（即每分钟OD_{290}变化）及酶活性，进而用下列公式计算单位质量蛋白质的抗坏血酸过氧化物酶（APX）酶活性（X），以室温下每分钟氧化1μmol AsA的酶量作为一个酶活性单位。

$$X（U）=N \times 6 \times V/（V_s \times FW \times C）$$

式中：X为单位质量蛋白质的抗坏血酸过氧化物酶（APX）酶活性（U）；N为每10s OD_{290}变化；V为样品提取液总体积（mL）；V_s为吸取样品液体积（mL）；FW为样品质量（g）；C为样品粗提液的蛋白质浓度（μg/μL）。

十二、花生叶片中多酚氧化酶（PPO）活性的测定

多酚氧化酶（Polyphenol oxidase，PPO）是自然界中广泛分布的一种金属蛋白酶，普遍存在于植物、真菌、昆虫的质体中，在土壤中腐殖质中也可检测到多酚氧化酶的活性。多酚氧化酶的共同特征是能够通过分子氧氧化酚或多酚形成对应的醌。在广义上，多酚氧化酶可分为单酚氧化酶（即酪氨酸酶）、双酚氧化酶（即儿茶酚氧化酶）和漆酶三大类。在这三大类多酚氧化酶中，儿茶酚氧化酶主要分布在植物中，微生物中的多酚氧化酶主要包括漆酶和酪氨酸酶。现在大部分文献所说的多酚氧化酶一般是儿茶酚氧化酶和漆酶的统称。PPO对植物生理响应具有积极作用，当植物遭受折断、踩压等不可抗力损伤或被病菌侵染，植物体内的PPO快速作出反应，主要作用方式是催化多酚类化合物氧化形成相应的醌类，促使损伤组织褐变，以恢复损伤或提高抗性（胡春和，2009；代丽等，2007）。黄玉茜等（2013）在花生连作3年后叶片PPO在整个生育期总体上呈现升高趋势，但在苗期时连作3年的花生叶片中酶活性和正茬的花生处理相比低，表明多年连作将导致土壤理化性质变劣，病原菌大量累积，花生植株长势变弱，易衰老、受伤和感病。多酚氧化酶与植物的氧化还原反应密切相关，其酶活性是衡量植物在胁迫情况下的一个非常重要的生理指标。

多酚氧化酶是一种含铜的氧化酶，在有氧的条件下，能使一元酚和二元酚氧化产生醌。用分光光度法在525nm波长处测其吸光度，即可计算出多酚氧化酶的活力和比活性。

（一）植物样品粗提液中蛋白质浓度的测定

称取1g植物叶片置于研钵中，研磨成匀浆后加5mL 50mmol/L磷酸缓冲液（pH值7.8），将匀浆液12 000r/min、4℃离心5min，上清液即为样品粗提液。取100μL样品粗提液，加入3.0mL Bradford工作液，充分混匀。加完试剂10min后，在紫外分光光度计上测定各样品在595nm处的吸光值OD$_{595}$，重复测定3次取平均值。根据标准曲线和样品的OD$_{595}$数值即可计算出植物样品粗提液中的蛋白质浓度。

（二）酶活测定

取50μL样品粗提液，加入350μL反应液（用50mmol/L，pH值6.4的磷酸缓冲液配制，内含100μmol/L邻苯二酚），平衡1min后连续测定398nm处吸光度的变化。

（三）结果计算

1min内OD$_{398}$上升0.01为一个酶活性单位，结果以U/mg蛋白质表示。

十三、花生叶片中水杨酸（SA）含量的测定

在花生的生长发育过程中，会受到很多种病毒、真菌、细菌及病虫害的侵染。在花生的抗病反应过程中，通过病原菌的侵染，体内的信号分子将抗病信号从被病原菌侵染的部位传到整个植物，进而产生植物的系统性抗性或诱导性抗性。而对于这些植物体内的信号分子，目前研究较多的主要是水杨酸（Salicylic acid，SA）、茉莉酸（Jasmonic acid，JA）和乙烯（Ethylene，ET）等比较重要的植物激素小分子。水杨酸在植物体内广泛存在，是小分子化合物，在植物体内主要有结合态和游离态的水杨酸两种。鄢洪海等（2013）测定花生在不同生长时期、不同组织中SA含量时，发现花生植株中不同叶位SA含量差异不显著，但叶片与根之间SA含量差异显著，叶片组织含量显著比根组织高；在花生整个生育期中，SA含量在生长前期相对较低，生育后期SA含量较高。一般情况下，植物体内的水杨酸含量较高就意味着更抗病，反之，植物体内的水杨酸含量较少则意味更感病一些。有研究表明，SA在花生网斑病抗性及信号转导中发挥着重要作用，这将有利于花生抗病生理方面的下一步研究（鄢洪海，2013；Richard，2004）。

植物体内的水杨酸有两种存在形式：一种是游离态的水杨酸，还有一种是结合态的水杨酸。测定含量时先将游离态的水杨酸与结合态的水杨酸分层，然后将结合态的水杨酸转化为游离态的水杨酸，再通过液相色谱即可测出游离态的水杨酸和结合态的水杨酸含量。

（一）取样

首先称取1g花生叶片，用液氮研磨后，加入3mL 80%（V/V）甲醇，加入1μg萘乙酸（平均提取量约为75%），4℃黑暗条件下反应24h。

（二）分层

上步反应完成后，提取液会出现分层，上层即为有机相，有机相中为游离态的水杨酸；下层则为无机相，无机相中为结合态的水杨酸。

（三）测定

通过高效液相色谱（High-performance liquid chromatography，HPLC）测定有机相中游离态的水杨酸，25℃条件下，以0.1%（W/V）H_3PO_4和50%（V/V）甲醇为流动相，0.6mL/min的流速进行分离，在波长230nm处进行检测，注意波峰的出现时间及检测过程中波形的变化，记录下每个样品检测过程中的波形面积。

（四）转化

无机相中结合态的水杨酸先用HCl调pH值至1左右，然后沸水煮30min，使结合态的水杨酸全部转为游离态的水杨酸，然后按上步进行测定，即可得出结合态水杨酸的含量。

（五）标准曲线分析

同时选择不同浓度的水杨酸作为标准，以高效液相色谱（HPLC）检测分离的波形面积作出标准曲线，来分析水杨酸的含量。

参考文献

白冬梅，薛云云，黄莉，等，2022. 不同花生品种芽期耐寒性鉴定及评价指标筛选[J/OL]. 作物学报：1-14[2022-01-08]. http：//kns. cnki. net/kcms/detail/11. 1809. S. 20211214. 1632. 002. html.

白家伟，杜柳，陈绮，等，2021. 花生发芽过程中组分及相关酶的变化研究[J]. 粮食与油脂，34（11）：31-35.

曹欢欢，胡家阳，杨银娟，2006. 佳多频振式杀虫灯对鳞翅目害虫诱杀效果[J]. 上海农业学报（4）：147-148.

曹敏建，王晓光，于海秋，2013. 花生[M]. 沈阳：辽宁科学技术出版社.

陈传强，2012. 花生机械化生产农艺模式研究[J]. 中国农机化（4）：63-67.

陈红，任金海，杜宇，等，2008. 臭氧处理花生的试验研究[J]. 花生学报（11）：119-121.

陈建明，俞晓平，陈列忠，等，2004. 我国地下害虫的发生为害和治理策略[J]. 浙江农业学报（6）：41-46.

陈康，2021. 密度和氮肥互作对单粒精播花生SPAD值、植株和产量性状的影响[J]. 中国油料作物学报，43（6）：1070-1076.

陈立，徐汉虹，李云宇，等，2000. 农药复配最佳增效配方筛选方法的探讨[J]. 植物保护学报，27（4）：349-354.

陈霖，2011. 基于控温的花生微波干燥工艺[J]. 农业工程学报，27（S2）：267-271.

陈娜，许静，陈明娜，等，2021. 耐盐碱高油酸花生品种（系）的田间筛选鉴定及产量形成相关因素分析[J]. 花生学报，50（4）：43-50.

陈鹏枭，郭相毅，陈楠，等，2022. 花生荚果干燥技术及设备的研究现状与发展[J]. 粮油食品科技，30（2）：221-230.

陈鹏枭，刘磊，陈楠，等，2022. 不同干燥预处理下储藏条件对花生品质变化影响研究[J]. 花生学报，51（1）：30-41.

陈四龙，2012. 花生油脂合成相关基因的鉴定与功能研究[D]. 北京：中国农业科学院.

陈四龙，程增书，宋亚辉，等，2019. 高产高油花生品种的光合与物质生产特征[J]. 作物学报，45（2）：276-288.

陈小姝，刘海龙，高华援，等，2018. 东北早熟区花生品种产量优化分析[J]. 东北农业科学，43（4）：7-10.

陈小姝，吕永超，曲明静，等，2020. 吉林四平地区花生田地上昆虫种类、多样性及年际发生动态分析[J]. 东北农业科学，45（4）：63-70.

陈小姝，王绍伦，刘海龙，等，2019. 吉林省花生玉米间作高效种植模式研究[J]. 山东农业科学，51（9）：162-166.

陈小姝，杨富军，曲明静，等，2017. 吉林花生有害生物种类调查及发生危害[J]. 花生学报，46（2）：68-72.

陈艳萍，何金丽，李丽梅，等，2013. 不同花生品种抗旱生理与 *AhNCED1* 基因表达的关系[J]. 植物生理学报，49（4）：369-374.

陈由强，叶冰莹，朱锦懋，等，2000. 渗透胁迫对花生幼叶活性氧伤害和膜脂过氧化作用的影响[J]. 中国油料作物学报（1）：54-57.

陈有庆，胡志超，王海鸥，等，2012. 我国花生机械化收获制约因素与发展对策[J]. 中国农机化（4）：14-17.

陈源泉，2008. 中国农作制度研究进展[M]. 沈阳：辽宁科学技术出版社.

陈志德，刘瑞显，沈一，等，2021. 不同施肥水平下花生对肥料的吸收积累特性[J]. 花生学报，50（2）：21-27，32.

陈志德，沈一，刘永惠，2015. 种植密度和肥力对中花16产量及农艺性状的影响[J]. 花生学报，44（3）：55-60.

成良强，饶庆琳，吕建伟，等，2021. 花生种质耐低温性研究进展[J]. 贵州农业科学，49（2）：11-16.

丛惠芳，孙治军，张梅，等，2008. 不同B、Zn肥对花生生长和产量的影响[J]. 山东农业大学学报（自然科学版），39（2）：171-174.

崔沙沙，赵曼，曹洪玉，等，2014. 60.8%异丙甲·乙氧·扑草净EC防除花生田杂草的效果[J]. 杂草科学，32（3）：58-61.

崔雪艳，李永军，2021. 乙烯利对花生种子萌发及胚芽长势的影响[J]. 农业科技通讯（12）：106-109.

代丽，宫长荣，史霖，等，2007. 植物多酚氧化酶研究综述[J]. 中国农学通报（6）：312-316.

代文超，2022. 花生高产种植技术及应用推广实践[J]. 世界热带农业信息（1）：15-16.

代小冬，杜培，秦利，等，2021. 花生抗旱性研究进展[J]. 热带作物学报，42（6）：1788-1794.

邓丽，郭敏杰，谷建中，等，2021. 大果花生品种产量及其构成的可视化分析[J]. 分子植物育种，19（18）：6258-6264.

邓丽，郭敏杰，殷君华，等，2021. 高油酸花生品种开农1760产量及其构成的可视化分析[J]. 中国油料作物学报，43（3）：502-509.

丁红，成波，张冠初，等，2021. 施用氮肥对干旱胁迫下花生生理特性的影响[J]. 花生学报，50（2）：64-68，72.

丁红，宋文武，张智猛，2011. 花生铁营养研究进展[J]. 花生学报，40（1）：39-43.

丁红，张智猛，戴良香，等，2015. 水分胁迫和氮肥对花生根系形态发育及叶片生理活性的影响[J]. 应用生态学报，26（2）：450-456.

董海，2011. 辽宁省花生田杂草的生态经济防治阈期研究[J]. 中国植保导刊，31（4）：5-7.

董奇琦，艾鑫，张艳正，等，2020. 干旱胁迫对不同耐性花生品种生理特性及产量的影响[J]. 沈阳农业大学学报，51（1）：18-26.

杜方岭，2007. 山东省不同生态区花生产量、品质及稳定性分析研究[D]. 北京：中国农业大学.

杜星，王于仲，盛永景，2021. 花生播种阶段高产高效栽培技术[J]. 现代农机（6）：114-115.

段乃雄，姜慧芳，1997. 常温条件下花生种质资源超干燥贮藏研究[J]. 中国油料，19（4）：70-72，75.

范分良，2006. 蚕豆/玉米间作促进生物固氮的机制和应用研究[D]. 北京：中国农业大学.

范国强，黄道发，傅家瑞，1996. 花生不同品种老化种子的蛋白质变化[J]. 华北农学报，11（1）：133-136.

范俊燕，张彩猛，孔祥珍，等，2022. 花生品种对水媒法提取分离蛋白质与脂质及内源性蛋白酶活性的影响研究[J/OL]. 中国油脂：1-11[2022-01-08]. DOI：10. 19902/j. cnki. zgyz. 1003-7969. 210515.

方树民，王正荣，柯玉琴，等，2007. 花生品种对疮痂病抗性及其机制的研究[J]. 中国农业科学，40（2）：291-297.

方越，沈雪峰，陈勇，2012. 90%乙草胺乳油防治花生田杂草药效试验初报[J]. 中国农学通报，28（9）：200-204.

封海胜，张思苏，万书波，等，1993. 花生连作对土壤及根际微生物区系的影响[J]. 山东农业科学（1）：13-15.

封海胜，张思苏，万书波，等，1994. 花生不同连作年限土壤酶活性的变化[J]. 花生科技（3）：5-9.

冯烨，郭峰，李宝龙，等，2013. 单粒精播对花生根系生长、根冠比和产量的影响[J]. 作物学报，39（12）：2228-2237.

付秀菊，2011. 青岛花生出口竞争力研究[D]. 青岛：中国海洋大学.

傅家瑞，1994. 花生种子萌发前期生理与提高种质的途径[J]. 中山大学学报（自然科学版）（2）：115-122.

傅俊范，崔建潮，周如军，等，2015. 辽宁花生主栽品种（系）对褐斑病和网斑病抗性鉴定[J]. 植物保护，41（1）：171-173.

傅俊范，王大洲，周如军，等，2013a. 辽宁花生网斑病发生危害及流行动态研究[J]. 中国油料作物学报，35（1）：80.

傅俊范，杨凤艳，周如军，等，2013b. 辽宁花生病虫发生危害及种类鉴定[J]. 植物保护，39（1）：144-147.

高芳，2021. 不同源库类型花生品种产量品质形成机理及调控[D]. 泰安：山东农业大学.

高芳，刘兆新，赵继浩，等，2021. 北方主栽花生品种的源库特征及其分类[J]. 作物学报，47（9）：1712-1723.

高华援，凤桐，2016. 吉林花生[M]. 北京：中国农业出版社.

高华援，凤桐，赵叶明，等，2012. 花生品种产量性状的稳定性分析[J]. 安徽农业科学，40（30）：14673-14675，14679.

高连兴，刘维维，刘志侠，等，2014. 我国花生起收机概念与结构特点分析[J]. 中国农机化学报，35（4）：63-68.

高荣嵘，郭峰，张毅，等，2018. 干旱预处理对盐胁迫下花生幼苗生理特性的影响[J]. 山东农业科学，50（6）：79-85.

高砚亮，孙占祥，白伟，等，2017. 辽西半干旱区玉米与花生间作对土地生产力和水分利用效率的影响[J]. 中国农业科学，50（19）：3702-3713.

高扬，高小丽，张东旗，等，2014. 连作对荞麦产量、土壤养分及酶活性的影响[J]. 土壤，46（6）：1091-1096.

高越，张润祥，王振，等，2011. 异丙甲草胺乳油对花生田杂草的防除效果[J]. 山西农业科学，39（7）：712-714.

葛燕芬，杭悦宇，夏冰，等，2007. 5种苍术属药用植物的trnL-F序列测定及种间遗传关系分析[J]. 植物资源与环境学报，16（2）：12-16.

耿贵，2011. 作物根系分泌物对土壤碳、氮含量、微生物数量和酶活性的影响[D]. 沈阳：沈阳农业大学.

顾博文，杨劲峰，鲁晓玲，等，2021. 连续施用生物炭对花生不同生育时期叶绿素荧光特性的影响[J]. 中国农业科学，54（21）：4552-4561.

郭峰，李庆凯，张慧，等，2019. 玉米不同品种与密度对间作花生生长发育的影响[J]. 山东农业科学，51（9）：151-155.

郭洪海，李新华，杨丽萍，等，2010. 我国东北地区花生生产现状及发展对策[J]. 花生学报，39（2）：45-48.

郭洪海，杨丽萍，李新华，等，2010. 黄淮海区域花生生产与品质现状及发展对策[J]. 中国农学通报，26（14）：123-128.

郭洪海，杨丽萍，李新华，等，2010. 长江中下游区域花生生产与品质特征的研究[J]. 农业现代化研究，31（5）：617-620，625.

郭洪海，杨萍，李新华，等，2011. 华南地区花生生产与品质特征的研究[J]. 热带作物学报，32（1）：21-27.

郭洪海，杨萍，杨丽萍，等，2011. 云贵高原花生生产与品质特征[J]. 中国农学通报，27（3）：221-225.

郭静，2021. 抗旱抗逆制剂在花生上的肥效试验[J]. 河南农业（25）：18-19.

郭兰萍，黄璐琦，蒋有绪，等，2006. 苍术遗传结构的RAPD分析[J]. 中国药学杂志，41（3）：178-181.

郭兰萍，黄璐琦，王敏，等，2001. 南北苍术的RAPD分析及其划分的初步探讨[J]. 中国中药杂志，26（3）：156-158.

郭佩，2021. 施氮量对不同花生品种生长发育及不同氮源供氮特性的影响[D]. 沈阳：沈阳农业大学.

郭亚军，莫婷，王莉萍，等，2010. 26%氧氟·乙草胺乳油防除花生田一年生杂草试验研究初报[J]. 江西农业学报，22（2）：99-100.

郝西，崔亚男，张俊，等，2021. 过氧化氢浸种对花生种子发芽及生理代谢的影响[J]. 作物学报，47（9）：1834-1840.

郝西，张俊，丁红，等，2020. 不同花生品种抗旱性评价[J]. 花生学报，49（4）：47-51，22.

何志刚，汪仁，王秀娟，等，2013. 不同玉米/花生间作模式对土壤微生物量及产量的影响[J]. 中国农学通报，29（33）：233-236.

何中国，李玉发，刘洪欣，等，2009. 东北早熟区花生生产科研产业的现状和发展策略[J]. 吉林农业科学，34（4）：56-59.

何中国，朱统国，李玉发，等，2018. 吉林省花生育种现状及发展方向[J]. 作物杂志（4）：8-12.

侯素美，2021. 几种花生病害的科学辨别及防治技术[J]. 乡村科技，12（33）：68-70.

胡春和，2009. 多酚氧化酶的研究现状[J]. 中国高新技术企业（3）：73-75.

胡志超，陈有庆，王海鸥，等，2011. 我国花生田间机械化生产技术路线[J]. 中国农机化（4）：32-37.

胡志超，王海鸥，彭宝良，等，2006. 国内外花生收获机械化现状与发展[J]. 中国农机化（5）：40-43.

黄剑，吴文君，2004. 新型杀虫剂的作用机制和选择毒性[J]. 贵州大学学报（自然科学版）（2）：163-171.

黄玉茜，韩晓日，杨劲峰，等，2013. 连作胁迫对花生叶片防御酶活性及丙二醛含量的影响[J]. 吉林农业大学学报，35（6）：638-645.

贾红霞，刘风珍，张秀荣，等，2021. 不同类型铁肥改善花生缺铁效果研究[J]. 花生学报，50（2）：38-43.

姜慧芳，段乃雄，1998. 花生种质资源的综合评价[J]. 中国油料作物学报，20（3）：31-35.

姜慧芳，任小平，2004. 干旱胁迫对花生叶片SOD活性和蛋白质的影响[J]. 作物学报（2）：169-174.

姜淼，2018. 施肥对土壤生态环境的影响[J]. 山西农经（7）：48.

姜秋菊，2021. 花生种植技术及提高种植效益的措施[J]. 农家参谋（23）：36-37.

姜玉超，2015. 玉米花生间作对土壤肥力特性的影响[D]. 洛阳：河南科技大学.

姜玉侠，2000. 浅谈粮食含水量对储藏的影响[J]. 商业研究，216（4）：122.

蒋春姬，王宁，王晓光，等，2017. 钙钼硼肥对花生生长发育及产量品质的影响[J]. 中国油料作物学报，39（4）：524-531.

蒋春姬，王晓光，郑英杭，等，2014. 不同田间配置方式对花生生理特性及产量的影响[J]. 沈阳农业大学学报，45（3）：270-273.

蒋春姬，郑英杭，王晓光，等，2014. 不同田间配置方式对花生群体光合特性及产量的影响[J]. 吉林农业大学学报，36（2）：134-138.

蒋金豹，陈云浩，黄文江，2007. 利用高光谱微分指数进行冬小麦条锈病病情的诊断研究[J]. 光学技术，33（4）：620-623.

焦念元，宁堂原，赵春，等，2008. 施氮量和玉米—花生间作模式对氮磷吸收与利用的影响[J]. 作物学报，34（4）：706-712.

焦念元，赵春，宁堂原，等，2008. 玉米—花生间作对作物产量和光合作用光响应的影响[J]. 应用生态学报（5）：981-985.

金欣欣，宋亚辉，程增书，等，2021. 花针期灌溉对花生植株生长及产量的影响[J]. 华北农学报，36（6）：124-131.

鞠倩，李晓，姜晓静，等，2014. 3种金龟甲对寄主植物的行为反应研究[J]. 植物保护，40（4）：76-79.

孔洁，庞茹月，毕振方，等，2021. 不同生育时期追肥对花生功能叶片内源激素和籽仁品质的影响[J]. 花生学报，50（2）：33-37.

孔秀琴，赵雅静，鉏晓艳，等，2021. 花生茎叶酚酸的提取纯化及其抗氧化活性研究[J]. 辐射研究与辐射工艺学报，39（5）：34-43.

李宝筏，2003. 辽宁省实现农业机械化的战略分析[J]. 农业机械学报（3）：151-152.

李聪聪，李乃光，吴正锋，2021. 高温干旱复合胁迫对花生幼苗生理指标的影响[J]. 中国油料作物学报，43（5）：906-913.

李海东，李文金，康涛，等，2015. 不同种植方式对花生农艺性状和生理指标动态变化动态的影响[J]花生学报，44（2）：44-48.

李海东，李文金，康涛，等，2016. 花生主要光合性状对产量形成的重要性差异分析[J]. 花生学报，45（4）：61-65.

李海东，李文金，康涛，等，2021. 花生覆膜和露地栽培条件下不同收获时期对产量及构成因素的影响[J]. 花生学报，50（3）：75-79.

李洪江，杨林青，1992. 花生仁薄层干燥试验研究[J]. 农业工程学报（2）：56-62.

李健强，刘西莉，王锋，等，1999. 小麦黑胚病种子带菌的光镜和扫描电镜观察[J]. 植物病理学报，29（1）：23-27.

李洁，陈翠霞，聂红民，等，2021. 减量施肥及起垄对花生产量的影响[J]. 安徽农业科学，49（11）：26-27.

李婧，2011. 连作花生红壤微生物多样性的研究及微生物制剂对连作花生的影响[D]. 南京：南京农业大学.

李隆，2013. 间套作体系豆科作物固氮生态学原理与应用[M]. 北京：中国农业大学出版社.

李密，2009. 花生夏季储藏注意事项[J]. 农村百事通（13）：20.

李奇松，2016. 玉米与花生间作互惠的根际生物学过程与机理研究[D]. 福州：福建农林大学.

李庆凯，刘苹，赵海军，等，2019. 玉米根系分泌物缓解连作花生土壤酚酸类物质的化感抑制作用[J]. 中国油料作物学报，41（6）：921-931.

李庆凯，刘苹，赵海军，等，2020. 玉米根系分泌物对连作花生土壤酚酸类物质化感作用的影响[J]. 中国农业科技导报，22（3）：119-130.

李儒海，褚世海，2015. 花生田杂草发生危害状况与防除技术研究进展[J]. 湖北农业科学，54（10）：2305-2308，2313.

李绍伟，任丽，孙春梅，等，2002. 花生叶斑病流行程度与相关因子分析[J]. 花生学报（4）：27-29.

李社增，马平，陈新华，2003. 相对病情指数划分棉花品种抗病性的统计学基础[J]. 棉花学报，15（6）：344-347.

李术臣，陈丹，贾海民，等，2010. 花生果腐病研究进展[J]. 河北农业科学，14（9）：74-75.

李术臣，贾海民，赵聚莹，等，2011. 河北省花生果腐病病原鉴定及致病性研究[J]. 河北农业科学，15（5）：37-39.

李向东，万勇善，于振文，等，2001. 花生叶片衰老过程中氮素代谢指标变化[J]. 植物生态学报（5）：549-552.

李向东，王晓云，张高英，等，2000. 花生衰老的氮素调控[J]. 中国农业科学（5）：30-35.

李晓，鞠倩，赵志强，等，2013. 8种杀虫剂对花生蛴螬的田间防效及安全性评价[J]. 植物保护，39（4）：159-163.

李雪，刘娟，薛华龙，等，2021. 玉米和花生间作体系光合碳同化酶活性对CO_2浓度升高的响应特征[J]. 西北植物学报，41（7）：1210-1220.

李颖，2009. 延长花生储藏期的研究[J]. 粮油食品科技，17（2）：45-47.

李颖，2021. 花生化肥减量增效技术模式及施肥建议[J]. 中国农业综合开发（8）：53-54.

李泽伦，丁红，戴良香，等，2021. 种子大小与播种方式对花生生长发育、光合特性及产量的影响[J]. 种子，40（2）：47-52.

李正超，邱庆树，苗华荣，等，1997. 收获期对出口花生品种的产量和品质影响的研究[J]. 花生科技（3）：9-12.

厉广辉，万勇善，刘风珍，等，2014. 不同抗旱性花生品种根系形态及生理特性[J]. 作物学报，40（3）：531-541.

厉广辉，赵传志，李长生，等，2019. 两段式收获对花生产量和成熟饱满度的影响[J]. 山东农业科学，51（9）：139-143.

梁晓艳，顾寅钰，李萌，等，2018. 盐胁迫下不同耐盐性花生品种形态及生理差异研究[J]. 花生学报，47（1）：19-26.

梁晓艳，郭峰，张佳蕾，等，2015. 单粒精播对花生冠层微环境、光合特性及产量的影响[J]. 应用生态学报，26（12）：3700-3706.

梁晓艳，郭峰，张佳蕾，等，2016. 适宜密度单粒精播提高花生碳氮代谢酶活性及荚果产量与籽仁品质[J]. 中国油料作物学报，38（3）：336-343.

廖伯寿，2003. 花生[M]. 武汉：湖北科学技术出版社.

林秋君，李广，王建忠，等，2017. 辽宁花生主要病虫草害调查及综合防治策略[J]. 辽宁农业科学（3）：46-48.

林松明，孟维伟，南镇武，等，2020. 玉米间作花生冠层微环境变化及其与荚果产量的相关性研究[J]. 中国生态农业学报（中英文），28（1）：31-41.

林勇敢，2014. 不同水分花生密闭贮藏技术研究[D]. 南昌：江西农业大学.

林煜春，2020. 花生种子不同含水量低温贮藏对其种子活力及幼苗的影响[J]. 农业开发与装备（9）：148-149.

刘博宽，赵楠楠，崔顺立，等，2021. 不同花生品种抗旱性鉴定及抗旱指标评价[J]. 中国农学通报，37（19）：27-35.

刘程宏，杨海棠，2021. 我国高油酸花生研究进展[J]. 食品安全质量检测学报，12（16）：6573-6578.

刘登望，王建国，李林，等，2015. 不同花生品种对旱涝胁迫的响应及生理机制[J]. 生态学报，35（11）：3817-3824.

刘海龙，宁洽，吕永超，等，2021. 吉林省花生适时播种对产量及相关性状影响研究[J]. 花生学报，50（4）：72-80.

刘俊华，吴正锋，李林，等，2020. 单粒精播密度对花生冠层结构及产量的影响[J]. 中国油料作物学报，42（6）：970-977.

刘兰明，陆发廷，刘凤志，2021. 高油酸花生高产栽培技术探讨[J]. 种子科技，39（19）：31-32.

刘立军，2017. 微生物土壤改良剂对东北地区风沙土改良效果的研究[J]. 吉林水利（4）：9-12.

刘丽，王强，刘红芝，2011. 花生干燥贮藏方法的应用及研究现状[J]. 农产品加工（创新版）（8）：49-52.

刘娜，曲胜男，王晓光，等，2020. 钙钼硼肥对花生光合特性及产量品质的影响[J]. 沈阳农业大学学报，51（1）：27-34.

刘娜，谢畅，高世杰，等，2021. 不同钾水平对花生光合特性及产量的影响[J]. 中国油料作物学报，43（5）：883-890.

刘善江，夏雪，陈桂梅，等，2011. 土壤酶的研究进展[[J]. 中国农学通报，27（21）：1-7.

刘小民，郭巍，李瑞军，等，2010. 12种药剂对蛴螬的田间药效评价[J]. 花生学报，39（3）：12-15.

刘信，2003. 水稻种子耐干性机理和超干种子贮藏稳定性的研究[D]. 杭州：浙江大学.

刘燕，2015. 玉米花生间作体系中花生适应弱光的光合机理[D]. 洛阳：河南科技大学.

娄春荣，王秀娟，董环，等，2011. 辽宁花生测土配方施肥技术参数研究[J]. 土壤通报，42（1）：151-153.

鲁如坤，1982. 农业化学手册[M]. 北京：科学出版社.

陆兴涛，2009. 10种除草剂防除花生田杂草试验研究[J]. 农药科学与管理，30（12）：45-48.

路兴涛，孔繁华，张勇，等，2010. 几种土壤处理除草剂防除花生田杂草效果试验报告[J]. 杂草科学（2）：30-32.

路兴涛，张勇，马士仲，等，2009. 异甲·特丁净乳油防除花生田杂草的效果[J]. 杂草科学（3）：58-60.

罗晓棉，2016. 玉米与花生间作的互惠方式及其机理研究[D]. 福州：福建农林大学.

吕登宇，郝西，苗利娟，等，2022. 花生萌发期对低温胁迫的生理生化响应机制[J]. 中国油料作物学报（2）：385-391.

吕永超，陈小姝，曲明静，等，2020. 适于无人机喷施的花生田苗后除草剂配施技术研究[J]. 花生学报，49（3）：68-73.

吕永超，管晓志，曲明静，等，2017. 吉林松原地区花生田昆虫群落结构及多样性[J]. 花生学报，46（3）：32-38.

麻硕士，陈智，2010. 土壤风蚀测试与控制技术[M]. 北京：科学出版社.

马登超，厉广辉，樊宏，2014. 地膜覆盖对春播花生荚果性状及产量形成的影响[J]. 山东农业科学，46（9）：49-52.

马会田，1982. 花生种子的收获晾晒和贮藏[J]. 新农业（18）：27-28.

马克伟，1991. 土地大辞典[M]. 长春：长春出版社.

马文秀，1999. 花生适期收获与贮藏[J]. 新农业（9）：16.

苗昊翠，李强，侯献飞，等，2021. 不同生育期干旱对花生生长发育及产量的影响[J]. 新疆农业科学，58（3）：441-449.

苗建利，邓丽，郭敏杰，等，2021. 开农82花生主要性状与产量的相关性和通径分析[J]. 湖南农业科学（9）：8-11.

苗建利，李绍伟，郭敏杰，等，2022. 开农系列高油酸花生植株生长对干旱的响应[J]. 东北农业科学（2）：11-15.

牟春梅，李晓敏，高兴兰，2022. 有机花生高产栽培技术要点[J]. 世界热带农业信息（1）：11-12.

宁世祥，2018. 我国典型产区花生收获机械化及影响因素分析[D]. 沈阳：沈阳农业大学.

欧阳玲花，冯建雄，朱雪晶，等，2014. 花生原料贮藏技术研究进展与展望[J]. 食品研究与开发，35（8）：125-128.

潘丙南，2009. 花生贮藏加工过程的质量安全控制研究[D]. 合肥：合肥工业大学.

潘德成，吴占鹏，姜涛，等，2011. 不同花生品种光合生理特征与植株干重关系研究[J]. 辽宁农业科学（4）：18-20.

潘崴，庞广昌，张昀，2004. 黄曲霉毒素与食品安全[J]. 食品研究与开发（6）：11-13.

庞茹月，孔洁，杨富军，等，2021. 栽培方式对夏直播花生功能叶片氮素代谢的影响[J]. 花生学报，50（3）：34-39.

阙友雄，黄赐昌，许莉萍，等，2008. 甘蔗黑穗病流行学参数和病情指数调查与分析系统开发[J]. 农业网络信息（12）：11-13.

饶庆琳，姜敏，胡廷会，等，2021. 花生种质资源品质性状的分析与评价[J]. 贵州农业科学，49（11）：16-22.

任冰如，於虹，贺善安，1997. 苍术DNA分离及RAPD遗传多样性分析[J]. 植物资源与环境学报，6（4）：1-6.

任婧瑶，2019. 花生苗期耐旱生理机制及相关基因的表达[D]. 沈阳：沈阳农业大学.

任婧瑶，王婧，艾鑫，等，2022. 干旱胁迫下花生苗期耐旱生理应答特性分析[J]. 中国油料作物学报，44（1）：138-146.

任艳，2021. 花生栽培技术与提高种植效益的策略[J]. 河南农业（11）：26-27.

沙德剑，2019. 玉米花生带状间作下作物群体质量及产量效益分析[D]. 沈阳：沈阳农业大学.

山东省烟台地区花生研究所育种组，1973. 花生不同贮藏处理对种子生活力的影响研究初报[J]. 花生科技资料（1）：44-50.

史普想，王铭伦，王福青，等，2007. 不同含水量的花生种子低温贮藏对种子活力及幼苗生长的影响[J]. 安徽农学通报（12）：108-109，158.

史普想，于洪波，吴占鹏，等，2009. 花生适时收获与安全贮藏[J]. 新农业（4）：17-18.

司贤宗，毛家伟，张翔，等，2016. 耕作方式与土壤调理剂互作对花生产量和品质的影响[J]. 中国土壤与肥料（3）：122-126.

司贤宗，张翔，索炎炎，等，2017. 砂姜黑土区不同花生品种对氮磷钾养分吸收、分配和利用的差异[J]. 中国油料作物学报，39（3）：380-385.

司贤宗，张翔，索炎炎，等，2021. 不同花生品种氮磷钾钙硫吸收、分配和利用的差异[J]. 中国农学通报，37（16）：1-7.

司贤宗，张翔，索炎炎，等，2021. 磷肥—种子相对位置对花生生长发育及磷肥利用率的影响[J]. 中国土壤与肥料（3）：84-89.

宋丹丽，林翠兰，张承林，等，2011. "水肥一体化"技术在马铃薯栽培中的应用[J]. 广东农业科学，38（15）：46-48.

苏必孟，2017. 木薯/花生不同间作模式竞争[D]. 海口：海南大学.

苏君伟，于洪波，2012. 辽宁花生[M]. 北京：中国农业科学技术出版社.

孙东雷，卞能飞，王幸，等，2021. 高油酸花生萌发期耐冷性综合评价及种质筛选[J]. 核农学报，35（6）：1263-1272.

孙惠娟，刘小三，2015. 丘陵红壤旱地不同除草剂对花生田杂草的防治效果研究[J]. 安徽农业科学，43（9）：138-140.

孙利英，2021. 花生栽培技术要点及种植效益提升措施[J]. 世界热带农业信息（3）：8.

孙瑞，2021. 正阳县夏花生主要生育期气象因素及其与产量的相关分析[J]. 浙江农业科学，62（7）：1217-1319，1323.

孙天然，王若楠，孙占祥，等，2022. 辽西风沙半干旱区氮肥减施对花生干物质积累和产量的影响[J/OL]. 生态学杂志[2022-01-08]. DOI：10. 13292/j. 1000-4890. 202203. 033.

孙伟，赵孝东，方瑞元，等，2021. 花生化肥减施增效对比试验[J]. 农业与技术，41（11）：95-98.

孙秀山，封海胜，万书波，等，2001. 连作花生田主要微生物类群与土壤酶活性变化及其交互作用[J]. 作物学报（5）：617-621.

孙秀山，许婷婷，冯昊，等，2018. 不同种类肥料单配施对连作花生生长发育的影响[J]. 山东农业科学，50（6）：5.

孙玉鼎，2021. 黄曲霉素检验标准下的中国花生类产品出口管理[J]. 经营管理者（2）：110-112.

孙玉涛，尚书旗，王东伟，等，2014. 美国花生收获机械现状与技术特点分析[J]. 农机化研究，36（4）：7-11.

索炎炎，张翔，司贤宗，等，2020. 磷锌配施对花生不同生育期磷锌吸收与分配的影响[J]. 土壤，52（1）：61-67.

索炎炎，张翔，司贤宗，等，2021. 不同施锌方式下外源磷对花生根系形态、叶绿素含量及产量的影响[J]. 中国油料作物学报，43（4）：664-672.

索炎炎，张翔，司贤宗，等，2021. 施用磷和钙对花生生长、产量及磷钙利用效率的影响[J]. 作物杂志（1）：187-192.

汤丰收，臧秀旺，韩锁义，2012. 淮河流域夏播花生规范化种植技术集成与示范[J]. 河南农业科学，41（6）：54-57.

陶其骧，刘光荣，李祖章，等，1995. 红壤旱地的钾、钼营养对花生产量与品质影响的探讨[J]. 江西农业大学学报, 17（2）: 149-154.

滕美茹, 田立忠, 陈广成, 2011. 花生收获机的现状与展望[J]. 农机化研究, 33（10）: 211-215.

万书波, 2003. 中国花生栽培学[M]. 上海: 上海科学技术出版社.

万书波, 2007. 花生品质学[M]. 北京: 中国农业科学技术出版社.

万书波, 2009. 山东花生六十年[M]. 北京: 中国农业科学技术出版社.

万书波, 单世华, 李春娟, 等, 2005. 我国花生安全生产现状与策略[J]. 花生学报, 34（1）: 1-4.

万书波, 郭洪海, 2012. 中国花生品质区划[M]. 北京: 科学出版社.

万书波, 李新国, 2022. 花生全程可控施肥理论与技术[J]. 中国油料作物学报, 44（1）: 211-214.

王安建, 刘丽娜, 李顺峰, 2014. 花生热风干燥特性及动力学模型[J]. 河南农业科学, 43（8）: 137-141.

王才斌, 吴正锋, 刘俊华, 等, 2007. 不同供氮水平对花生硝酸盐积累与分布的影响[J]. 植物营养与肥料学报, 13（5）: 915-919.

王才斌, 郑亚萍, 梁晓艳, 等, 2013. 施肥对旱地花生主要土壤肥力指标及产量的影响[J]. 生态学报（4）: 1300-1307.

王传堂, 唐月异, 焦坤, 等, 2021. 春花生耐播种出苗期低温评价[J]. 山东农业科学, 53（2）: 20-23.

王传堂, 禹山林, 于洪涛, 等, 2010. 花生果腐病病原分子诊断[J]. 花生学报, 39（1）: 1-4.

王光全, 孟庆杰, 2004. 沂蒙山区东方金龟子发生危害特点及防治[J]. 昆虫知识（1）: 73-74.

王海鸥, 陈守江, 胡志超, 等, 2015. 花生黄曲霉毒素污染与控制[J]. 江苏农业科学, 43（1）: 270-273.

王海鸥, 胡志超, 陈守江, 等, 2017. 收获时期及干燥方式对花生品质的影响[J]. 农业工程学报, 33（22）: 292-300.

王洪预, 2019. 东北春玉米不同种植模式比较研究[D]. 长春: 吉林大学.

王慧新, 孙继军, 韩晓日, 等, 2017. 风沙地花生有机无机肥配施优化效应研究[J]. 沈阳农业大学学报, 48（6）: 725-730.

王建国, 耿耘, 杨佃卿, 等, 2022. 单粒精播对中、高产旱地花生群体质量及养分利用的影响[J/OL]. 作物学报. https://kns.cnki.net/kcms/detail/11.1809.S.20220324.1049.010.html.

王建国，张佳蕾，郭峰，等，2021. 钙与氮肥互作对花生干物质和氮素积累分配及产量的影响[J]. 作物学报，47（9）：1666-1679.

王磊，李晓，鞠倩，等，2011. 新型低毒杀虫剂防治花生主要地上害虫的初步研究[J]. 江西农业学报，23（6）：89-90.

王润风，鲁清，洪彦彬，等，2021. 中国南方区试花生品种的遗传多样性分析[J]. 广东农业科学，48（12）：44-53.

王圣玉，雷永，李栋，等，2003. 花生不同贮藏时间对黄曲霉菌侵染和产毒的影响[J]. 花生学报（1）：390-393.

王苏影，刘宗发，程春明，等，2021. 氮磷用量对花生产量的影响[J]. 安徽农业科学，49（2）：147-149，153.

王熙，2016. 辽宁花生病虫草发生危害及叶斑病农药减量使用技术研究[D]. 沈阳：沈阳农业大学.

王晓，2021. 花生种植技术及提高种植效益的措施分析[J]. 农业开发与装备（7）：203-204.

王晓光，孔雪梅，蒋春姬，等，2017. 不同材质地膜覆盖对花生产量品质的影响及防风蚀效果研究[J]. 干旱地区农业研究，35（2）：57-61.

王兴祥，张桃林，戴传超，2010. 连作花生土壤障碍原因及消除技术研究进展[J]. 土壤，42（4）：505-512.

王秀娟，解占军，娄春荣，等，2010. 辽宁花生种植区耕层土壤养分状况[J]. 辽宁农业科学（1）：29-31.

王一帆，2018. 地上地下互作提高小麦间作玉米水分利用效率的机理[D]. 兰州：甘肃农业大学.

王占奎，2021. 花生应用中微量元素肥效果试验[J]. 现代农业科技（10）：18-19.

王振，马金龙，2021. 花生高产优质栽培技术[J]. 农业开发与装备（3）：194-195.

王志杰，2021. 花生种子处理技术[J]. 河南农业（19）：49.

王志龙，2021. 辽西北花生配施生物有机肥与复混肥产量效益研究[J]. 农业科技通讯（7）：181-184.

王忠武，2006. 农田杂草抗药性研究进展杂粮作物[J]. 杂粮作物，26（1）：130-132.

温赛群，丁红，徐扬，等，2021. 不同耐盐性花生品种对NaCl胁迫的光合和抗逆生理响应特征[J]. 西北植物学报，41（9）：1535-1544.

温赛群，袁光，张智猛，等，2021. 花生品种苗期耐盐性评价与筛选[J]. 农学学报，11（6）：29-35.

吴贝，刘念，黄莉，等，2022. 通过关联分析鉴定与花生脂肪酸含量相关分子标记[J/OL]. 中国油料作物学报：1-8[2022-03-30]. DOI：10. 19802/j. issn. 1007-9084. 2021171.

吴兰荣，陈静，苗华荣，等，2003. 花生种子实用超干贮藏技术研究木—烘箱法干燥花生种子的探索[J]. 花生学报，32（增刊）：195-199.

吴丽青，吴保东，程亮，等，2021. 不同钙肥用量对花生农艺性状及产量品质的影响[J]. 农业科技通讯（10）：55-57.

吴琪，宁维光，曹广英，等，2018. 花生荚果不同成熟度对籽仁品质性状的影响[J]. 花生学报，47（2）：68-73.

吴淑珍，1993. 花生与晚稻连作的栽培技术[J]. 湖南农业（3）：20.

吴水英，董艳玲，房松林，2021. 花生栽培技术与提高种植效益的措施分析[J]. 农业开发与装备（3）：175-176.

吴文新，陈家驹，周恩生，等，2001. 钙、硼对花生生长、产量和品质的影响[J]. 亚热带植物科学，30（2）：20-23.

吴旭银，吴贺平，张淑霞，等，2007. 花生（花育16）地膜覆盖栽培氮磷钾的吸收特性[J]. 河北科技师范学院学报，21（1）：29-32，51.

吴紫萱，薛其勤，杨会，等，2022. 花生种皮颜色研究进展[J/OL]. 山东农业科学：1-10[2022-01-08]. http：//kns. cnki. net/kcms/detail/37. 1148. S. 20220107. 1024. 002. html.

西北农业大学，1986. 耕作学（西北本）[M]. 银川：宁夏人民出版社.

夏桂敏，陈高明，陈锋，等，2015. 膜下滴灌的不同补灌处理对花生田间水分、耗水量及产量的影响[J]. 沈阳农业大学学报，46（6）：713-718.

夏桂敏，汪千庆，张峻霄，等，2021. 生育期连续调亏灌溉对花生光合特性和根冠生长的影响[J]. 农业机械学报，52（8）：318-328.

夏桂敏，王宇佳，王淑君，等，2022. 灌溉方式与生物炭对花生根系、磷素利用及产量的影响[J]. 农业机械学报（2）：316-326.

肖劲松，2021. 辽宁省花生生产现状调查[J]. 新农业（10）：92.

谢畅，党现什，刘娜，等，2021. 不同粒型花生品种品质形成规律[J]. 中国油料作物学报，43（5）：795-802.

谢海江，2006. 生物质成型燃料热风干燥系统设计与干燥动力学试验研究[D]. 郑州：河南农业大学.

谢立勇，许婧，郭李萍，等，2018. 生物炭对棕壤玉米田CO_2与N_2O排放的影响[J]. 中国农业气象，39（8）：493-501.

邢百豪，2021. 花生高产高效栽培技术[J]. 种业导刊（4）：35-36.

徐斌艳，许淑丽，2019. 内黄县花生田生物食诱剂对棉铃虫的防控试验示范[C]. 农作物病虫害绿色防控研究进展——河南省农作物病虫害绿色防控学术讨论会论文集：207-209.

徐发展，2021. 花生高产栽培技术[J]. 现代农村科技（10）：14.

徐根娣，刘鹏，任玲玲，2001. 钼在植物体内生理功能的研究综述[J]. 浙江师大学报（自然科学版）（3）：81-86.

徐婷，柳延涛，王海江，2021. 花生耐盐碱响应机制及缓解措施的研究进展[J]. 中国农学通报，37（16）：8-12.

徐西强，张明祥，秦霞，2021. 花生高产栽培技术要点[J]. 世界热带农业信息（12）：16-17.

徐秀娟，2009. 中国花生病虫草鼠害[M]. 北京：中国农业出版社.

许婷婷，宫清轩，江晨，等，2010. 我国花生产业的发展现状与前景展望[J]. 山东农业科学（7）：117-119.

薛晓梦，吴洁，王欣，等，2021. 低温胁迫对普通和高油酸花生种子萌发的影响[J]. 作物学报，47（9）：1768-1778.

闫童，高秀英，周建康，等，2021. 不同化肥减量增效模式对花生产量和肥料利用率的影响[J]. 农业科技通讯（4）：130-133.

闫一野，2011. 普通真空干燥设备综述[J]. 干燥技术与设备（2）：57-63.

晏立英，宋万朵，雷永，等，2017. 花生白绢病温室接种技术的建立和苗期抗病性鉴定[J]. 中国油料作物学报，39（5）：687-692.

杨富军，高华援，王绍伦，等，2015. 高纬度花生叶部病害防治技术研究[J]. 吉林农业科学，40（5）：71-74，84.

杨富军，高华援，赵叶明，等，2013. 地膜覆盖栽培对花生生殖生长及产量的影响[J]. 安徽农业科学，41（26）：10643-10645.

杨富军，刘海龙，陈小姝，等，2016. 高纬度生态区不同类型花生单粒精播密度研究[J]. 东北农业科学，41（5）：28-33.

杨富军，曲明静，李晓，等，2016. 赤霉素与氯虫苯甲酰胺混配对几种花生害虫的防效评价[J]. 花生学报，45（4）：50-54.

杨富军，曲明静，路兴涛，等，2018. 三种花生田土壤处理除草剂优化配施技术研究[J]. 花生学报，47（1）：52-59.

杨菁，2003. 旱地油菜蚜虫负趋性特性利用研究[J]. 干旱地区农业研究（2）：30-32.

杨丽英，柳志玲，葛再伟，2001. 一种简易的花生贮藏方法[J]. 花生科技（2）：19-22.

杨丽玉，刘璇，孟翠萍，等，2022. 花生氮磷高效利用特征及生理分子机制研究进展[J/OL]. 分子植物育种：1-7[2022-01-08]. http：//kns. cnki. net/kcms/detail/46. 1068. S. 20210308. 1150. 010. html.

杨柳，王超，张国良，等，2017. 基于TRNSYS的太阳能花生干燥装置集热系统研究[J]. 中国农机化学报，38（9）：59-64，80.

杨萌珂，2014. 玉米花生间作功能叶的光合荧光特性及叶绿体超微结构[D]. 洛阳：河南科技大学.

杨伟强，宋文武，鞠倩，等，2009. 不同类型花生品种（系）干物质积累特性研究[J]. 山东农业科学（1）：47-49.

杨小琴，王洋，齐晓宁，等，2019. 玉米间作体系的光合生理生态特征[J]. 土壤与作物，8（1）：70-77.

杨绪彦，2021. 花生高产栽培及病虫害防治技术[J]. 种子科技，39（19）：25-26.

杨正，肖思远，陈思宇，等，2021. 施氮量对不同油酸含量大花生产量及品质的影响[J]. 河南农业科学，50（9）：44-52.

于蒙杰，张学军，牟国良，等，2013. 我国热风干燥技术的应用研究进展[J]. 农业科技与装备（8）：14-16.

于明艳，2021. 影响花生种子萌发的因素分析[J]. 农业科技与装备（4）：3-4.

于树涛，孙泓希，任亮，等，2021. 早播条件下不同高油酸花生品种与种衣剂处理对花生出苗的影响[J]. 辽宁农业科学（5）：84-86.

于天一，李晓亮，路亚，等，2019. 磷对花生氮素吸收和利用的影响[J]. 作物学报，45（6）：912-921.

禹山林，2011. 中国花生遗传育种学[M]. 上海：上海科学技术出版社.

喻景权，松井佳久，1999. 豌豆根系分泌物自毒作用的研究[J]. 园艺学报（3）：3-5.

宰学明，2001. Ca^{2+}对花生幼苗耐热性和活性氧代谢的影响[J]. 中国油料作物学报，23（1）：46-50.

张彩军，霍俊豪，袁洁，等，2020. 分层减量施肥对花生植株干物质积累及产量的影响[J]. 花生学报，29（3）：58-63.

张彩军，孔洁，司彤，等，2021. 分层施肥对花生植株生长动态的影响[J]. 青岛农业大学学报（自然科学版），38（1）：15-19.

张彩军，赵亚飞，司彤，等，2021. 钙肥施用对花生荚果不同发育时期衰老特性和产量的影响[J]. 花生学报，50（1）：54-59.

张纯胄，杨捷，2007. 害虫趋光性及其应用技术的研究进展[J]. 华东昆虫学报（2）：131-135.

张东升，2018. 风沙半干旱区玉米/花生间作光能高效捕获和利用[D]. 北京：中国农业大学.

张凤，刘美，杨翠翠，等，2014. 贮藏温度和种子含水量对大豆种子活力的影响[J]. 山东农业科学，46（8）：5.

张凤云，吴普特，赵西宁，等，2012. 间套作提高农田水分利用效率的节水机理[J]. 应用生态学报，23（5）：1400-1406.

张鹤，2020. 花生苗期耐冷评价体系构建及其生理与分子机制[D]. 沈阳：沈阳农业大学.

张鹤，蒋春姬，董佳乐，等，2020. 寒地秸秆还田配套深松对土壤肥力及花生生长和产量的影响[J]. 花生学报，49（3）：14-21.

张鹤，蒋春姬，殷冬梅，等，2021. 花生耐冷综合评价体系构建及耐冷种质筛选[J]. 作物学报，47（9）：1753-1767.

张厚龄，1990. 风沙地区风沙土改良措施及其效果[J]. 水土保持科技情报（4）：45-48.

张佳蕾，郭峰，李新国，等，2018. 花生单粒精播增产机理研究进展[J]. 山东农业科学，50（6）：177-182.

张佳蕾，郭峰，孟静静，等，2016. 钙肥对旱地花生生育后期生理特性和产量的影响[J]. 中国油料作物学报，38（3）：321-327.

张瑾涛，沈玉芳，李世清，2013. CO_2浓度和磷对不同种植方式玉米大豆生长效应研究[J]. 西北植物学报，33（3）：577-584.

张俊，臧秀旺，郝西，等，2021. 不同密植方式对夏直播花生叶片功能及产量的影响[J]. 中国油料作物学报，43（4）：656-663.

张凯，杜宇，任金海，等，2008. 紫外处理在花生安全贮藏中的应用[J]. 湖北农业科学（9）：1070-1072.

张立猛，方玉婷，计思贵，等，2015. 玉米根系分泌物对烟草黑胫病菌的抑制活性及其抑菌物质分析[J]. 中国生物防治学报，31（1）：115-122.

张连喜，杨翔宇，李玉发，等，2021. 吉林省花生产业概况与发展建议[J]. 东北农业科学，46（6）：83-86，102.

张思苏，刘光臻，王在序，等，1988. 应用示踪法研究花生对不同氮素化肥的吸收利用[J]. 山东农业科学（4）：9-11.

张田田，路兴涛，孔繁华，等，2011. 40%乙草胺·乙氧氟草醚乳油防除花生田杂草的效果[J]. 杂草科学，29（3）：68-70.

张田田，路兴涛，张成玲，等，2012. 78%扑·嗪·乙草胺悬乳剂防除花生田杂草的效果[J]. 现代农药, 11 (5): 48-50.

张廷婷, 闫彩霞, 李春娟, 等, 2013. 花生对镉胁迫的生理响应[J]. 山东农业科学, 45 (12): 48-51, 56.

张婷婷, 2013. 关中灌区不同轮作模式生产过程的碳足迹研究[D]. 杨凌: 西北农林科技大学.

张微, 2014. 生物质土壤改良剂对风沙土改良效果及植物生长的影响[D]. 呼和浩特: 内蒙古师范大学.

张伟, 李洪来, 王昱, 等, 2016. 吉林省花生苗期病虫害发生概况初报[J]. 东北农业科学, 41 (6): 75-78.

张晓晶, 鹿捷, 郑永美, 等, 2015. 高温胁迫对不同花生品种生理指标的影响[J]. 花生学报, 44 (2): 18-23.

张新友, 汤丰收, 董文召, 2008. 优质花生高产栽培技术[M]. 郑州: 中原农民出版社.

张杏, 2019. 中国典型花生产区黄曲霉菌分布、产毒力与侵染研究[D]. 北京: 中国农业科学院.

章家恩, 高爱霞, 徐华勤, 等, 2009. 玉米/花生间作对土壤微生物和土壤养分状况的影响[J]. 应用生态学报, 20 (7): 1597-1602.

章孜亮, 高俊, 李丽艳, 等, 2020. 减氮条件下接种根瘤菌对花生生长、氮肥效率及经济效益的影响[J]. 花生学报, 49 (2): 54-58.

赵杰锋, 2017. 辽宁花生疮痂病病原学及侵染特性研究[D]. 沈阳: 沈阳农业大学.

赵明, 等, 2013. 作物产量性能与高产技术[M]. 北京: 中国农业出版社.

赵新华, 刘喜波, 于海秋, 等, 2021. 花生单垄小双行交错布种栽培技术规程, 辽宁地方标准 (DB21/T 3530—2021) [S].

赵雪淞, 高欣, 宋王芳, 等, 2021. 秸秆还田对连作花生土壤综合肥力和作物产量的影响[J]. 中国土壤与肥料 (5): 207-213.

赵长星, 邵长亮, 王月福, 等, 2013. 单粒精播模式下种植密度对花生群体生态特征及产量的影响[J]. 农学学报, 3 (2): 1-5.

曾宪芳, 2013. 西北干旱区县域农田生态系统碳足迹研究[D]. 北京: 中国科学院.

郑亚萍, 王才斌, 成波, 等, 2007. 不同品种类型花生精播肥料与密度的产量效应及优化配置研究[J]. 干旱地区农业研究, 25 (1): 201-205.

郑永美, 周丽梅, 郑亚萍, 等, 2021. 花生主要碳代谢指标与根瘤固氮能力的关系[J]. 植物营养与肥料学报, 27 (1): 75-86.

郑柱荣, 张瑞祥, 杨婷婷, 等, 2016. 盐胁迫对花生幼苗根系生理生化特性的影响[J]. 作物杂志 (4): 142-145.

钟鹏，刘杰，王建丽，等，2018. 花生对低温胁迫的生理响应及抗寒性评价[J]. 核农学报，32（6）：1195-1202.

周如军，徐喆，王大洲，等，2014. 辽宁花生褐斑病发生及时间流行动态模型研究[J]. 中国油料作物学报，36（4）：533.

周文雨，2021. 我国绿色花生生产发展现状与对策[J]. 农家参谋（23）：20-21.

周西，李林，单世华，等，2012. 旱涝急转对不同花生品种生理生化指标的影响[J]. 中国油料作物学报，34（1）：56-61.

周彦忠，华福平，李天奇，等，2021. 遮阴对花生农艺性状及产量的影响[J]. 作物研究，35（3）：214-217.

朱诚，陶月良，曾广文，等，1994. 油料种子超干处理与种子活力及脂质过氧化的关系[J]. 中国油料，16（4）：9

朱金方，刘京涛，陆兆华，等，2015. 盐胁迫对中国柽柳幼苗生理特性的影响[J]. 生态学报，35（15）：5140-5146.

朱凯阳，任广跃，段续，等，2021. 不同干燥方式对新鲜花生营养成分、理化特性及能耗的影响[J]. 食品与发酵工业，9（10）：1-11.

朱晓峰，赵西拥，姜涛，等，2017. 花生抗病基因的研究进展[J]. 农学学报，7（4）：5.

庄彪，庄伟建，刘思衡，等，1999. 不同贮藏条件对花生种子活力的影响及其生理机制的研究[J]. 花生科技（1）：302-307.

邹晓霞，张巧，张晓军，等，2017. 玉米花生宽幅间作碳足迹初探[J]. 花生学报，46（2）：11-17.

左元梅，陈清，张福锁，2004. 利用^{14}C示踪研究玉米/花生间作玉米根系分泌物对花生铁营养影响的机制[J]. 核农学报，18（1）：43-46.

左元梅，刘永秀，张福锁，2002. 铁营养对花生根瘤生长发育和功能的影响[J]. 植物营养与肥料学报，8（4）：462-466.

左元梅，刘永秀，张福锁，2003. NO_3^-态氮对花生结瘤与氮作相的影响[J]. 生态学报，23（4）：758-764.

CHANG E H, CHUNG R S, TSAI Y H, 2007. Effect of different application rates of organic fertilizer on soil enzyme activity and microbial population[J]. Soil Science & Plant Nutrition，53（2）：132-140.

CHANG X, YAN L, NAEEM M, et al., 2020. Maize/soybean relay strip intercropping reduces the occurrence of Fusarium root rot and changes the diversity of the pathogenic Fusarium species[J]. Pathogens，9（3）：211-226.

CHEN C, CHEN H Y H, CHEN X, et al., 2019. Meta-analysis shows positive effects of plant diversity on microbial biomass and respiration[J]. Nature Communications, 10（1）: 1332-1341.

DAIMON H, HORI K J, SHIMIZU A, et al., 1999. Nitrate-induced inhibition of root nodule formation and nitrogenase activity in the peanut（*Arachis hypogaea* L.）[J]. Plant Production Science, 2（2）: 81-86.

FISSORE C, GIARDINA C, KOLKA R, et al., 2008. Temperature and vegetation effects on soil organic carbon quality along a forested mean annual temperature gradient in North America[J]. Global Change Biology, 14（1）: 193-205.

FU H, ZHANG G, ZHANG F, et al., 2017. Effects of continuous tomato monoculture on soil microbial properties and enzyme activities in a solar greenhouse[J]. Sustainability, 9（2）: 317.

GLIESSMAN S R, 2001. Agroecosystem sustainability: developing practical strategies[M]. Florida: CRC Press.

GOVAERTS B, MEZZALAMA M, UNNO Y, et al., 2007. Influence of tillage, residue management, and crop rotation on soil microbial biomass and catabolic diversity[J]. Applied Soil Ecology, 37（1）: 18-30.

GUO F, WANG M, SI T, et al., 2021. Maize-peanut intercropping led to an optimization of soil from the perspective of soil microorganism[J]. Archives of Agronomy and Soil Science, 67（14）: 1986-1999.

GUO M, GONG Z, MIAO R, et al., 2017. The influence of root exudates of maize and soybean on polycyclic aromatic hydrocarbons degradation and soil bacterial community structure[J]. Ecological Engineering, 99: 22-30.

HIEBSCH C K, MCCOLLUM R E, 1987. Area × Time equivalency ratio: a method for evaluating the productivity of intercrops[J]. Agronomy Joural, 79（1）: 15-22.

HORN B W, MOORE G G, CARBONE I, 2009. Sexual reproduction in *Aspergillus flavus* L. [J]. Mycologia, 101（3）: 423-429.

KHAN M K, YOSHIDA T, 1995. Nitrogen fixation in peanut at various concentrations of ^{15}N-urea and slow release ^{15}N-fertilizer[J]. Soil science and plant nutrition, 41（1）: 55-63.

LAHL K, UNGER C, EMMERLING C, et al., 2012. Response of soil microorganisms and enzyme activities on the decomposition of transgenic cyanophycin-producing potatoes during overwintering in soil[J]. European Journal of Soil Biology, 53（6）: 1-10.

LATATI M, BLAVET D, ALKAMA N, et al., 2014. The intercropping cowpea-maize improves soil phosphorus availability and maize yields in an alkaline soil[J]. Plant & Soil, 385（1-2）: 1-11.

LI C G, LI X M, KONG W D, et al., 2010. Effect of monoculture soybean on soil microbial community in the Northeast China[J]. Plant and Soil, 330: 423-433.

LI Q, CHEN J, WU L, et al., 2018. Belowground interactions impact the soil bacterial community, soil fertility, and crop yield in maize/peanut intercropping systems[J]. International Journal of Molecular Sciences, 19（2）: 622-637.

LIANG XQ, LUO M, GUO B Z, 2006. Resistance mechanisms to *Aspergillus flavus* infection and aflatoxin contamination in peanut（*Arachis hypogaea* L.）[J]. Plant Pathology Journal, 5（1）: 115-124.

LIU Z X, GAO F, LI Y, et al., 2020. Grain yield, and nitrogen uptake and translocation of peanut under different nitrogen management systems in a wheat-peanut rotation[J]. Agronomy Journal, 112（3）: 1828-1838.

MAHENDRA K R, Bhunia S R, Hansraj S, et al., 2021. Effect of irrigation levels and intervals on groundnut（*Arachis hypogaea* L.）cultivars under drip system[J]. International Journal of Plant & Soil Science, 33（6）: 41-45.

MAVIMBELA Z D, MABUZA M, TANA T, 2021. Growth and yield response of groundnut（*Arachis hypogea* L.）to inorganic fertilisers at Luyengo, Middleveld of Eswatini[J]. Asian Plant Research Journal, 7（4）: 18-28.

MIZUKAMI H, SHIMIZU R, KOHJYOUMA M, et al., 1998. Phylogenetic analysis of atractylodes plants based on chloroplast trnk sequence[J]. Biological Pharmacy Bulletins, 21（5）: 474-478.

MORRIS R A, GARRITY D P, 1993. Resource capture and utilization in intercropping: non-nitrogen nutrients[J]. Field Crops Resrarch, 34（3/4）: 319-334.

NAEEM S, THOMPSON L J, LAWLER S P, et al., 1994. Declining biodiversity can alter the performance of ecosystems[J]. Nature, 368（6473）: 734-737.

OLDROYD G E D, DOWNIE J A. 2004. Calcium, kinases and nodulation signalling in legumes[J]. Nature Reviews Molecular Cell Biology, 5（7）: 566-576.

PASCAL TABI TABOT, NCHUFOR CHRISTOPHER KEDJU, BESINGI CLAUDIUS NYAMA, et al., 2021. Morphological and Physiological Responses of *Arachis hypogaea* L. to Salinity and Irrigation Regimes in Screen House[J]. International Journal of Plant & Soil Science, 33（3）: 21-31.

PERNILLE N, JENSEN P N, DANIELSEN B, et al., 2005. Storage stabilities of pork scratchings, peanuts, oatmeal and muesli: Comparison of ESR spectroscopy, headspace-GC and sensory evaluation for detection of oxidation in dry foods [J]. Food Chemistry, 91（1）: 25-38.

RICHARD N, STRANGE, 2004. Introduction to Plant Pathology[M]. USA: John Wiley & Sons Ltd.

SALAMATULLAH A M, ALKALTHAM M S, ZCAN M M, et al., 2021. Effect of Maturing Stages on Bioactive Properties, Fatty Acid Compositions, and Phenolic Compounds of Peanut （*Arachis hypogaea* L.）Kernels Harvested at Different Harvest Times. [J]. Journal of Oleo Science, 70（4）: 471-478.

SANDERS T H, DAVIS N D, DIENER U L, 1968. Effect of carbon dioxide, temperarure and relative humidity on production of *Aflatoxin* in peanuts[J]. Journal of the American Oil Chemists' Society, 45（10）: 683-685

SGHERRI C, STEVANOVIC B, NAVARI-IZZO F, 2010. Role of phenolics in the antioxidative status of the resurrection plant Ramonda serbica during dehydration and rehydration[J]. Physiologia Plantarum, 122（4）: 478-485.

SHARMA K K, POTHANA A, PRASAD K, et al., 2018. Peanuts that keep aflatoxin at bay: a threshold that matters [J]. Plant Biotechnology Journal, 16（5）: 1024-1033.

SHI X L, ZHAO X H, REN J Y, et al., 2021. Influence of peanut, sorghum, and soil salinity on microbial community composition in interspecific interaction zone[J]. Frontiers in Microbiology（12）: 678250.

SUN W M, FENG L N, 2012. First report of *Neocosmospora striata* causing peanut pod rot in China[J]. Plant Disease, 96（1）: 146.

SUN W M, FENG L N, GUO W, et al., 2012. First report of peanut pod rot caused by *Neocosmospora vasinfecta* in Northern China [J]. Plant Disease, 96（3）: 455.

TIWARI R, BAGHEL B S, 2014. Effect of intercropping on plant and soil of Dashehari mango orchard under low productive environments[J]. Asian Journal of Horticulture, 9（2）: 493-442.

TOOMER O T, 2018. Nutritional chemistry of the peanut （*Arachis hypogaea* L.）[J]. Crit Rev Food Sci Nutr, 58（17）: 3042-3053.

WALKER T S, BAIS H P, VIVANCO G J M, 2003. Root exudation and rhizosphere biology[J]. Plant Physiology, 132（1）: 44-51.

WANG C, ZHENG Y, SHEN P, et al., 2016. Determining N supplied sources and N use efficiency for peanut under applications of four forms of N fertilizers labeled by isotope ^{15}N[J]. Journal of Integrative Agriculture, 15（2）: 432-439.

WANG M N, LUO W H, SUN Y K, et al., 2008. Effects of free-air CO_2 enrichment （FACE）on wheat canopy microclimate[J]. Chinese Journal of Agrometeorology, 29（4）: 392-396.

WANG Y B, HUANG R D, ZHOU Y F, 2021. Effects of shading stress during the reproductive stages on photosynthetic physiology and yield characteristics of peanut （*Arachis hypogaea* Linn.）[J]. Journal of Integrative Agriculture, 20（5）: 1250-1265.

WANG Z G, BAO X G, LI X F, et al., 2015. Intercropping maintains soil fertility in terms of chemical properties and enzyme activities on a timescale of one decade[J]. Plant and Soil, 391（2）: 265-282.

WANG Z G, JIN X, BAO X G, et al., 2014. Intercropping enhances productivity and maintains the most soil fertility properties relative to sole cropping[J]. PloS One（9）: e113984.

WEISANY W, RAEI Y, GHASSEMI-GOLEZANI K, 2016. Funneliformis mosseae alters seed essential oil content and composition of dill in intercropping with common bean[J]. Industrial Crops and Products, 79: 29-38.

WICKLOW D T, 1993. Survival of *Aspergillus flavus* Sclerotia and conidia buried in soil in Illinois or Georgia [J]. Phytopathology, 83（11）: 1141.

WILLEY R W, 1979. Intercroppong-its importance and research needs. Part 1. Competition and yield advantages[J]. Field Crop Abstracts, 32: 1-10.

WU J, LIN H, MENG C, et al., 2014. Effects of intercropping grasses on soil organic carbon and microbial community functional diversity under Chinese hickory（*Carya cathayensis* Sarg.）stands[J]. Soil Research, 52（2）: 575-583.

YANG M, ZHANG Y, QI L, et al., 2014. Plant-plant-microbe mechanisms involved in soil-borne disease suppression on a maize and pepper intercropping system[J]. PLoS One（9）: e115052.

YOU C, JIANG L, XI F, et al., 2015. Comparative evaluation of different types of soil conditioners with respect to their ability to remediate consecutive tobacco monoculture soil[J]. International Journal of Agriculture and Biology, 17（5）: 969-975.

ZHANG J X, WANG Q Q, XIA G M, et al., 2021. Continuous regulated deficit irrigation enhances peanut water use efficiency and drought resistance[J]. Agricultural

Water Management, 255 (7): 106997.

ZHANG S, ZHANG L H, LAN R G, et al., 2018. Thermal inactivation of *Aspergillus flavus* in peanut kernels as influenced by temperature, water activity and heating rate [J]. Food Microbiology (76): 237-244.

ZHAO J H, LIU Z X, GAO F, et al., 2021. A 2-year study on the effects of tillage and straw management on the soil quality and peanut yield in a wheat–peanut rotation system[J]. Journal of Soils and Sediments, 21: 1698-1712.

ZHAO X H, DONG Q Q, HAN Y, et al., 2022. Maize/peanut intercropping improves nutrient uptake of side-row maize and system microbial community diversity[J]. BMC Microbiology (22): 14.

ZHENG Y, ZHANG F, LI L, 2003. Iron availability as affected by soil moisture in intercropped peanut and maize[J]. Journal of Plant Nutrition, 26 (12): 2425-2437.

ZHOU X, YU G, WU F, 2011. Effects of intercropping cucumber with onion or garlic on soil enzyme activities, microbial communities and cucumber yield[J]. European Journal of Soil Biology, 47 (5): 279-287.

ZOU X X, SHI P X, ZHANG C J, et al., 2021. Rotational strip intercropping of maize and peanuts has multiple benefits for agricultural production in the northern agropastoral ecotone region of China[J]. European Journal of Agronomy (129): 126304.

附　录

近10年东北花生产区制定发布的相关技术标准

ICS 65.020

B 05

DB22

吉 林 省 地 方 标 准

DB 22/T 2557—2016

花生间作玉米机械化栽培技术规程

Technical specification for mechanical cultivation of peanut intercropping maize

2016-12-09发布

2017-03-01实施

吉林省质量技术监督局 发 布

前　言

本标准按照GB/T 1.1—2009给出的规则起草。

本标准由吉林省农业委员会提出并归口。

本标准起草单位：吉林省农业科学院。

本标准主要起草人：高华援、王绍伦、杨富军、刘海龙、周玉萍、陈小姝、孙晓苹、李春雨。

花生间作玉米机械化栽培技术规程

1 范围

本标准规定了花生间作玉米的土壤选择与整地施肥、品种选择与种子处理、地膜选择、播种与覆膜、田间管理、收获与晾晒和清除残膜。

本标准适用于花生间作玉米机械化生产。

2 规范性引用文件

下列文件对于本文件的应用是必不可少的。凡是注日期的引用文件，仅所注日期的版本适用于本文件。凡是不注日期的引用文件，其最新版本（包括所有的修改单）适用于本文件。

GB 4285 农药安全使用标准

GB/T 8321 （所有部分） 农药合理使用准则

GB/T 17980.139 农药　田间药效试验准则（二） 第139部分：玉米生长调节剂试验标准

NY/T 855 花生产地环境技术条件

NY/T 1355 玉米收获机作业质量

NY/T 1628 玉米免耕播种机作业质量

3 术语和定义

下列术语和定义适用于本文件。

3.1 花生间作玉米 peanut intercropping maize

花生和玉米按适合机械化作业的行比种植播种在同一地块的垄作栽培方式。

4 土壤选择与整地施肥

4.1 土壤

产地环境符合NY/T 855的要求。选择交通方便、土质为轻壤或沙壤土、土层深厚、耕作层肥沃、地势平坦、适于机械化作业的地块。

4.2 整地

机械耕地，耕深20~25cm，随耕地随用旋耕犁耙耢，达到深、松、细、碎、平、无杂草，无前作根茬并及时起垄。

4.3 施肥

4.3.1 花生施肥

结合整地起垄每公顷施优质农家肥30 000~45 000kg，一次性施肥，施氮（N）97.5~142.5kg，磷（P_2O_5）70.5~93.0kg，钾（K_2O）90~112.5kg。

4.3.2 玉米施肥

结合整地起垄每公顷一次性施优质农家肥30 000~45 000kg，磷（P_2O_5）97.5~111.0kg，钾（K_2O）90.0~111.0kg；每公顷施氮（N）187.5~199.5kg，氮1/3作底肥、2/3作追肥。

5 品种选择与种子处理

5.1 品种选择及播种量

5.1.1 花生

选择耐阴性好、抗逆性强，增产潜力大、品质优良并通过省或国家农作物品种审（认）定的中早熟直立型品种。每公顷用种量（籽仁）150~225kg。

5.1.2 玉米

选择茎秆高度较矮、株型紧凑、耐瘠薄、抗旱、抗病并通过省或国家农作物品种审定委员会审（认）定的高产中晚熟品种。每公顷用种量30~35kg。

5.2 种子处理

5.2.1 花生

剥壳前晒种2~3d，播种前7~10d剥壳，剥壳时剔除虫、芽、烂果。剥壳后选用一、二级种子播种。用花生专用种衣剂包衣后播种。

5.2.2 玉米

用玉米专用种衣剂包衣后播种，或直接选用包衣种子。

6 地膜选择

花生地膜覆盖播种选用展铺性好、透明度≥80%、宽度130cm左右、厚度0.008mm的聚乙烯地膜。

7　播种与覆膜

7.1　播种期

7.1.1　花生

大花生日平均5cm地温稳定在15℃以上，小花生稳定在12℃以上可以播种。播种深度3~4cm。

7.1.2　玉米

日平均5cm地温稳定在8℃以上可以播种。播种深度3~5cm。

7.2　土壤墒情

播种时土壤相对含水量以60%~70%为宜。

7.3　种植方式

采用6行玉米‖6行花生种植方式，玉米与花生行距均为60cm，玉米种植密度每公顷7.5万~8.0万株，花生种植密度每公顷13.5万~16.5万穴，每穴播种1粒。

7.4　机械播种覆膜

选用农艺性能优良的花生联合播种机，根据种植规格调好行穴距及除草剂用量，将播种、覆土、镇压、喷施除草剂、覆膜、膜上覆土一次完成。花生联合播种机械符合以下要求：播种深度30~50mm、穴距100~150mm（可调）、空穴率小于≤1%、匹配动力9~15kW小四轮拖拉机。

7.5　玉米机械播种

播深3~5cm，深浅一致，覆土均匀，重播率≤2.0%，漏播率≤2.0%。机械播种作业质量符合NY/T 1628的要求。

8　田间管理

8.1　引苗

花生基本齐苗时，及时将膜上的土堆撒到垄沟内。缺穴的地方要及时补种。四叶期开始引苗，抠出地膜下面的侧枝。

8.2　防治病虫害

农药使用应符合GB/T 4285及GB/T 8321（所有部分）的要求，按照规定的用药量、用药次数、用药方法机械施药。

8.3　化控

8.3.1　花生

在花生结荚初期、主茎高度达到35cm时，喷施符合GB 4285及GB/T 8321（所有部分）要求的生长调节剂化控一次，施药后10～15d、主茎高度超过40cm可再化控一次。

8.3.2　玉米

在玉米8～9展叶期，喷施符合GB/T 17980.139要求的生长调节剂进行一次化控处理。

9　收获与晾晒

9.1　花生

花生65%以上荚果果壳硬化、网纹清晰、果壳内壁呈青褐色斑块时，用花生分段收获机及时收获。收获后及时去杂和晾晒，将荚果水分含量降至9%以下。

9.2　玉米

玉米生理成熟后7～10d，采用机械收获。收获机作业质量符合NY/T 1355的要求。

10　清除残膜

花生收获后，应将田内的残膜捡净，减少田间污染，残膜回收机械作业深度0～10cm、回收率≥80%，剩余残膜人工清除。

ICS 65.150

B 52

DB22

吉 林 省 地 方 标 准

DB 22/T 2723.1—2017

花生耐低温鉴定及评价技术规程
第 1 部分 发芽至苗期

Technical specfication for assessment of cold-resistance of peanut —
Part 1 germination to seedling stage

2017-12-04发布 2018-01-30实施

吉林省质量技术监督局 发 布

前　言

本标准按照GB/T 1.1—2009给出的规则起草。

DB/T 2723《花生耐低温鉴定及评价技术规程》分为3个部分：

——第1部分：发芽至苗期；

——第2部分：花期；

——第3部分：收获期。

本部分为DB/T 2723的第1部分。

本部分由吉林省农业委员会提出并归口。

本部分起草单位：吉林省农业科学院。

本部分主要起草人：陈小姝、高华援、刘海龙、王绍伦、杨富军、周玉萍、孙晓苹、李春雨、吕永超、朱晓敏。

花生耐低温鉴定及评价技术规程

第1部分 发芽至苗期

1 范围

本标准规定了花生发芽至苗期耐低温鉴定的术语和定义、发芽期耐低温鉴定方法和苗期耐低温鉴定方法。

本标准适用于花生品种及其种质资源的发芽至苗期耐低温性鉴定和评价。

2 规范性引用文件

下列文件对于本文件的应用是必不可少的。凡是注日期的引用文件，仅所注日期的版本适用于本文件。凡是不注日期的引用文件，其最新版本（包括所有的修改单）适用于本文件。

GB/T 3543.3 农作物种子检验规程　净度分析

GB/T 3543.4—1995 农作物种子检验规程　发芽试验

NY/T 855 花生产地环境技术条件

3 术语和定义

下列术语和定义适用于本文本。

3.1 发芽至苗期 seedling emergence stage

从播种到50%幼苗出土、第1片真叶展开的时期。

3.2 耐低温性 cold-tolerance

在低温胁迫条件下，花生发芽出苗对低温的适应或抵抗能力。

注：低温分为种子萌发期浸泡温度（2℃）和种床土壤温度（9℃）。

3.3 露白率 emerge-germinating rate

花生种子萌发过程中，胚根突破种皮，显露白色根尖的种子数占全部处理种子数的百分率。

3.4　发芽率 germination rate

花生种子露白后胚根继续伸长至胚根长与种子长相等的种子数占全部处理种子数的百分率。

4　发芽期

4.1　样品准备

试验种子净度应符合GB/T 3543.3要求。随机抽取籽仁健康饱满、大小均匀一致的非包衣种子600粒，充分混合均匀。

4.2　室内试验设计

待测品种（系）种子分别采用两种浸种方法处理：在25℃条件下浸种4h；2℃条件下浸种48h。每种处理方法每100粒种子为一个重复，共设3次重复。

4.3　样品培养

采用纸间（BP）法，按GB/T 3543.4—1995，6.2.1中列项的第二项规定，进行发芽试验。

4.4　性状调查与统计方法

4.4.1　露白率

分别在24h、48h、72h、96h、120h采集各处理种子的露白率。

4.4.2　发芽率

分别在72h、96h、120h、144h、168h采集各处理种子的发芽率。

4.4.3　相对发芽率

根据不同的浸种处理方法，分别采集72h发芽率，计算相对发芽率，按公式（1）进行。

$$RGP = \frac{GP_{2℃}}{GP_{25℃}} \times 100\ \%　\qquad （1）$$

式中：RGP—相对发芽率；

$GP_{2℃}$—2℃下的发芽率；

$GP_{25℃}$—25℃下的发芽率。

4.5 评价指标

以RGP为发芽期耐低温性的评价指标，把发芽期耐低温性分1～3级评价，分级指标按表1规定。

表1 发芽期耐低温性分级标准

级别	RGP	耐低温性
1	≥85%	耐低温型
2	50%≤RGP<85%	中间型
3	<50%	敏感型

5 苗期

5.1 样品准备

试验种子净度应符合GB/T 3543.3要求。随机抽取籽仁健康饱满、大小均匀一致的非包衣种子，充分混合均匀。剥壳前晒种2～3d，播种前7～10d剥壳。

5.2 田间试验设计

采用完全随机区组排列，3次重复，4行区，行长6m，行距60cm，试验小区面积14.4m²。分3期播种，分别为第1期（3d地温稳定在9℃时），第2期（3d地温稳定在12℃以上时），第3期（3d地温稳定在15℃以上时）。种植密度每公顷13.5万～16.5万株，单粒播种。

5.3 试验地要求

产地环境条件应符合NY/T 855的要求。

5.4 性状调查与统计方法

5.4.1 出苗始期

从播种到第一株花生幼苗出土、第一片真叶展开的日期。

5.4.2 出苗高峰期

各播期出苗数达到50%的日期，统计出苗天数。

5.4.3 出苗能力

在出苗高峰期时，计算出苗能力，按公式（2）进行。

$$EA = \sum \frac{E_i}{D_i} \times 100\%$$

（2）

式中：EA—出苗能力；

　　　E_i—第i天的出苗数；

　　　D_i—从播种到第i天出苗的相应天数。

5.5　评价指标

以EA作为苗期耐低温性的评价指标，把苗期耐低温性分1～3级评价，分级指标按表2规定。

表1　苗期耐低温性分级标准

级别	EA	耐低温性
1	≥2.5	耐低温型
2	$1.85 \leqslant EA < 2.5$	中间型
3	<1.85	敏感型

ICS 65.020

B 05

DB22

吉 林 省 地 方 标 准

DB 22/T 3140—2020

花生主要病虫害绿色防控技术规程

Technical regulations for green prevention and control of peanut diseases and pets

2020-06-23发布 　　　　　　　　　　　　　　　　2020-07-10实施

吉林省市场监督管理厅　　发　布

前　言

本标准按照GB/T 1.1—2009给出的规则起草。

本标准由吉林省农业农村厅提出并归口。

本标准起草单位：吉林省农业科学院。

本标准主要起草人：陈小姝、高华援、尚东辉、刘海龙、吕永超、赵跃、王绍伦、宁洽、张志民、孙晓苹、李春雨、沈海波、张语桐。

花生主要病虫害绿色防控技术规程

1 范围

本标准规定了花生主要病虫害绿色防控的防治原则、生态防控技术、理化诱控技术和科学用药技术。本标准适用于花生主要病虫害绿色防控。

2 规范性引用文件

下列文件对于本文件的应用是必不可少的。凡是注日期的引用文件，仅所注日期的版本适用于本文件。凡是不注日期的引用文件，其最新版本（包括所有的修改单）适用于本文件。

GB 4407.2 经济作物种子　第2部分：油料类

GB/T 8321（所有部分）农药合理使用准则

NY/T 1276 农药安全使用规范　总则

NY/T 5010 无公害农产品　种植业产地环境条件

3 术语和定义

下列术语和定义适用于本文件。

3.1 叶部病害 leaf diseases

主要包括黑斑病（*Cercosporidium personatum*；*Mycosphaerella berkleyi*）、褐斑病（*Cercospora arachidicola*）和网斑病（*Phoma arachidicola*），侵害花生叶片，参见附录A。

3.2 根茎部病害 stem and root diseases

主要包括茎腐病（*Diplodia gossypina*）、立枯病（*Rhizoctonia solani*）和白绢病（*Sclerotium rolfsii*），侵害花生根茎部，参见附录A。

3.3 地下害虫 underground pests

一生或一生中某个阶段生活在土壤中为害地下部分的种子、根、幼苗或近土表主茎的杂食性昆虫。主要是蛴螬发生最严重，其次是金针虫，参见附录A。

3.4　食叶类害虫 leaf pests

以花生叶片为食的害虫，主要是斜纹夜蛾，参见附录A。

3.5　刺吸式口器害虫 piercing-sucking pests

以针状口器刺入花生组织吸食食料的害虫，主要是蚜虫，参见附录A。

4　防治原则

以"预防为主、综合防治"为方针，以选育和利用抗性品种、优化作物布局、选用健康种子、做好田园卫生等生态防控措施为基础，以理化诱控技术为重点，以科学用药为保障，有效控制花生病虫害。农药的使用应符合GB/T 8321（所有部分）和NY/T 1276的要求。

5　生态调控技术

5.1　优化产地环境

5.1.1　产地环境应符合NY/T 5010的要求。选择地势平坦、土壤肥沃、通透性较好的地块。

5.1.2　秋季土壤耕翻20 ~ 30cm，减少翌年病虫害的发生来源。

5.2　优化种植过程

5.2.1　选择抗性品种

选择抗逆性强、增产潜力大、品质优良并通过国家或省审定登记的中早熟直立型品种。种子质量应符合GB 4407.2的规定。

5.2.2　合理轮作倒茬

花生与玉米等非豆科作物轮作倒茬，避免选择使用长残效除草剂的前茬。

5.2.3　适期播种，合理密植

5.2.3.1　多粒型花生和珍珠豆型花生，5cm 地温连续 5d 稳定通过 12℃时播种，播种密度135 000 ~ 150 000 穴 /hm²，每穴 2 粒。

5.2.3.2　普通型花生，5cm 地温连续 5d 稳定通过 15℃时播种，播种密度 120 000 ~ 135 000 穴 /hm²，每穴 2 粒。

5.3　及时收获，做好田园卫生

适时收获，收获后及时清除田间残株病叶。病害发生特别严重的地块，避免秸秆还田。

6　理化诱控技术

6.1　地下害虫和食叶类害虫

6.1.1　灯光诱杀

利用害虫的趋光性，在6月上旬至8月下旬，田间每2.7～3.3hm²放置1台杀虫灯，挂灯高度为2m，诱杀蛴螬、棉铃虫等害虫成虫。

6.1.2　生物信息素诱杀

6.1.2.1　在8月上旬至收获，诱杀金龟甲，每1hm²放置12个，20～30d更换一次诱芯。

6.1.2.2　在7月上旬，棉铃虫、斜纹夜蛾等食叶害虫成虫羽化前，每1hm²悬挂诱剂45个，20～30d更换1次。诱捕器应挂在通风处，悬挂高度为1～1.5m。

6.2　刺吸式口器害虫

在6月上旬至8月下旬，花生田间放置涂有不干胶的黄蓝PVC板诱虫，板高50～70cm，略高于花生10～20cm，每1hm²放置450～675片，可减少蚜虫等成虫产卵和为害。

7　科学用药技术

7.1　根茎部病害

根据病害发生情况，按附录B中，表B.1或表B.2有针对性地选择1～2种农药，对根茎部病害进行防治。

7.2　花生叶部病害

根据病害发生情况，按附录B中，表B.2有针对性地选择1～2种农药，在开花下针期（播后65d）对叶面均匀喷施，隔14～21d施药1次，共施药2～3次。

7.3　地下害虫

7.3.1　种子包衣

在播种前，根据害虫发生情况，按附录B中，表B.1有针对性地选择1～2种农药，对花生种子进行拌种或包衣。

7.3.2　田间施药

在播种期，按附录B中，表B.3有针对性地选择1～2种农药，对害虫进行防治。

7.4　刺吸式口器害虫

整地时，结合根茎部病害和地下害虫的防治，根据病虫害发生情况，按附录B中，表B.1有针对性地选择1～2种农药，对花生种子进行拌种或包衣。

附录A

（资料性附录）

吉林省地区病虫害主要种类

2011—2017年，每年5—10月，连续7年对吉林省花生集中种植区展开调查，进行5点取样调查，记录每种病虫害的为害部位、为害症状及为害程度，并进行田间拍照记录。为害程度采用田间病虫害发生实地估测法，发现为害花生的主要病害有10种，主要虫害有10种，具体病虫害名称、为害程度等见表A.1和表A.2。

表A.1 吉林省花生主要病害种类及为害程度

病害名称		病原拉丁名	发生时期	为害程度
叶部病害	黑斑病	*Cercosporidium personatum*；*Mycosphaerella berkleyi*（有性世代）		+++
	褐斑病	*Cercospora arachidicola*		+++
	网斑病	*Phoma arachidicola*	结荚期至饱果成熟期，7月下旬至9月上中旬	++++
	焦斑病	*Leptosphaerulina crassiasca*		+
	疮痂病	*Sphaceloma arachidis*		+
	锈病	*Puccinia arachidis*		+
根茎部病害	茎腐病	*Diplodia gossypina*	苗期，5月下旬至6月上旬	+
	立枯病	*Rhizoctonia solani*		+
	白绢病	*Sclerotium rolfsii*	饱果成熟期，8月末至9月中旬	+++
荚果病害	荚果腐烂病	*Pythium myriotylum*	饱果成熟期，8月末至9月中旬	++++

注："+"零星发生；"++"轻度发生；"+++"中度发生；"++++"严重发生，下表同。

表A.2　吉林省花生主要虫害种类及为害程度

	害虫名称	昆虫拉丁名	为害时期	为害程度
刺吸式口器害虫	蚜虫	*Aphis craccivora*	苗期至开花下针期，5月下旬至6月中下旬	+
食叶类害虫	棉铃虫	*Helicoverpa armigera*	开花下针期至饱果成熟期，6月中下旬至9月上中旬	+++
	斜纹夜蛾	*Spodoptera exigua*		++
	小造桥虫	*Anomis flava*		+
	双斑萤叶甲	*Monolepta hieroglyphica*		+++
	大灰象甲	*Sympiezomias velatus*		++
地下害虫	蛴螬	*Holotrichia diomphalia*	苗期，5月下旬至6月上旬	++++
	细胸金针虫	*Agriotes subvittatus*		+
	小地老虎	*Agrotis ypsilon*		+
	华北蝼蛄	*Gryllotalpa unispina*		+

附录B

（规范性附录）

花生病虫害绿色防控推荐农药及使用方法

花生绿色生产中常用的种衣剂见表B.1，推荐使用的杀菌剂和杀虫剂见表B.2和表B.3。

表B.1　防治病虫害的种衣剂

农药含量、名称及剂型	每100kg种子用量及使用方法	防治时期	防治对象	每个生长周期最多施药次数
16%噻虫嗪悬浮剂	500～1 000g，种子包衣	播种期	蛴螬	1
600g/L吡虫啉悬浮剂	300～400mL，种子包衣	播种期		1
30%吡虫·毒死蜱微囊悬浮剂	1 330～2 000mL，拌种	播种期	蛴螬、蚜虫	1
16%噻虫·高氯微囊悬浮剂	937.5～1 375g，拌种	播种期		1
33%咯菌·噻虫胺悬浮剂	600～800mL，种子包衣	播种期		1
25%噻虫·咯·霜灵悬浮剂	575～805mL，种子包衣	播种期	蛴螬、根腐病	1
25%噻虫·咯·精甲悬浮剂	600～800g，种子包衣	播种期		1
30%萎锈·吡虫啉悬浮剂	750～1 000mL，种子包衣	播种期	蛴螬、根腐病、白绢病	1
35%噻虫·福·萎锈悬浮剂	500～570mL，种子包衣	播种期	蚜虫、根腐病	1
400g/L萎锈·福美双悬浮剂	200～300mL，拌种	播种期	根腐病	1

表B.2　防治叶部及根茎部病害的杀菌剂

农药名称、含量及剂型	亩用量及使用方法	防治时期	防治对象	每个生长周期最多施药次数	安全间隔周期
60%唑醚·代森联水分散粒剂	60～100g，喷雾	生长期	黑斑病、褐斑病、网斑病	3	14d
325g/L苯甲·嘧菌酯悬浮剂	35～50mL，喷雾	生长期	黑斑病、褐斑病、网斑病	2	20d
300g/L苯甲·丙环唑乳油	20～30mL，喷雾	生长期	黑斑病、褐斑病、网斑病	3	21d
204g/L噻呋酰胺悬浮剂	45～60mL，喷雾	开花下针期	白绢病	1	—

注：325g/L苯甲·嘧菌酯悬浮剂避免与乳油类农药或助剂桶混使用。

表B.3　用于沟施或撒施的防治地下害虫的杀虫剂

农药名称、含量及剂型	亩用量及使用方法	防治时期	防治对象	每个生长周期最多施药次数
5%噻虫嗪颗粒剂	750～1 000g，撒施	播种期	蛴螬	1
3%辛硫磷颗粒剂	6 000～8 000g，沟施	播种期		1

注：3%辛硫磷颗粒剂不能与碱性农药等物质混用。

ICS 65.020.20

B 33

DB21

辽 宁 省 地 方 标 准

DB 21/T 1976—2012

花生高产栽培技术规程

2012-04-20发布　　　　　　　　　　　　　　　　2012-05-20实施

辽宁省质量技术监督局　　发　布

前　言

本标准按照GB/T 1.1—2009给出的规则起草。

本标准由辽宁省质量技术监督局提出并归口。

本标准由沈阳农业大学、辽宁省标准化研究院负责起草。

本标准主要起草人：王晓光、杨立宏、蒋春姬、李丹莉、于海秋、邱学思、赵新华、姜宏、李胜贤。本标准由沈阳农业大学负责解释。

花生高产栽培技术规程

1　范围

本标准规定了无公害农产品花生裸地高产栽培的产地及地块选择、整地、品种及种子选用、种子处理、播种、施肥、田间管理、防治病虫害、收获和贮藏等技术要求。

本标准适用于辽宁省无公害农产品裸地花生的生产。

2　规范性引用文件

下列文件对于本文件的应用是必不可少的。凡是注日期的引用文件，仅所注日期的版本适用于本文件。凡是不注日期的引用文件，其最新版本（包括所有的修改单）适用于本文件。

GB 4285 农药安全使用标准

GB/T 8321 农药合理使用准则

NY 5332 无公害食品　大田作物产地环境条件

NY/T 496 肥料合理使用准则　通则

3　产地及地块选择

3.1　产地环境质量

无公害农产品花生产地应选择生态环境良好、远离污染源，并具有可持续生产能力的农业生产区域。环境空气质量、灌溉水质量、土壤环境质量应符合NY 5332《无公害食品 大田作物产地环境条件》的要求。

3.2　地块选择

选择质地疏松、排水良好的沙壤土。低洼、盐碱、土质黏重的地块不宜种植。

3.3　轮作倒茬

选玉米、小麦、棉花、高粱等茬口种植。不宜重茬和迎茬，也不宜与豆科作物连作。

4　整地

4.1　翻地

秋季耕翻，深度25cm左右；春季耕翻，深度要小于20cm。

4.2 耙地与镇压

耕翻后，及时耙地、镇压。

4.3 起垄

4.3.1 小垄单行种植

秋起垄或春起垄，垄底宽一般为45~55cm，垄高10~12cm。起垄后用圆柱碌子镇压。

4.3.2 大垄双行种植

秋起垄或春起垄，垄底宽90~110cm，垄顶宽60~70cm，垄高10~12cm。起垄后用圆柱碌子镇压。

5 品种及种子选用

选用经国家或地方审定（认定）推广的、生育期适宜、高产优质、结荚集中、抗旱、抗病的品种。选用无病虫，发芽率达到95%以上的种子。

6 种子处理

6.1 晒种

播前带壳晒种，选晴朗天气，于9：00—15：00，在干燥的地方，把花生平铺在席子上，厚10cm左右，每隔1~2h翻动1次，晒2~3d。

6.2 剥壳

播种前10~15d内剥壳，采用人工或机械操作。

6.3 选种

选择整齐、饱满、色泽新、没有机械和病虫损伤的种子。籽粒按大、中、小分级，淘汰过小籽粒，按大、中、小粒分级播种。

6.4 根瘤菌拌种

播种前，将花生根瘤菌剂25~30g加清水150~200mL（最好掺入50g米汤）调成菌液，与10~15kg种子轻拌均匀，随拌随播，当天播完。

6.5 药剂拌种

6.5.1 杀菌剂拌种

用种子重量0.3%~0.5%的50%多菌灵可湿性粉剂或70%甲基硫菌灵可湿性粉剂拌种。

6.5.2　杀虫剂拌种

用70%吡虫啉拌种剂30g，兑水250mL，与10～15kg种子充分拌匀后，于阴凉处晾干；或用种子重量0.2%的50%辛硫磷乳油，与种子充分拌匀后置于避光处晾干。

6.6　钼酸铵拌种

用钼酸铵5g，兑水250mL，与10～15kg种子充分拌匀，于阴凉处晾干后播种。

6.7　拌种注意事项

上述使用的拌种剂中，根瘤菌剂与杀菌剂不能混用，其余的可以单用，也可以混用。拌种时不应伤害花生种皮。

7　播种

7.1　播期

春季耕层5cm处温度稳定在12℃以上，4月底至5月初，为小粒品种花生播期；耕层5cm处温度稳定在15℃以上，在5月上旬，为大粒品种花生播期。

7.2　播深

播深3～5cm。

7.3　密度

每亩0.8万～1.0万穴，每穴2粒，穴行距因品种和行距而定。

7.4　播种方式

7.4.1　小垄单行播种

采用机械播种或人工播种。垄台开沟，每穴2粒等穴距播种，种、肥间隔5cm以上，均匀覆土。

7.4.2　大垄双行播种

采用机械播种或人工播种。在畦面平行开两条相距40cm的沟，畦面两侧均留10～15cm。每穴2粒等穴距播种，沟内侧施种肥，种、肥间隔5cm以上，均匀覆土，畦面中间稍洼，呈"M"形。

7.5　播后镇压

播种后用圆柱磙子镇压，压平、压紧垄体。

7.6　喷洒除草剂

播种镇压后，喷洒除草剂90%乙草胺乳油，亩用量100～120mL，或72%异丙甲草胺乳油，亩用量100～150mL，兑水50～75kg，混匀喷洒。土壤干旱，含水量低于田间持水量的40%时，水量应加倍。

8 施肥

8.1 肥料使用准则

肥料使用应符合NY/T 496的规定。

8.2 基肥

随秋季或春季整地作垄时，施腐熟圈粪、沤制绿肥等。每亩施2～3m³。

8.3 种肥

每亩施用过磷酸钙40～60kg或磷酸二铵10kg，硫酸钾10kg，土壤速效锌含量<0.5mg/kg时，每亩加施硫酸锌1～2kg，播种时沟施于种子侧下方5～7cm处。

8.4 追肥

8.4.1 花针期追肥

花针期结合中耕培土，每亩追施硫酸铵20kg或尿素10kg。

8.4.2 结荚期追肥

结荚期结合中耕培土，每亩追施硫酸铵10kg或尿素5kg。

8.4.3 根外追肥

采用1%的磷酸二铵或0.5%的磷酸二氢钾水溶液，于开花期和结荚期进行两次叶面喷施，每次每亩喷施溶液50kg；若叶片黄化出现缺铁症状，用1%～3%螯合铁（Fe-EDTA）溶液喷洒，每隔1～2周1次，连续喷2～3次；若叶片白化出现缺锌症状，用1%～2%硫酸锌溶液喷洒，每隔1～2周1次，连续喷2～3次；如果叶片黄化有缺氮现象，可用1%～2%尿素溶液喷施。

9 田间管理

9.1 补苗

及时查苗补苗，有缺苗现象，要将种子浸泡4h吸涨后补种。

9.2 蹲苗

在幼苗4片真叶时，适当控制水分；或采用镇压的方法，让两片子叶和侧芽露土见光。

9.3 水分管理

结荚期和荚果膨大期如遇干旱要及时灌溉，如遇大雨要及时排水。

9.4　中耕除草

如果田间有杂草，及时铲锄1～2次。

9.5　培土迎针

始花期开始培土、迎针，结合中耕除草和追肥，趟1～2次。

9.6　调控

肥水过多，引起植株徒长时，每亩用15%多效唑35g，兑水50kg进行茎叶喷施。

10　防治病虫害

10.1　农药使用准则

农药使用应符合GB 4285、GB/T 8321的规定。

10.2　病害防治

10.2.1　花生叶斑病

发病初期，用50%多菌灵可湿性粉剂1 000倍液，或70%甲基硫菌灵可湿性粉剂1 500倍液，或75%百菌清可湿性粉剂600倍液，或80%代森锰锌400倍液，进行茎叶喷洒，每亩每次用药液60kg，每隔7～10d喷1次，连喷2～3次。以上药剂宜交替使用。

10.2.2　花生疮痂病

发病初期，喷洒50%苯菌灵可湿性粉剂1 500倍液，每亩每次喷洒药液60kg，连续喷施2～3次，每次间隔7～10d。

10.2.3　花生根结线虫病

3%克百威颗粒剂每亩4～5kg，播种时沟施。

10.2.4　花生锈病

发病初期，每亩用75%百菌清可湿性粉剂100～125g，兑水60～75kg喷雾，或每亩用硫酸铜、生石灰和水比例为1∶2∶200的波尔多液60kg喷雾，连续喷施2～3次，每次间隔10～15d。严重时两种杀菌剂交替使用，每次间隔8～10d。

10.2.5　花生病毒病

早期防蚜，及早清除田间周围杂草，减少蚜虫传播病毒。普遍查田，发现病株，及早拔除。防治蚜虫方法见本标准10.3.2。

10.3　虫害防治

10.3.1　蒙古灰象甲和大灰象甲

用200倍液敌百虫浸泡蔬菜叶制成毒饵，在花生出苗前，于傍晚撒布田间进行诱杀。

10.3.2 蚜虫

用0.3%苦参碱水剂每亩500mL配成100倍液，或用50%抗蚜威可湿性粉剂每亩10～18g配成2 000～2 500倍液，进行茎叶喷洒。

10.3.3 棉铃虫

用2.5%敌百虫粉剂每亩2～2.5kg，早晨或傍晚喷施。

10.3.4 地下害虫

若生长期有蛴螬、金针虫等地下害虫为害，每亩用50%辛硫磷乳油1kg，或每亩用40%毒死蜱乳油200mL，加入10kg细沙，拌匀后顺垄基部撒施。施药后浅锄地表，将药剂混入土内。

11 收获

试挖荚果，当果壳内表皮出现黑色时，为适宜收获期，一般应在9月25日前收完。选择晴天采用机械或畜力收获。收后就地铺晒，晾晒至摇动荚果有响声时可运回场院堆垛，将荚果朝外继续晾晒风干，要注意防雨。

12 贮藏

干燥后脱荚，去除秕果，再充分晾晒，当果仁含水量降至9%以下时，可入库仓储。仓顶不宜用塑料覆盖。

IC S65.020.20

B 05

DB21

辽 宁 省 地 方 标 准

DB 21/T 2655—2016

花生节本增效栽培技术规程

Rules efficiently cultivation techniques of peanut

2016-06-21发布   2016-08-21实施

辽宁省质量技术监督局   发 布

前　言

本标准按照GB/T 1.1—2009给出的规则编写。

本标准由辽宁省农村经济委员会提出并归口。

本标准起草单位：辽宁省风沙地改良利用研究所。

本标准起草人：王海新、王慧新、史普想、孙鸿文、蔡立夫、吴占鹏、孙泓希、关冰、吴金桐、李楠、陆岩、罗祥志、庄重、于洪波

花生节本增效栽培技术规程

1　范围

本标准以实现花生节本增效、提高单产、增加总产为目的，规定了花生生产过程中花生高产稳产品种筛选研究，花生间作种植模式、大垄双行覆膜单粒精播、大垄双行单粒交错精播、平衡施肥技术、病虫草害防治和机械化生产等技术操作要求。

本标准适用于辽宁省花生节本增效生产。

2　规范性引用文件

下列文件对于本文件的应用是必不可少的。凡是注日期的引用文件，仅所注日期的版本适用于本文件。凡是不注日期的引用文件，其最新版本（包括所有的修改单）适用于本文件。

GB 4407.2—2008 种子标准

GB 42851989 农药安全使用标准

GB 8321.3—1989 农药合理使用准则

NY/T 496—2010 肥料合理使用准则

3　选地与选茬

3.1　选地

选择地势较平坦，耕层疏松、通透性好、土壤肥力较高，保肥、保水性能较好的沙壤土或壤土。

3.2　选茬

选择前茬禾本科、薯类作物，不宜重、迎茬种植。

3.3　轮作倒茬

与禾本科或薯类作物进行轮作，一般3年为一个轮作周期。

4　整地

4.1　秋整地

前茬作物收获后，在土地封冻前进行翻耕，深度25～30cm，不耙压，保持地表粗糙，翌年顶凌期耙压。采取旋耕灭茬整地方法，深度12~15cm，不耙压或当秋起垄。

4.2 春整地

风沙土在播种前1~2d进行翻耕整地，深度25~30cm，翻耕后随即耙压，随后施肥起合垄；采取旋耕灭茬整地方法，深度12~15cm，随后施肥起合垄。

5 播前准备

5.1 品种选择

选用优质、高产稳产品种，如阜花12号、阜花17号、阜花18号、冀花7、花育20、唐科8252。

5.2 精选种子

5.2.1 发芽试验

取300粒种子放入容器内，再放入3份凉水、1份开水，将种子浸泡24h，将水滤去，再用同样温度的湿布盖起来，放在25℃的环境中发芽，3d后测发芽势，5d后测发芽率。发芽率达95%以上方可作种。

5.2.2 晒种

播前15d左右选晴天10：00，将荚果摊在泥土场地上晒5~6h，摊晒厚度约6cm，连晒2~3d，之后剥壳。

5.2.3 分级粒选

剥壳前选整齐一致的荚果，之后剥壳。剥壳后选大小整齐一致、饱满度好、无损伤、无裂纹的种仁作种子。

6 播期确定

连续5日内5cm平均地温稳定到12℃时即可播种，正常年份对应时间5月5—15日。

7 基肥标准

地膜覆盖基肥施用量：亩施用优质农家肥3 000~4 000kg，整地前施入，尿素11~13kg，磷酸二铵8~10kg，硫酸钾22~24kg，混合后随种深施。

露地基肥施用量：亩施用优质农家肥3 000~4 000kg，整地前施入，尿素7~9kg，磷酸二铵5~7kg，硫酸钾15~17kg，混合后随种深施。

8 栽培模式

8.1 大垄双行覆膜单粒精播种植

应用花生施种肥、播种、喷药、覆膜、打孔、覆土、镇压一体化的覆膜播种机播种。大垄顶宽65cm，大垄底宽95~100cm，垄高10~12cm。垄上种植两行，小行距35cm，大行距50cm。株距8~10cm，单粒精播，种植密度14 000株/亩。

8.2 大垄双行单粒交错裸地种植

应用花生起垄、开沟、施肥、播种、覆土、镇压一体化的花生裸地播种机播种。大垄距60cm，垄上小行距15cm，株距12~13cm，单粒交错播种，种植密度为18 000株/亩。

9 田间管理

9.1 化学除草

使用芽前除草剂，乙草胺、异丙甲草胺（杜尔、都尔）或甲草胺（拉索）等，亩用量100~150mL，兑水50~60kg，于花生播后随播种机械喷洒地表。

9.2 查田补苗

覆膜花生播种到出苗期间，防止大风揭膜而使土壤失墒种子落干。露地花生、覆膜花生查田后，若发现缺苗达5%以上时进行前一天浸种，第二天添墒补种。

9.3 清棵蹲苗

露地栽培，清棵应在苗基本出齐时进行。用小锄将幼苗子叶周围土向四周全部扒开，除去杂草，使子叶节露出地面。清棵时注意不要损伤子叶，深度以露出子叶为宜。

9.4 中耕除草

第一次中耕应在苗基本出齐后，结合清棵进行，宜浅并防止压苗，应疏松表土并且将杂草除净；第二次中耕应在开花期进行，避免伤果针，只要疏松土壤、除净杂草即可，以5cm深为宜。

9.5 追肥

露地花生在开花下针期亩追施尿素3~5kg、硫酸钾7~9kg。在盛花期果针形成时叶面喷施1%尿素+0.2%磷酸二氢钾+0.2%硫酸亚铁混合液喷施1~2次，每隔5d喷一次。

覆膜花生在盛花期果针形成时叶面喷施1%尿素+0.2%磷酸二氢钾+0.2%硫酸亚铁

混合液，喷施1~2次，每隔5d喷1次。

9.6 控徒长

当植株生长高度达到35~40cm时，可用15%壮饱安35~40g/亩，兑水35~40kg叶面喷施1次。

9.7 补墒与散墒

9.7.1 补墒

在花生生育期间，当土壤水分含量为田间最大持水量的60%（含60%）以下时应进行补墒，可采用喷灌或滴灌方法。补墒应以土壤水分含量占田间最大持水量的60%~70%时为宜。

9.7.2 散墒

在花生生育期间，若土壤水分含量为田间持水量的80%（含80%）以上时，覆膜田要将双行中间的地膜划破，裸地要在垄沟间趟一犁进行散墒。散墒应以土壤水分含量占田间最大持水量的60%~70%时为宜。

10 病虫害防治

10.1 根腐病和茎腐病防治

用吡虫啉（一拌丰收，95g）、专用助剂50g、清水350g，充分混合搅拌均匀后直接拌种，直到每粒种子上都均匀包上药剂后，在阴凉（避光）通风处摊开晾干即可播种。

10.2 叶斑病和疮痂病防治

当田间发病株率达5%以上时开始防治。第一次防治一般是7月15日左右，用70%甲基硫菌灵45g/亩和10%己唑醇22.5mL/亩，兑水45kg/亩；第二次一般是7月22日左右，用25%苯醚甲环唑15mL/亩，兑水45kg/亩；第三次一般是8月1日，用10%己唑醇45mL/亩，兑水45kg/亩。同时，在药液里加入1%尿素+0.2%磷酸二氢钾叶面肥。

10.3 蛴螬防治

亩用10%毒死蜱（地虫神杀）1~2kg，盖种沟施。若有秋季地下害虫发生多的地块，可将三尺绝或地虫神杀条施于花生根5cm处。

11 收获

当果壳网纹逐渐清晰，颜色由黄色逐渐变成暗黄色或者日平均气温降到12℃时进行机械刨收，一般正常年份9月17—23日。刨收后就地晾晒，干后机械摘果。

12　安全贮藏

摘果后，将荚果在泥土场上晾晒。当荚果含水量低于10%，或籽仁含水量降至6%以下，气温降至10℃以下时装袋入库贮藏。包装袋易透气，库房要通风干燥，不存放化肥、农药。

13　档案管理

做好生产记录，建立档案，做好档案管理。

ICS 65.020.20

B 05

DB21

辽 宁 省 地 方 标 准

DB21/T 2852—2017

出口日本花生生产技术规程

Production technical regulation of exiting Japan peanut

2017-08-26发布

2017-09-26实施

辽宁省质量技术监督局　　发　布

前　言

本标准按照GB/T 1.1—2009给出的规则起草。

本标准由辽宁省农村经济委员会提出并归口。

本标准起草单位：沈阳农业大学、辽宁省农业对外经济技术合作中心。

本标准主要起草人：王晓光、于海秋、范鸿凯、蒋春姬、赵新华、赵姝丽、王婧、曹敏建。

出口日本花生生产技术规程

1 范围

本标准规定了出口日本花生高产栽培的选地与倒茬、整地、施肥、品种选用、种子处理、播种、田间管理、收获、检测、捡拾残膜、贮藏、建立生产档案等技术要求。

本标准适用于出口日本花生的生产。

2 规范性引用文件

下列文件对于本文件的应用是必不可少的。凡是注日期的引用文件，仅所注日期的版本适用于本文件。凡是不注日期的引用文件，其最新版本（包括所有的修改单）适用于本文件。

GB 3095—2012 环境空气质量标准

GB 4285 农药安全使用标准

GB 4407.2—2008 经济作物种子　第2部分：油料类

GB 15618—2008 土壤环境质量标准

NY/T 393—2013 绿色食品农药使用准则

NY/T 496 肥料合理使用准则　通则

NY/T 855 花生产地环境技术条件

NY/T 2401—2013 覆膜花生机械化生产技术规程

3 选地与倒茬

3.1 产地选择

选择生态环境质量良好生产区，产地土壤环境质量符合GB 15618—2008 土壤环境质量标准要求，环境空气质量符合GB 3095—2012 环境空气质量标准要求，农田灌溉水质量等技术指标应符合NY/T 855 花生产地环境技术条件的要求。

3.2 地块选择

选择土层深厚、松软，保水保肥能力较好的沙壤土。低洼、盐碱、沙性过强、土质黏重的地块不宜种植。

3.3 轮作倒茬

选玉米、高粱、谷子、薯类等作物茬口种植。不宜重茬和迎茬，也不宜与豆科作物连作。实行3年以上轮作：花生→玉米→薯类、花生→高粱→谷子、花生→玉米→玉米。如果茬口倒不开，可适当连作2～3年，在开花前用抗重茬剂喷雾。

4 整地

4.1 翻耕

秋季耕翻，早春顶凌耙耢，耕翻深度25～30cm；或春季化冻后耕翻，随后及时耙地、镇压，耕翻深度要小于20cm。每3～4年深耕翻1次。

4.2 旋耕

不耕翻的地块要旋耕灭茬，宜在秋季收获后旋耕；春季旋耕时间根据土壤墒情而定，一般春旱年份或风沙大的地区旋耕后要立即镇压、起垄、播种，旋耕深度13～15cm。

4.3 起垄

采用大垄双行种植，垄底宽90cm，垄顶宽60cm，垄高12cm；采用小垄单行种植，垄距45～50cm。起垄时底墒要足，墒情差时，要浇水造墒。起垄后立即镇压，将垄面压实压平，确保无垡块、无石头。

5 施肥

5.1 施肥原则

肥料使用应符合NY/T 496的规定。施足基肥，增施有机肥，补充速效肥，配合微肥。所施的肥料中2/3的氮、磷肥和全部的钾肥、有机肥应在耕翻时施入，其余1/3的氮、磷肥结合起垄施入，做到深施和匀施。

5.2 施肥量

每亩施腐熟圈粪、沤制绿肥2～3m³，施用过磷酸钙40～60kg、尿素3～5kg、磷酸二铵10kg、硫酸钾8～10kg。

6 品种选择

选用经国家或地方审定（认定）推广的、生育期适宜、高产优质、结荚集中、抗旱、抗病的品种。如大花生品种花育22号，小花生品种白沙1016、花育20号、花育23号、阜花12号、阜花17号。

7 种子处理

7.1 晒种

播种前带壳晒种，选晴朗天气，于9：00—15：00，将花生荚果平铺在干燥的场地上，厚9~11cm，每隔2~3h翻动1次，连续晒2~3d。

7.2 剥壳

播种前10~15d，用人工或机械剥壳。

7.3 种子精选

选择整齐、饱满、色泽新、没有机械和病虫损伤的种子，种子质量符合GB 4407.2—2008中4.2.3的要求。

7.4 拌种

7.4.1 拌种原则

下面所使用的拌种剂可以单用，也可以混用。拌种时不应伤害花生种皮。所拌的种子要当天播完，且播种时间比正常种子晚播2d。

7.4.2 药剂拌种

用杀菌剂80%的代森锰锌60g，充分混匀后拌种50kg。

7.4.3 钼酸铵拌种

用钼酸铵5g，兑水250mL，与10~15kg种子充分拌匀，于阴凉处晾干后播种。

8 播种

8.1 播期

大花生要求耕层5cm处平均温度稳定在15℃以上，在5月5—15日播种。小花生要求耕层5cm处平均温度稳定在12℃以上，在5月1—15日播种。覆膜比裸地栽培早播3~5d。

8.2 播深

播种深度3~5cm。

8.3 密度

裸地种植大花生每亩0.9万~1.0万穴，每穴2粒；小花生每亩1.0万~1.1万穴，每穴2粒。大垄双行覆膜种植，每垄小行距30cm，每亩比裸地种植减少0.1万穴。

8.4 播种方式

8.4.1 覆膜栽培模式

选用作业性能优良、符合农艺要求、并获得农机推广许可证的花生联合播种机，开沟、播种、施肥、覆土、镇压、喷施除草剂、覆膜、膜上覆土一次完成，除草剂用法、用量同8.4.2.2。

8.4.2 裸地栽培模式

8.4.2.1 播种

采用机械播种或人工播种。机械播种即开沟、播种、施肥、覆土、镇压、喷施除草剂配套作业一次完成；人工播种为大垄双行种植的先在垄面平行开两条相距30cm的沟，单垄种植的直接在垄上开沟，然后播种、施种肥、覆土、镇压，应压平、压紧垄体。

8.4.2.2 喷除草剂

播种后，喷洒90%乙草胺乳油，每亩用量100～120mL，兑水50～75kg，混匀喷洒。土壤干旱，含水量低于田间持水量的40%时，水量应加倍。

9 田间管理

9.1 查膜护膜

播种后，覆膜栽培的要经常检查薄膜有无破损、透风之处，如发现及时用土压好、堵严。

9.2 查苗补苗

及时查苗补苗。发现幼苗拱土难时，可将土扒开，引出苗后，再把播种孔封严；如有缺苗现象，要将种子用清水浸泡4h吸涨后补种。

9.3 引子叶出土

覆膜栽培的花生，若幼苗不能顶出土带，应及时放苗，即用刀在膜上割一个三角口，助苗出膜。

9.4 中耕培土

如果垄沟间有杂草，应及时顺沟浅锄，清除杂草。在植株基部果针刚开始入土，而大批果针即将入土时进行中耕培土迎针作业，培土后形成凹顶或"M"形的垄体。

9.5 追肥

开花后，结合中耕培土迎针作业，每亩施硫酸铵7.5～12.5kg。

9.6 叶面喷洒药剂

9.6.1 苗期喷施

出苗后19~21d，每亩用10%吡虫啉可湿性粉剂20g+Fe-EDTA 40g+硫酸锌40g，兑水80kg喷施。

9.6.2 花针期喷施

花针期至结荚期若植株生长旺盛，每亩用多效唑20g+磷酸二氢钾100g，兑水50kg喷施。

9.6.3 荚果膨大期喷施

荚果膨大期，植株由盛逐渐变衰，每亩用50%苯菌灵粉剂40g+磷酸二氢钾100g+尿素500g，兑水50kg喷施，每5~7d喷1次，连续喷2次。

9.7 田间管理预案

9.7.1 干旱与涝灾

花生生育期间若发生干旱或涝灾，及时采取灌溉或排涝措施。

9.7.2 病虫害

9.7.2.1 防治原则

选择抗病品种，采用农业防治，发展生物防治。采用化学防治时，农药使用应符合GB 4285、NY/T 393—2013的规定，禁止使用违禁农药。

9.7.2.2 叶斑病和疮痂病

发病初期，用80%代森锰锌400倍液，进行茎叶喷洒，每亩每次用药液60kg，每隔7~10d喷1次，连喷2~3次。

9.7.2.3 根结线虫病

与非寄主作物轮作3年以上。

9.7.2.4 锈病

发病初期，每亩用硫酸铜、生石灰和水比例为1：2：200的波尔多液60kg喷雾，连续喷施2~3次，每次间隔7~10d。

9.7.2.5 病毒病

普遍查田，发现病株，及早拔除；清除田间周围杂草；早期防蚜，防治蚜虫方法见本标准9.7.2.6。

9.7.2.6 蚜虫

用0.3%苦参碱水剂每亩500mL配成100倍液，进行茎叶喷洒。

9.7.2.7 蒙古灰象甲和大灰象甲

用200倍液敌百虫浸泡蔬菜叶制成毒饵，在花生出苗前，于傍晚撒布田间进行诱杀。诱杀后清除毒饵。

9.7.2.8　双斑萤叶甲

及时铲除田边、地埂、渠边杂草，秋季深翻灭卵。

9.7.2.9　蛴螬

于成虫盛发期，用40%的辛硫磷乳油1 000~2 000倍液，或用4.5%的氯氰菊酯乳油2 000~3 000倍液，喷洒在花生田周围大树等寄主植物上防治成虫。

10　收获

10.1　收获期的确定

从田间随机拔出4~5株，观察果壳，有70%~80%的果壳纹理清晰，剥开果壳，果壳内壁出现黑褐色的斑块，为适宜收获期。

10.2　收获方法

10.2.1　分段收获

选用作业性能优良、符合农艺要求、并获得农机推广许可证的花生收获机进行收获，挖掘、抖土、铺放田间一次完成。然后用花生摘果机摘果，摘果后及时晾晒；或先在田间晾晒7~8d，使其自然风干，当荚果含水量降至10%以下时，再用摘果机摘果，装袋。具体操作符合NY/T 2401—2013的要求。

10.2.2　联合收获

选用作业性能优良、符合农艺要求、并获得农机推广许可证的花生联合收获机进行收获，收获、摘果一次完成，具体操作符合NY/T 2401—2013的要求。

11　检测

花生收获后，取籽仁进行农药残留、重金属、丁酰肼检测，检测结果应符合日本"肯定列表"的相关要求。

12　捡拾残膜

覆膜栽培的花生在收获前15d，在两行花生中间划开一条口，将带起的残膜拿出田外；收获时，先把压在土里的残膜边揭起来，再抽去地上的残膜；同时还要注意除掉花生秧上的残膜，做到净地净膜。

13　贮藏

荚果含水量要保持在10%以下，包装袋要透气，入库时包装袋与地面应有垫木，与仓库墙面保持20~22cm的间隔。

14　建立生产档案

建立田间生产技术档案。对生产技术、病虫害防治和采收各环节所采取的主要措施进行详细记录。保存至少2年。

ICS 65.020.20

B 05

DB21

辽 宁 省 地 方 标 准

DB21/T 2853—2017

地膜覆盖花生生产技术规程

Production technical regulation of covering the peanut with the films

2017-08-26发布 2017-09-26实施

辽宁省质量技术监督局 发 布

前　言

本标准按照GB/T 1.1—2009《标准化工作导则》给出的规则起草。

本标准由辽宁省农村经济委员会提出并归口。

本标准起草单位：沈阳农业大学、辽宁省农产品质量安全中心。

本标准主要起草人：王晓光、于海秋、刘航、冯连第、赵新华、蒋春姬、王婧、赵姝丽、曹敏建。

地膜覆盖花生生产技术规程

1　范围

本标准规定了地膜覆盖花生高产栽培的选地与倒茬、整地与施肥、品种及种子选用、种子处理、覆膜、播种、田间管理、防治病虫害、收获、捡拾残膜、建立生产档案等技术要求。

本标准适用于辽宁省地膜覆盖花生的生产。

2　规范性引用文件

下列文件对于本文件的应用是必不可少的。凡是注日期的引用文件，仅所注日期的版本适用于本文件。凡是不注日期的引用文件，其最新版本（包括所有的修改单）适用于本文件。

GB 4285 农药安全使用标准

GB 4407.2—2008 经济作物种子　第2部分：油料类

GB/T 8321 农药合理使用准则

GB 13735—92 聚乙烯吹塑农用地面覆盖薄膜

NY/T 496 肥料合理使用准则　通则

NY/T 855 花生产地环境技术条件

3　选地与倒茬

3.1　地块选择

产地农田灌溉水质量、土壤环境质量、环境空气质量的指标应符合NY/T 855 花生产地环境技术条件的要求。选择土壤肥沃、耕层深厚、质地疏松、有排灌条件的沙壤土或壤土地块。重茬、低洼、盐碱、土质黏重的地块不宜种植。

3.2　轮作倒茬

选玉米、高粱、谷子、薯类等作物茬口种植。不宜重茬和迎茬，也不宜与豆科作物连作。实行3年以上轮作：花生→玉米→薯类、花生→高粱→谷子、花生→玉米→玉米。如果茬口倒不开，可适当连作2～3年，在开花前用抗重茬剂喷雾。

4 整地与施肥

4.1 翻地

秋季耕翻，早春顶凌耙耢，耕翻深度25～30cm；或春季化冻后耕翻，耕翻深度要小于20cm。每3～4年深耕翻1次。

4.2 耙地与镇压

耕翻后，及时耙地、镇压。

4.3 旋耕灭茬

不耕翻的地块要旋耕灭茬，最好在秋季收获后旋耕；春季旋耕时间根据土壤墒情而定，一般春旱年份或风沙大的地区旋耕灭茬后要立即镇压、起垄、播种，旋耕深度13～15cm。

4.4 施肥

4.4.1 施肥原则

肥料使用应符合NY/T 496的规定。施足基肥，增施有机肥，补充速效肥，配合微肥。所施的肥料中2/3的氮、磷肥和全部的钾肥、有机肥应在耕翻时施入，其余1/3的氮、磷肥结合起垄施入，做到深施和匀施。

4.4.2 施肥量

每亩施腐熟圈粪、沤制绿肥2～3m³，施用过磷酸钙40～60kg、尿素3～5kg、磷酸二铵10kg、硫酸钾8～10kg。

4.5 起垄

4.5.1 垄向

垄向要与风向垂直，一般为南北垄向。

4.5.2 垄的规格

采用大垄双行种植，垄底宽80～90cm，垄顶宽50～60cm，垄高11～12cm。

4.5.3 要求

起垄时底墒要足，墒情差时，要浇水造墒。起垄后将垄面压实压平，确保无垡块、无石头、无根茬。

5 品种选择

选用经国家或地方审定（认定）推广的、生育期适宜、高产优质、结荚集中、抗旱、抗病的品种。

6　种子处理

6.1　晒种

播种前带壳晒种，选晴朗天气，于9：00—15：00，将花生荚果平铺在干燥的场地上，厚9~11cm，每隔2~3h翻动1次，晒2~3d。

6.2　剥壳

播种前10~15d内剥壳，采用人工或机械操作。

6.3　选种

选择整齐、饱满、色泽新、没有机械和病虫损伤的种子。种子质量符合GB 4407.2—2008中4.2.3的要求。

6.4　拌种

6.4.1　拌种原则

所使用的拌种剂中，根瘤菌剂与杀菌剂不能混用，其余的可以单用，也可以混用。拌种时不应伤害花生种皮。所拌的种子要当天播完，且播种时间比正常种子晚播2d。

6.4.2　根瘤菌拌种

播种前，将花生根瘤菌剂25~30g加清水150~200mL，掺入50g米汤，调成菌液，与10~15kg种子轻拌均匀，随拌随播，当天播完。

6.4.3　药剂拌种

6.4.3.1　杀菌剂拌种

用种子重量0.3%~0.5%的50%多菌灵可湿性粉剂或70%甲基硫菌灵可湿性粉剂拌种，充分拌匀后置于避光处晾干。

6.4.3.2　杀虫剂拌种

用70%吡虫啉拌种剂30g，兑水250mL，与10~15kg种子充分拌匀后，于阴凉处晾干；或用种子重量0.2%的50%辛硫磷乳油，与种子充分拌匀后置于避光处晾干。

6.4.4　钼酸铵拌种

用钼酸铵5g，兑水250mL，与10~15kg种子充分拌匀，于阴凉处晾干。

7　覆膜

7.1　备膜

在春风较小、雨量适中的地区，选用低压高密度聚乙烯膜，膜幅宽90cm，膜厚0.008mm；在春风较大、雨量较多的地区，选用线型聚乙烯共混膜，膜幅宽90cm，膜厚0.008mm。地膜质量符合GB 13735—92聚乙烯吹塑农用地面覆盖薄膜的质量要求。

7.2 先覆膜后播种模式

7.2.1 喷除草剂

覆膜前，在垄面上喷洒90%乙草胺乳油，每亩用量100～120mL，或72%异丙甲草胺乳油，每亩用量100～150mL，兑水50～75kg，混匀喷洒。土壤干旱，含水量低于田间持水量的40%时，水量应加倍。

7.2.2 覆膜

喷除草剂后立即覆膜。覆膜时将膜展平、拉紧，使薄膜与垄面贴合紧密，四周用土压严实，垄面中央每隔3～5m远压一小土带。

7.3 先播种后覆膜模式

7.3.1 喷除草剂

播种后，在垄面上喷除草剂，同7.2.1。

7.3.2 覆膜

喷除草剂后立即覆膜。覆膜时将膜展平、拉紧，使薄膜与垄面贴合紧密，四周用土压严实，垄面种子上方压厚约3cm土带。

8 播种

8.1 播期

大花生要求耕层5cm处平均温度稳定在15℃以上，在5月5—15日播种。小花生要求耕层5cm处平均温度稳定在12℃以上，在5月1—15日播种。一般比裸地栽培早播3～5d。

8.2 播深

播深3～5cm。

8.3 密度

大花生每亩0.8万～0.9万穴，每穴2粒；小花生每亩0.9万～1.0万穴，每穴2粒，每垄小行距30cm。

8.4 播种方式

8.4.1 先覆膜后播种模式

采用机械播种或人工播种。机械播种选用作业性能优良、符合农艺要求、并获得农机推广许可证的花生播种机，即打膜孔、播种、覆土配套作业一次完成；人工播种先在膜面上按行、穴距要求打出3～4cm深的播种孔，然后播种，覆土。

8.4.2　先播种后覆膜模式

采用机械播种或人工播种。机械播种选用作业性能优良、符合农艺要求、并获得农机推广许可证的花生联合播种机，开沟、播种、施肥、覆土、镇压、喷施除草剂、覆膜、膜上覆土一次完成，除草剂用法、用量同7.2.1；人工播种先在垄面平行开两条相距30cm的沟，播种后均匀覆土，再用碌子镇压，压平、压紧垄体。

9　田间管理

9.1　查膜护膜

播种后，要经常检查薄膜有无破损、透风之处，如发现及时用土压好、堵严。

9.2　查苗补苗

及时查苗补苗。发现幼苗拱土难时，可将土扒开，引出苗后，再把播种孔封严；如有缺苗现象，要将种子浸泡4h吸涨后补种。

9.3　引子叶出土

先播种后覆膜的花生，若幼苗不能顶出土带，应及时放苗，即用刀在膜上割一个三角口，助苗出膜。

9.4　中耕培土

如果垄沟间有杂草，应及时顺沟浅锄，清除杂草。在植株基部果针刚开始入土，而大批果针即将入土时进行中耕培土迎针作业，培土后形成凹顶或"M"形的垄体。

9.5　水分管理

花针期和结荚期如遇干旱要及时灌溉，如遇大雨要及时排水。

9.6　控制徒长

下针后期至结荚期或株高达到30～40cm时，每亩用15%多效唑可湿性粉剂20～30g，先溶于少量水中，搅拌1min，然后兑水30～40kg，均匀喷洒在植株叶面上。

9.7　追肥

9.7.1　根际追肥

土壤贫瘠的地块，开花后，结合中耕培土迎针作业，每亩追施硫酸铵7.5～12.5kg。

9.7.2　根外追肥

采用1%的磷酸二铵或0.5%的磷酸二氢钾水溶液，于开花期和结荚期进行两次叶面喷施，每次每亩喷施溶液50kg；若叶片黄化出现缺铁症状，用1%～3%螯合铁（Fe-EDTA）溶液喷洒，每隔5～7d喷1次，连续喷2～3次；若叶片白化出现缺锌症状，用1%～2%硫酸锌溶液喷洒，每隔5～7d喷1次，连续喷2～3次；如果叶片黄化有缺氮现象，可用1%～2%尿素溶液喷施。

10 防治病虫害

10.1 农药使用准则

农药使用应符合GB 4285、GB/T 8321的规定。

10.2 病害防治

10.2.1 花生叶斑病和疮痂病

在盛花期，用30%爱苗（15%苯醚甲环唑+15%丙环唑）乳油3 000倍液，每亩每次用药10～15mL，每隔7～10d喷1次，连喷2～3次。或发病初期，每亩用60%百泰水分散粒剂（5%吡唑醚菌酯+55%代森联）80～120g，兑水30kg喷雾，7～10d后再喷1次。或发病初期，每亩用70%甲基硫菌灵可湿性粉剂800～1 200倍液50kg，每隔7～10d喷1次，连喷2～3次。或发病初期，用50%多菌灵可湿性粉1 000倍液，或80%代森锰锌400倍液，进行茎叶喷洒，每亩每次用药液60kg，每隔7～10d喷1次，连喷2～3次。

10.2.2 花生根结线虫病

与非寄主作物轮作3年以上。

10.2.3 花生锈病

每亩用硫酸铜、生石灰和水比例为1∶2∶200的波尔多液60kg喷雾，连续喷施2～3次，每次间隔7～10d。

10.2.4 花生病毒病

早期防蚜，及早清除田间周围杂草，减少蚜虫传播病毒。普遍查田，发现病株，及早拔除。防治蚜虫方法见本标准10.3.2。

10.2.5 花生茎腐病

用70%甲基硫菌灵可湿性粉剂180g拌种100kg，或兑水浸种6～12h。或在苗期每亩用70%甲基硫菌灵可湿性粉剂800～1 000倍液，兑水50kg喷雾，每隔7～10d喷1次，连喷2～3次。

10.3 虫害防治

10.3.1 蒙古灰象甲和大灰象甲

用200倍液敌百虫浸泡蔬菜叶制成毒饵，在花生出苗前，于傍晚撒布田间进行诱杀。

10.3.2　蚜虫

每亩用60%吡虫啉悬浮种衣剂30~40mL，兑水400mL拌种。或用0.3%苦参碱水剂每亩500mL配成100倍液，或用50%抗蚜威可湿性粉剂每亩10~18g配成2 000~2 500倍液，进行茎叶喷洒。

10.3.3　棉铃虫

用2.5%敌百虫粉剂每亩2~2.5kg，早晨或傍晚喷施。

10.3.4　双斑萤叶甲

及时铲除田边、地埂、渠边杂草，秋季深翻灭卵。发生严重的可喷洒50%辛硫磷乳油1 500倍液，每亩喷兑好的药液50L。

10.3.5　地下害虫

每亩用5%丁硫毒死蜱颗粒剂800g拌毒土或种肥，随种肥施入。若生长期有蛴螬、金针虫等地下害虫为害，每亩用50%辛硫磷乳油1kg，或每亩用40%毒死蜱乳油200mL，加入10kg细沙，拌匀后顺垄基部撒施。施药后浅锄地表，将药剂混入土内。

11　收获

11.1　收获期的确定

从田间随机拔出4~5株，观察果壳，有70%~80%的果壳纹理清晰，剥开果壳，果壳内壁出现黑褐色的斑块，为适宜收获期。

11.2　收获方法

11.2.1　分段收获

选用作业性能优良、符合农艺要求、并获得农机推广许可证的花生收获机进行收获，挖掘、抖土、铺放田间一次完成。然后用花生摘果机摘果，摘果后及时晾晒；或先在田间晾晒7~8d，使其自然风干，当荚果含水量降至10%以下时，再用摘果机摘果，装袋。具体操作符合NY/T 2401—2013的要求。

11.2.2　联合收获

选用作业性能优良、符合农艺要求、并获得农机推广许可证的花生联合收获机进行收获，收获、摘果一次完成，具体操作符合NY/T 2401—2013的要求。

12　捡拾残膜

在花生收获前15d，在两行花生中间划开一条口，将带起的残膜拿出田外；收获时，先把压在土里的残膜边揭起来，再抽去地上的残膜；同时还要注意除掉花生秧上的残膜，做到净地净膜。

13 贮藏

当荚果含水量降至10%以下，或籽仁含水量降至8%以下时，可入库仓储，荚果不能接触地面，且与仓库墙面保持20～22cm的间隔，仓顶不宜用塑料覆盖。

14 建立生产档案

建立田间生产技术档案。对生产技术、病虫害防治和采收各环节所采取的主要措施进行详细记录。保存至少2年。

ICS 65.020.20
B 05

DB21

辽 宁 省 地 方 标 准

DB21/T 2867—2017

高油酸花生生产技术规程

Technical regulation for high oleic peanut production

2017-07-18发布   2017-08-18实施

辽宁省市场监督管理局   发 布

前　言

本标准按照GB/T 1.1—2009给出的规则起草。

本标准由辽宁省农村经济委员会提出并归口。

本标准起草单位：辽宁省风沙地改良利用研究所。

本标准主要起草人：于树涛、于洪波、于国庆、史普想、孙泓希、任亮、赵立仁、王海新、尤淑丽、马青艳、崔雪艳、王虹。

高油酸花生生产技术规程

1 范围

本标准规定了高油酸花生品质参数、生产产地环境要求和生产管理措施。

本标准适用于辽宁省高油酸花生生产。

2 规范性引用文件

下列文件对于本文件的应用是必不可少的。凡是注日期的引用文件，仅所注日期的版本适用于本文件。凡是不注日期的引用文件，其最新版本（包括所有的修改单）适用于本文件。

GB 4407.2 经济作物种子 第2部分：油料类

GB 4285 农药安全使用标准

GB/T 8321 农药合理使用准则

GB 13735 聚乙烯吹塑农用地面覆盖薄膜

GB 7415 主要农作物种子贮藏

NY/T 496 肥料合理使用准则 通则

NY/T 855 花生产地环境技术条件

3 产地选择

选用沙质壤土或轻沙壤土，地势平坦，排灌方便的中等以上肥力地块。产地环境符合NY/T 855要求。

4 选地、整地与施肥

4.1 地块选择

选择质地疏松、排水良好的中等以上肥力地块，避开重茬地、涝洼地、盐碱地及黏重土质，产地环境指标符合NY/T 855 花生产地环境技术条件的要求。

4.2 整地

秋季耕翻，早春进行顶凌耙耕；不耕翻的地块在春季除净残茬，起、合垄平整好地表，每隔3~4年深耕1次，深度25cm。

4.3 施肥

肥料使用应符合NY/T 496的要求。高油酸花生施肥应重视有机肥，施足基肥，配合微肥。每亩施用有机肥3m³以上，配施尿素10～15kg，磷酸二铵15～20kg，硫酸钾8～10kg，生石灰15～20kg。

5 品种选择与种子质量

选用油酸含量稳定在72%以上或油酸/亚油酸比值N≥7以上的早熟花生品种，产量潜力大、综合抗性好，并通过国家品种登记的品种。种子质量应符合GB 4407.2规定。

6 种子处理

6.1 剥壳与选种

播种前10～15d进行晒种，晒种2～3d，剥壳前选择整齐一致的荚果，剔除病残果和大小果，剥壳后选大小整齐一致、无损伤、色泽鲜艳、无裂痕、无油斑的种仁做种子。

6.2 拌种

根据病虫害发生情况选择符合GB/T 4285及GB/T 8321规定的药剂进行拌种。拌种时不应伤害花生种皮，充分拌匀后阴凉处晾干。机械拌种过程中注意清理机具。

7 播种

7.1 播种期

春季5d内，5cm地温稳定在16℃以上时播种，一般在5月中旬进行，地膜覆盖栽培可提前5d。

7.2 密度

单粒播种，垄距85～90cm，垄面宽60～65cm，垄高10～12cm，垄上播种2行，小行距35～40cm，株距8～10cm，播种深度3～4cm，每亩保苗1.3万～1.5万株；双粒播种，株距14～15cm，每亩保苗1.5万～1.7万株。

8 覆膜

8.1 地膜选用

应选择符合GB 13735规定的聚乙烯膜。厚度0.008～0.01mm，宽度90～95cm。

8.2 覆膜方法

采用花生覆膜播种机播种，一次完成起垄、施底肥、播种、喷施除草剂、覆膜和压土等作业。

9 田间管理

9.1 查膜盖膜

播种后，检查地膜有无破损，及时用土盖严。

9.2 放苗补苗

及时引出顶膜困难的幼苗；发现缺苗现象，及时补种。

9.3 水分管理

进入花生花针期和结荚期，如果持续干旱，应及时灌溉，如遇大雨应及时防涝。

9.4 去劣去杂

进入盛花期，观察花生田间整齐度，剔除杂株。

9.5 病虫害防治

高油酸花生病虫害防治原则以种植抗性品种为基础，化学防治符合农药GB 4285和GB/T 8321规定要求。

9.6 叶面喷肥

花生生育中后期，开花下针期每亩叶面喷施2%的尿素水溶液+0.2%的磷酸二氢钾水溶液50~60kg，连续喷2~3次，间隔5d。也可选用符合NY/T 496要求的叶面肥料喷施。

10 收获

在9月中旬，当地下70%以上荚果果壳硬化，网壳清晰，果壳内壁出现黑褐色斑块时便可收获，收获后3d内气温不得低于5℃。

11 捡收残膜

花生收获后应及时捡收残膜，去除埋在土里的残膜和花生秧上的残膜。

12 贮藏

荚果含水量降到10%以下时入库贮藏。高油酸花生在收获、摘果、晾晒和贮藏等过程中要单独操作，剔除杂果、杂仁，避免混杂。贮藏仓库要做好防虫、防鼠处理，荚果不能接触地面，与仓库墙面保持20～22cm的间隔，室内保持干燥。

13　生产记录

记录花生品种、播种和收获时期及农药、化肥、除草剂等的品名、用量及施用时间等，以备查阅。

ICS 65.020.20

B 05

DB21

辽　宁　省　地　方　标　准

DB21/T 3204—2019

花生南繁技术操作规程

Regulations for technical operations of peanut reproduction in South China

2017-12-20发布 　　　　　　　　　　　2017-01-20实施

辽宁省市场监督管理局　　发　布

前　言

本规程由辽宁省沙地治理与利用研究所按照GB/T 1.1—2009给出的规则起草。

本标准由辽宁省农业农村厅提出并归口。

本规程起草单位：辽宁省沙地治理与利用研究所。

本规程主要起草人：史普想、王辉、于国庆、王海新、赵立仁、于树涛、孙泓希、王虹、孙大为、周攀、任亮、蔡立夫、张宇、于洪波、李楠、付乃旭、马青艳、王慧新、周建英、董玥等。

花生南繁技术操作规程

1 范围

本标准规定了花生南繁的术语和定义、气候条件、产地环境、整地与施肥、种子处理、播种、田间管理、收获与晾晒、回收管道和水带、花生材料田间调查及鉴定方法、抗逆材料鉴定筛选。

本标准适用于南繁花生的生产。

2 规范性引用文件

下列文件对于本文件的应用是必不可少的。凡是注日期的引用文件，仅所注日期的版本适用于本文件。凡是不注日期的引用文件，其最新版本（包括所有的修改单）适用于本文件。

NY/T 1276 农药安全使用规范

GB 5084 农田灌溉水质标准

GB/T 8321 农药合理使用准则（所有部分）

NY/T 496 肥料合理使用准则 通则

NY/T 855 花生产地环境技术条件

NY/T 2391 花生田间调查和鉴定标准

3 花生南繁

利用我国南方冬季温暖气候条件所从事的反季节大田花生加代选育、种子繁殖和品种鉴定等活动。

4 气候条件

周年无霜，常年11月至翌年3月的平均气温为20～27℃，积温≥3 000℃，日最低气温≥10℃，雨量相对偏少。

5 产地环境

选用沙壤土或轻壤土，土层深厚、地势平坦，排灌方便的中等以上肥力地块，土壤交换性钙含量低于1 200mg/kg。产地环境符合NY/T 855的要求。

6 整地与施肥

6.1 整地

播种前耕翻，时间在10月底前，耕深25～30cm，随后耙地，并使地表平整，并除净地表杂草。

6.2 施肥

肥料使用原则参考NY/T 496。

6.3 施肥方法

全部有机肥和40%的化肥结合整地施入，60%化肥结合浇水分期施用；硼、钼、铁、锌等微量元素肥料结合浇水或叶面喷施施用。

7 种子处理

7.1 剥壳与选种

在北方花生收获后，荚果自然晒干，播种前10d内剥壳，然后将种子运输到海南。

7.2 拌种

根据土传病害和地下害虫发生情况选择符合NY/T 1276及GB/T 8321要求的药剂拌种或进行种子包衣，或者把农药拌入化肥中撒施于土壤内。

8 播种

8.1 播期与收获期

8.1.1 冬季南繁一季，花生适宜播期在每年台风过后的10月底至11月初，2月下旬收获。

8.1.2 冬季南繁两季，第一季适宜播期在9月下旬至10月初，12月底收获；第二季播期在翌年的1月中旬，4月中下旬收获。

8.2 土壤墒情

播种时土壤相对含水量以60%～70%为宜。

8.3 种植规格

8.3.1 低世代分离材料

垄距95～100cm，垄面宽60～65cm，垄高8～10cm，每垄2行，垄上行距40～45cm，穴距20～22cm，每亩播6 000～7 000穴，每穴播1粒种子。

8.3.2 高世代扩繁材料

垄距90cm，垄面宽60cm，垄高8～10cm，每垄2行，垄上行距35～45cm，穴距

14～15cm，每亩播8 000～9 000穴，每穴播2粒种子。

8.4 播种

8.4.1 裸种

利用机械按照种植规格起垄，然后铺设管带；先连接主管道，再把微喷带铺设在垄面上，每两行花生铺设一条水带，每条水带长40m左右，分段分区铺设水带。少量材料利用人工打孔播种，大面积扩繁材料可以利用花生播种机一次性完成所有操作。

8.4.2 覆膜播种

利用覆膜打孔播种机一次性完成施肥、起垄、铺设滴管带、覆膜、打孔等作业，然后铺设主管道，连接滴管带。黑色地膜选择薄膜厚度为0.008mm的聚乙烯黑色薄膜。

9 田间管理

9.1 水分管理

干旱时及时浇水，灌溉水质符合GB 5084的要求。当花生幼苗叶片中午出现萎蔫，且傍晚或早晨不能恢复时，及时灌溉浇水，一般裸地种植3～5d浇水1次，覆膜种植5～7d浇水1次。尤其是花针期和结荚期遇旱应及时适量浇水，饱果期（收获前1个月左右）遇旱应小水润浇。

9.2 除草

施用除草剂按NY/T 1276和GB/T 8321的规定执行。播种前1个月用草甘膦10%水剂0.50～0.75kg/亩，兑水20～30kg/亩喷雾；或播种后应用乙草胺和精异丙甲草胺等苗前除草剂防治禾本科杂草；或出苗后用乙酸氟氧醚和精喹禾灵等除草剂防治香附子等杂草；或者覆盖黑色地膜防治部分杂草。

9.3 病虫害防治

9.3.1 化学防控

用药标准按GB/T 8321的规定执行。花生病虫害防治参照表1执行。

表1　花生病虫害防治方法

名称	防治时期	防治方法
叶斑病	发病率为5%时	20%嘧菌酯和12.5%苯醚甲环唑，或吡唑醚菌酯代森联喷施2～3次，间隔7d
根腐病	发病率为5%时	敌磺钠和烂病王，或敌磺钠和甲霜噁霉灵灌根2～3次，间隔10d

（续表）

名称	防治时期	防治方法
蛴螬、金针虫等	每平方米虫量1～3头，作物损失率6%～7%时	40%毒死蜱颗粒剂拌入化肥使用
蚜虫	蚜墩率20%～30%、百墩蚜量500～800头时	10%高效吡虫啉可湿性粉剂2 000倍液，或50%辟蚜雾可湿性粉剂2 000倍液喷雾防治
棉铃虫	田间虫数为4头/m²时	棉铃虫核型多角体病毒+甲维盐1 000倍液喷雾防治
蓟马	开花初期开始至饱果成熟期	吡虫啉+啶虫脒、吡虫·虫螨腈、乙基多杀菌素+丁硫克百威等500倍液喷雾，间隔3～5d喷一次
红蜘蛛	刚发生时	双［三（2-甲基-2-苯基丙基）锡］氧化物+阿维菌素

9.3.2 绿色防控

搭建防虫网，可有效防治蚜虫、蓟马、棉铃虫、夜蛾等害虫，每亩成本3 000元。在地块四边及地沟处，每隔5m将一根3m长镀锌钢管（DN25）打入地下1m、地上留2m，顶端牵上2.5mm或3mm的塑钢线，搭上40目加厚防虫网，下面用土压住或用"U"形地钉固定。

9.4 水肥一体化

出现缺肥现象时，浇地时利用追肥器注入水管中。苗期每次每亩追尿素和复合肥（N：P：K=12：18：15）各5kg，中后期每次每亩追尿素和复合肥各10～15kg。

9.5 叶面追肥

生育中后期缺肥严重时，可每亩叶面喷施1%～2%的尿素水溶液和0.2%～0.3%的磷酸二氢钾水溶液40kg，连喷3～5次，间隔5～7d，也可喷施登记的其他叶面肥料。

10 收获与晾晒

当70%以上荚果果壳硬化，网纹清晰，果壳内壁呈青褐色斑块时，及时收获、晾晒，尽快将荚果含水量降到10%以下。

11 回收管道、水带、地膜

收获后及时回收管道和水带，以待翌年再重复利用，并回收残膜。

12　花生材料田间调查及鉴定方法

田间调查及鉴定方法按照中华人民共和国农业行业标准NY/T 2391执行。

13　抗逆材料鉴定筛选

13.1　花生根腐病鉴定

南繁过程中，部分地块花生根腐病较重，可用于对花生材料的抗病鉴定；地块低洼、水分较大时发病率较高。

13.2　花生叶斑病鉴定

南繁过程中，收获期叶斑病主要为黑斑病，可用于对花生材料的抗病鉴定；适当干旱可以提高发病率。

13.3　花生蓟马鉴定

蓟马喜欢温暖、干旱的天气，南繁时很难防治，可用于对花生材料的抗虫鉴定；适当干旱可以提高蓟马的发生率。

ICS 65.020.20

B 05

DB21

辽 宁 省 地 方 标 准

DB21/T 3526—2021

花生连作障碍消减技术规程

Technical regulation for eliminating and reducing continuous cropping obstacle of peanut

2021-12-30发布

2022-01-30实施

辽宁省市场监督管理局　　发　布

前　言

本文件按照GB/T 1.1—2020《标准化工作导则　第1部分：标准化文件结构和起草规则》的规定起草。

请注意本文件的某些内容可能涉及专利。本文件的发布机构不承担识别专利的责任。

本文件由辽宁省农业农村厅提出并归口。

本文件起草单位：沈阳农业大学、锦州市科学技术研究院。

本文件主要起草人：王晓光、赵新华、黄玉茜、孟祥波、于海秋、刘娜、蒋春姬、王婧、刘喜波、赵姝丽、钟超、刘芊。

花生连作障碍消减技术规程

1 范围

本文件规定了花生连作障碍消减技术的总体要求、深耕整地、施基肥和种肥、改良土壤与防治地下害虫、品种选择与种子处理、追肥等内容。

本文件适用于花生连作生产。

2 规范性引用文件

下列文件中的内容通过文中的规范性引用而构成本文件必不可少的条款。其中，注日期的引用文件，仅该日期的对应版本适用于本文件；不注日期的引用文件，其最新版本（包括所有的修改单）适用于本文件。

GB 4407.2 经济作物种子 第2部分：油料类

GB/T 8321（所有部分）农药合理使用准则

GB 20287 农用微生物菌剂

NY/T 496 肥料合理使用准则 通则

NY/T 499 旋耕机作业质量

NY/T 525 有机肥

NY/T 1276 农药安全使用规范 总则

3 术语和定义

下列术语和定义适用于本文件。

3.1 花生连作障碍 continuous cropping obstacle of peanut

指花生连续种植2年以上土壤养分异常积累或片面消耗，土壤微生物种群结构失衡，化感物质积累，病原微生物迅速繁衍，病虫草害加重，从而导致花生植株生长不良和产量、品质降低的现象。

4 总体要求

以选用耐重茬花生品种为基础，通过深耕整地、合理施基肥和种肥、改良土壤、防治地下害虫、种子处理及追肥等技术措施，消减连作障碍，提高连作花生的产量及品质。

5　深耕整地

5.1　翻耕

宜在花生收获后、上冻前进行翻耕，深度30～35cm，翌年春季化冻后应及时用圆盘耙或钉齿耙耙地；对秋季来不及翻耕的地块，宜在翌年春季化冻后立即进行翻耕，深度25～30cm，翻耕后应及时用联合整地机耙地、镇压。翻耕时应做到深度一致、行向直、不漏耕、不重耕。每2～3年翻耕1次。

5.2　旋耕

没有翻耕的地块应进行旋耕。宜在花生收获后、上冻前进行旋耕；对秋季来不及旋耕的地块，宜在翌年春季进行旋耕，时间根据土壤墒情而定。旋耕深度为13～15cm，作业质量符合NY/T 499的要求。对于春季干旱或风沙较大地区，旋耕后应立即起垄、镇压，随后进行播种。

6　施基肥和种肥

6.1　施基肥

结合深耕整地，每亩施商用有机肥100～200kg，或充分腐熟的农家肥2 000～3 000kg。有机肥使用应符合NY/T 525的规定。

6.2　施种肥

每亩施磷酸二铵10～12kg、硫酸钾10～15kg、硝酸钙5～10kg；或有条件地区每亩施炭基缓释花生专用肥（N-P_2O_5-K_2O：10-13-13，生物炭≥20%）40～50kg；或花生专用复合肥30～50kg。在缺钾、铁、锌的地块适当增施钾、铁、锌肥。肥料使用应符合NY/T 496的规定。

7　改良土壤与防治地下害虫

7.1　改良土壤

结合施基肥，将花生专用抗重茬微生物菌剂（有效活菌数≥5.0亿/g）均匀施入田间，每亩施用量为2.0～2.5kg。微生物菌剂质量符合GB 20287的规定。

7.2　防治地下害虫

每亩用5%丁硫·毒死蜱颗粒剂3～4kg，或3%辛硫磷颗粒剂4～8kg，与细土或细沙混拌成为毒土，结合施基肥均匀地撒施入田间，或结合播种均匀地施入播种沟内。农药使用应符合GB/T 8321的规定，农药使用安全操作应符合NY/T 1276的规定。

8 品种选择与种子处理

8.1 品种选择

选用生育期适宜、抗旱、抗病虫、抗化感物质的耐重茬高产优质花生品种。品种应每年更换，异地换种，不留当地种。种子质量应符合GB 4407.2的规定。

8.2 种子处理

8.2.1 药剂拌种

根据当地花生田土传病害和地下害虫发生情况，用杀菌剂或杀虫剂拌种。在根腐病和茎腐病发生较重的地区，宜将种子用清水湿润后，用种子量0.3%～0.5%的50%多菌灵可湿性粉剂拌种；在地下害虫发生较重的地区，宜用种子量0.2%的50%辛硫磷乳剂，加水配成乳液均匀喷洒种子。药剂与种子充分拌匀后置于阴凉处晾干，拌好的种子应当天播完。如选用杀菌剂与杀虫剂复配的种衣剂，种衣剂的选择与使用应符合GB/T 8321的规定，种衣剂中各药剂使用安全操作应符合NY/T 1276的规定。

8.2.2 微肥拌种

用钼酸铵10～15g，兑水250mL，与10～15kg种子充分混拌均匀，或用喷雾器直接喷到种子上，边喷边拌匀，于阴凉处晾干，拌好的种子应当天播完。

9 追肥

9.1 根际追肥

于花针期每亩追施尿素3～5kg，在垄侧开小沟，施入尿素后立即用土盖严。

9.2 根外追肥

于结荚期采用0.2%～0.3%的磷酸二氢钾水溶液进行叶面喷施，连喷2次，间隔7～10d，每次每亩喷施溶液50kg。

ICS 65.020.20
CCS B 05

DB21

辽 宁 省 地 方 标 准

DB21/T 3530—2021

花生单垄小双行交错布种栽培技术规程

Technical regulation for cultivation technology of alternative sowing
on small ridge with narrow two-rows in peanut

2021-12-30发布 2022-01-30实施

辽宁省市场监督管理局 发 布

前　言

本文件按照GB/T 1.1—2020《标准化工作导则　第1部分：标准化文件的结构和起草规则》的规定起草。

请注意本文件的某些内容可能涉及专利。本文件的发布机构不承担识别专利的责任。

本文件由辽宁省农业农村厅提出并归口。

本文件起草单位：沈阳农业大学、辽宁省农业发展服务中心。

本文件主要起草人：赵新华、刘喜波、于海秋、蒋春姬、徐铁男、王晓光、赵姝丽、王婧、钟超、张鹤、高士博。

花生单垄小双行交错布种栽培技术规程

1　范围

本文件规定了花生单垄小双行交错布种栽培技术的地块选择、整地与施肥、品种选择与种子处理、播种、田间管理、收获等要求。

本文件适用于花生生产。

2　规范性引用文件

下列文件中的内容通过文中的规范性引用而构成本文件必不可少的条款。其中，注日期的引用文件，仅该日期的对应版本适用于本文件；不注日期的引用文件，其最新版本（包括所有的修改单）适用于本文件。

GB/T 1532 花生

GB 3095 环境空气质量标准

GB 5084 农田灌溉水质标准

GB/T 8321（所有部分）农药合理使用准则

GB 15618 土壤环境质量　农用地土壤污染风险管控标准（试行）

JB/T 10295 深松整地联合作业机

NY/T 496 肥料合理使用准则通则

NY/T 502 花生收获机作业质量

NY/T 1276 农药安全使用规范　总则

NY/T 2393 花生主要虫害防治技术规程

NY/T 2394 花生主要病害防治技术规程

NY/T 2395 花生田主要杂草防治技术规程

DB21/T 2816 联合整地机　作业质量

3　术语和定义

下列术语和定义适用于本文件。

3.1　单垄小双行交错布种 alternative sowing on small ridge with narrow two-rows

指每小垄播种两小行，其中一行的播种穴位置与另一行相邻两个播种穴的中心位置相对应的一种播种方式。

4 地块选择

选择质地疏松的沙质土或壤土地块。宜与玉米、高粱、谷子等禾本科作物以及薯类作物实行合理轮作倒茬。产地土壤环境质量应符合GB 15618的规定，环境空气质量应符合GB 3095的规定，农田灌溉水质量应符合GB 5084的规定。

5 整地与施肥

5.1 整地

在秋季作物收获后土壤上冻前进行整地。采用翻、耙、压一体化联合整地机，深度≥12cm，作业质量应符合DB21/T 2816的规定。每3~4年进行1次深松作业，深度≥25cm，作业质量应符合JB/T 10295的规定。

5.2 施肥

以有机肥为主，无机肥为辅，有机与无机相结合；施足底肥，补充速效肥，配合施用中微量肥料。有机肥宜在整地时作为底肥施入，氮、磷、钾、钙及微量元素肥料作为种肥深施。每亩施有机肥2 000~3 000kg，施用纯氮（N）7~9kg、磷（P_2O_5）5~10kg、钾（K_2O）8~10kg、钙［$Ca（NO_3）_2$］5~10kg，适当施用硼（$Na_2B_4O_7 \cdot 10H_2O$）0.4~0.6kg、钼［$(NH_4)_2MoO_4$］0.01~0.03kg、铁（$FeSO_4$）0.2~0.4kg、锌（$ZnSO_4$）1.0~1.3kg等微量元素肥料。肥料使用应符合NY/T 496的规定。

6 品种选择与种子处理

6.1 品种选择

选用抗旱、耐低温、耐盐碱、综合抗性好的直立型疏枝花生品种，生育期120~125d。

6.2 种子处理

6.2.1 晒种

播种前14d，带壳晒种。选择晴朗天气于9：00—15：00，将花生荚果平铺在平整、干燥、干净的场地上，厚度不超过10cm，每2~3h翻动1次，连续晾晒2~3d。

6.2.2 脱壳

播种前7d内，采用人工或机械脱壳。

6.2.3 选种

选择籽粒饱满、整齐度高、色泽新鲜，无破损、虫蚀、病斑、发芽、霉变的种子。种子质量应符合GB/T 1532的规定。

6.2.4　药剂拌种

6.2.4.1　种衣剂拌种

根据当地花生土传病害、地下虫害的发生情况，选择适宜的花生专用种子包衣剂拌种。杀菌剂宜选用50%多菌灵可湿性粉剂，或70%甲基硫菌灵可湿性粉剂拌种；杀虫剂宜选用70%吡虫啉，或50%辛硫磷乳油。提倡选用杀菌剂与杀虫剂复配的种衣剂，按产品使用说明与种子充分拌匀后，置于避光处晾干待播。种衣剂的选择与使用应符合GB/T 8321和NY/T 1276的规定。

6.2.4.2　根瘤菌剂拌种

宜选用根瘤菌剂水剂（有效活菌数≥20×10^8/mL）150mL与20~25kg种子充分拌匀后，置于避光处晾干，随拌随播，当天播完。根瘤菌剂不应与硫铵、杀虫剂和杀菌剂同时施用。

7　播种

7.1　播期

大粒型花生宜于土壤耕层5cm日平均地温稳定在15℃以上时进行播种，一般为5月中旬。小粒型花生宜于土壤耕层5cm日平均地温稳定在12℃以上时进行播种，一般为5月上中旬。

7.2　单垄小双行交错布种

宜选用起垄、播种、施肥、喷洒除草剂、镇压等工序一次性完成的花生联合播种机。每垄交错种植2行，小行距7.0~10.0cm，播深3~5cm，单粒精量播种。小粒型花生每行穴距12.0~14.0cm，每亩保苗18 000~22 000株；大粒型花生每行穴距15.0~17.0cm，每亩保苗16 000~18 000株。单垄小双行交错布种方式见图1。

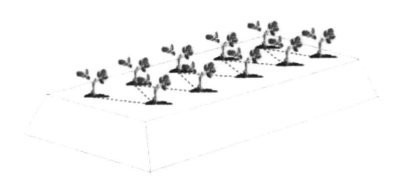

图1　花生单垄小双行交错布种方式示意图

8　田间管理

8.1　查田补苗

花生出苗后，应及时查田补苗。发现幼苗拱土难时，将土扒开，引出幼苗；缺苗断垄的地块，应将种子催芽后再补种。

8.2　中耕除草

花生植株8~10片叶时，进行第一遍中耕除草，宜浅铲清除杂草。开花下针始期进行第二遍中耕除草，宜深铲、细致、全面清除杂草。同时，培土迎针，应做到培土而不壅土，使中下部果针尽早入土，以促进荚果生长发育。

8.3　水分管理

如果苗期、开花下针期和结荚期遭遇干旱胁迫，应根据土层水分情况确定灌溉时间、次数和用水量。如果饱果期之后遭遇涝害，应及时采取排涝措施。

8.4　控制徒长

在结荚期或当株高达35cm并有徒长趋势时，宜施用15%多效唑可湿性粉剂250~350倍液，稀释后均匀喷洒在植株顶部叶片上，以控制植株徒长。

8.5　追肥

8.5.1　根际追肥

根据土壤肥力情况，在开花后下针前，结合中耕培土作业，每亩追施氮肥（N）2.5~3.5kg。肥料使用应符合NY/T 496的规定。

8.5.2　叶面追肥

开花下针期之后，采用1%的磷酸二铵水溶液，或0.5%的磷酸二氢钾水溶液进行2~3次叶面追肥，每亩喷施溶液40~50kg，每次间隔7~10d。肥料使用应符合NY/T 496的规定。

8.6　主要病虫草害综合防治

按照NY/T 2393、NY/T 2394和NY/T 2395的规定执行。

9　收获

9.1　收获期

随机选取5~10株花生，当70%以上荚果果壳硬化、纹理清晰，颜色由白色转为浅黄色，壳内海绵组织干缩变薄，果壳内壁呈深棕色，为适宜收获期。

9.2　收获方法

9.2.1　分段收获

选用具有挖果、松碎土壤、秧土分离及秧果铺放等功能的铲筛组合式收获机，一次完成分段收获作业。植株在田间晾晒7~10d自然风干后，当籽粒含水量降至14%以下时，采用花生捡拾联合收获机进行作业，摘果后及时晾晒。收获机作业质量应符合NY/T 502的规定。

9.2.2　联合收获

选用具有扶秧、挖果松土、拔秧、传送、抖土、摘果、筛选、清选、收集及装袋等功能于一体的花生联合收获机，一次性完成田间作业。收获机作业质量应符合NY/T 502的规定。